高等院校
数字艺术精品课程系列教材

Illustrator
平面设计应用教程

第 2 版
Illustrator
2020

吕志莹 范友芳 龚毅 ◎ 主编　　郑兴 李妙兰 刘蔚 ◎ 副主编

人民邮电出版社
北 京

图书在版编目（CIP）数据

Illustrator 平面设计应用教程：Illustrator 2020 / 吕志莹，范友芳，龚毅主编. -- 2 版. -- 北京：人民邮电出版社，2024. --（高等院校数字艺术精品课程系列教材）. -- ISBN 978-7-115-64757-3

Ⅰ. TP391.412

中国国家版本馆 CIP 数据核字第 2024L3M254 号

内 容 提 要

Illustrator 是一款功能强大的矢量图形处理和编辑软件。本书将对 Illustrator 2020 的基本操作方法、绘图和编辑工具的使用、图表的设计方法及效果的应用技巧进行详细的介绍。

全书分为上、下两篇。上篇包括初识 Illustrator 2020、图形的绘制与编辑、路径的绘制与编辑、图形对象的组织、颜色填充与描边、文本的编辑、图表的编辑、图层和蒙版的使用、使用混合与封套效果、效果的使用；下篇精心安排了图标设计、插画设计、海报设计、Banner 设计、书籍设计和包装设计这几个应用领域的案例，并对这些案例进行了全面的分析和讲解。

本书适合作为高等院校数字媒体艺术类专业相关课程的教材，也可供相关从业人员自学参考。

- ◆ 主　　编　吕志莹　范友芳　龚　毅
　　副 主 编　郑　兴　李妙兰　刘　蔚
　　责任编辑　闫子铭
　　责任印制　王　郁　焦志炜
- ◆ 人民邮电出版社出版发行　　　北京市丰台区成寿寺路 11 号
　　邮编　100164　　电子邮件　315@ptpress.com.cn
　　网址　https://www.ptpress.com.cn
　　山东华立印务有限公司印刷
- ◆ 开本：787×1092　1/16
　　印张：19.75　　　　　　　　2024 年 8 月第 2 版
　　字数：498 千字　　　　　　　2025 年 2 月山东第 2 次印刷

定价：69.80 元

读者服务热线：(010)81055256　印装质量热线：(010)81055316
反盗版热线：(010)81055315

Illustrator 是由 Adobe 公司开发的矢量图形处理和编辑软件，它功能强大，易学易用，深受图形图像处理爱好者和平面设计人员的喜爱，已经成为这一领域中最流行的软件之一。目前，我国很多高职院校的数字媒体艺术类专业都将 Illustrator 设置为一门重要的专业课程。为了帮助高职院校的教师全面、系统地讲授这门课程，使学生能够熟练地使用 Illustrator 来进行创意设计，我们几位长期在高职院校从事 Illustrator 教学的教师和在专业平面设计公司有着丰富经验的设计师共同编写了本书。

本书具有完善的知识结构体系。在基础技能篇中，按照"软件功能解析 → 任务实践 → 项目实践 → 课后习题"这一思路进行编排。通过软件功能解析，使学生快速熟悉软件功能和制作特色；通过任务实践演练，使学生深入学习软件功能和平面设计思路；通过项目实践和课后习题，拓展学生的实际应用能力。在案例实训篇中，根据 Illustrator 在各个设计领域的应用，精心安排了多个专业设计案例，通过对这些案例的全面分析和详细讲解，使学生艺术创意思维更加开阔，实际设计制作水平不断提升。本书在内容编写方面，力求细致全面、重点突出；在文字叙述方面，注意言简意赅、通俗易懂；在案例选取方面，强调案例的针对性和实用性。在启智增慧方面，本书全面贯彻党的二十大精神，落实立德树人根本任务，以社会主义核心价值观为引领，引导学生了解中华优秀传统文化，坚定文化自信，树立社会责任感，弘扬工匠精神，培养设计素养。

为方便教师教学，本书配备了 PPT 课件、教学大纲、教案等丰富的教学资源，任课教师可到人邮教育社区（www.ryjiaoyu.com）免费下载使用。

本书的参考学时为 64 学时，其中讲授环节为 34 学时，实训环节为 30 学时，各项目的参考学时参见下面的学时分配表。

项目	课程内容	学时分配	
		讲授	实训
项目 1	初识 Illustrator 2020	2	
项目 2	图形的绘制与编辑	4	2
项目 3	路径的绘制与编辑	2	2
项目 4	图形对象的组织	2	2
项目 5	颜色填充与描边	2	2
项目 6	文本的编辑	2	2
项目 7	图表的编辑	2	2
项目 8	图层和蒙版的使用	2	2
项目 9	使用混合与封套效果	2	2
项目 10	效果的使用	2	2

项目	课程内容	学时分配	
		讲授	实训
项目 11	图标设计	2	2
项目 12	插画设计	2	2
项目 13	海报设计	2	2
项目 14	Banner 设计	2	2
项目 15	书籍设计	2	2
项目 16	包装设计	2	2
学时总计		34	30

本书由吕志莹、范友芳、龚毅任主编，郑兴、李妙兰、刘蔚任副主编。

由于编者水平有限，书中难免存在不妥之处，敬请广大读者批评指正。

编　者

2024 年 6 月

教学辅助资源

素材类型	名称或数量	素材类型	名称或数量
教学大纲	1 套	任务实践	22 个
教案	16 个	项目实践	21 个
PPT 课件	16 个	课后习题	21 个

配套微课视频列表

项目	微课视频	项目	微课视频
项目 2 图形的绘制 与编辑	绘制奖杯图标	项目 8 图层和蒙版 的使用	制作脐橙线下海报
	绘制麦田插画		制作自驾游海报
	绘制祁州漏芦花卉插图		制作时尚杂志封面
	绘制校车插图		制作礼券
	绘制动物挂牌	项目 9 使用混合 与封套效果	制作艺术设计展海报
项目 3 路径的绘制 与编辑	绘制网页 Banner 卡通文具		制作音乐节海报
	绘制播放图标		制作火焰贴纸
	绘制可口冰淇淋插图		制作促销海报
	绘制标靶图标	项目 10 效果的使用	制作矛盾空间效果 Logo
项目 4 图形对象 的组织	制作美食宣传海报		制作国画展览海报
	制作文化传媒运营海报		制作儿童鞋详情页主图
	制作家居画册内页		制作餐饮食品招贴
	制作民间剪纸海报	项目 11 图标设计	绘制扁平风格旅行箱图标
项目 5 颜色填充 与描边	绘制风景插画		绘制拟物风格时钟图标
	绘制科技航天插画		绘制扁平风格家电图标
	制作金融理财 App 弹窗		绘制拟物风格相机图标
	制作农副产品西红柿海报		绘制扁平风格画板图标
项目 6 文本的编辑	制作电商广告		绘制扁平风格记事本图标
	制作陶艺展览海报	项目 12 插画设计	绘制厨房家居插画
	制作古琴展览广告		绘制布老虎插画
	制作夏装促销海报		绘制卡通鹦鹉插画
项目 7 图表的编辑	制作餐饮行业收入规模图表		绘制旅行插画
	制作新汉服消费统计图表		绘制丹顶鹤插画
	制作微度假旅游年龄分布图表		绘制花园插画
	制作获得运动指导方式图表		

项目	微课视频	项目	微课视频
项目 13 海报设计	制作店庆海报	项目 15 书籍设计	制作少儿读物图书封面
	制作咖啡厅海报		制作环球旅行图书封面
	制作音乐会海报		制作花卉图书封面
	制作茶叶海报		制作化妆美容图书封面
	制作文物博览会海报		制作菜谱图书封面
	制作阅读平台推广海报		制作摄影图书封面
项目 14 Banner 设计	制作美妆类 App 主页 Banner	项目 16 包装设计	制作苏打饼干包装
	制作箱包类 App 主页 Banner		制作巧克力豆包装
	制作电商类 App 主页 Banner		制作大米包装
	制作生活家具类网站 Banner		制作柠檬汁包装
	制作时尚女鞋网页 Banner		制作坚果食品包装
	制作生活家电类 App 主页 Banner		制作糖果手提袋

上篇

基础技能篇

项目 1
初识 Illustrator 2020

项目引入

本项目将介绍 Illustrator 2020 的工作界面，以及文件的基本操作和图像的显示效果。通过本项目的学习，读者可以掌握 Illustrator 2020 的基本功能，为进一步学习好 Illustrator 2020 打下坚实的基础。

项目目标

- ✔ 掌握 Illustrator 2020 的工作界面。
- ✔ 熟练掌握文件的基本操作方法。
- ✔ 掌握标尺和参考线的使用方法。

技能目标

- ✔ 掌握"界面操作"的方法。
- ✔ 掌握"文件操作"的方法。
- ✔ 掌握"参考线操作"的方法。

素质目标

- ✔ 培养在 Illustrator 学习中不断加强兴趣的能力。
- ✔ 培养获取 Illustrator 新知识的基本能力。
- ✔ 培养树立文化自信、职业自信的能力。

任务 1.1 Illustrator 2020 工作界面的介绍

Illustrator 2020 的工作界面主要由菜单栏、标题栏、工具箱、工具属性栏、控制面板、页面区域、滚动条、泊槽及状态栏组成，如图 1-1 所示。

菜单栏
标题栏
工具箱
页面区域
状态栏
工具属性栏
控制面板
滚动条
泊槽

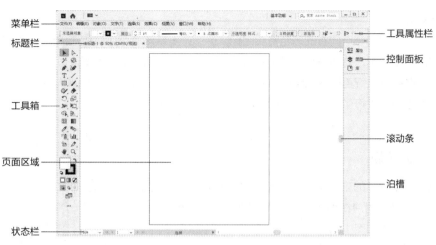

图 1-1

菜单栏：包括 Illustrator 2020 中所有的操作命令，主要有 9 个主菜单，每一个菜单又包括各自的子菜单，通过选择这些命令可以完成基本操作。

标题栏：左侧是当前文档的名称、显示比例和颜色模式，右侧是控制窗口的按钮。

工具箱：包括 Illustrator 2020 中所有的工具，大部分工具还有其展开式工具栏，其中包括与该工具功能相类似的工具，可以更方便、快捷地进行绘图与编辑。

工具属性栏：当选择工具箱中的一个工具后，会在 Illustrator 2020 的工作界面中出现该工具的属性栏。

控制面板：使用控制面板可以快速调出许多设置数值和调节功能的面板，它是 Illustrator 2020 中最重要的组件之一。控制面板是可以折叠的，可根据需要分离或组合，非常灵活。

页面区域：指在工作界面的中间以黑色实线表示的矩形区域，这个区域的大小就是用户设置的页面大小。

滚动条：当屏幕内不能完全显示出整个文档的时候，通过对滚动条的拖曳可以实现对整个文档的全部浏览。

泊槽：用来组织和存放面板。

状态栏：显示当前文档视图的显示比例，以及当前正使用的工具、时间和日期等信息。

1.1.1 菜单栏及其快捷方式

熟练地使用菜单栏能够快速、有效地绘制和编辑图像，达到事半功倍的效果。下面详细讲解菜单栏。

Illustrator 2020 中的菜单栏包含“文件”“编辑”“对象”“文字”“选择”“效果”“视图”“窗口”和“帮助”9 个菜单，如图 1-2 所示。每个菜单里又包含相应的子菜单。

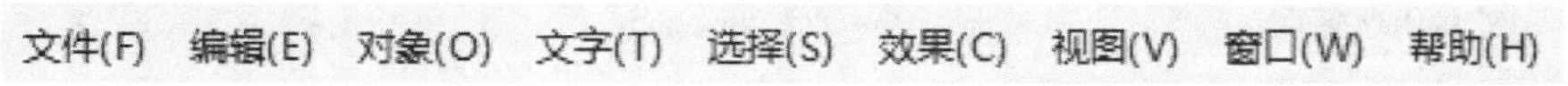

文件(F) 编辑(E) 对象(O) 文字(T) 选择(S) 效果(C) 视图(V) 窗口(W) 帮助(H)

图 1-2

每个下拉菜单的左边是命令的名称，在经常使用的命令右边是该命令的快捷键，要执行该命令，可以直接按键盘上的快捷键，这样可以提高操作速度。例如，“选择 > 全部”命令的快捷键（组合键）为 Ctrl+A。

　　有些命令的右边有一个向右的黑色箭头图标"＞"，表示该命令还有相应的子菜单，用鼠标单击它，即可弹出其子菜单。有些命令的后面有省略号"…"，表示用鼠标单击该命令可以弹出相应的对话框，在对话框中可进行更详尽的设置。有些命令呈灰色，表示该命令在当前状态下为不可用，需要选中相应的对象或在进行了合适的设置时，该命令才会变为黑色，呈可用状态。

1.1.2　工具箱

　　Illustrator 2020 的工具箱内包括了大量具有强大功能的工具，这些工具可以使用户在绘制和编辑图像的过程中制作出更加精彩的效果，工具箱如图 1-3 所示。

　　工具箱中部分工具按钮的右下角带有一个黑色三角形"◢"，表示该工具还有展开工具组，单击该工具并按住鼠标左键不放，即可弹出展开工具组。如单击"文字"工具 T 并按住鼠标左键不放，将展开文字工具组，如图 1-4 所示。用鼠标单击文字工具组右边的黑色三角形，如图 1-5 所示，文字工具组就从工具箱中分离出来，成为一个相对独立的工具栏，如图 1-6 所示。

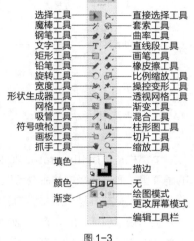

图 1-3

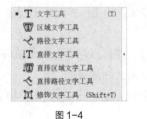

图 1-4

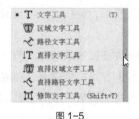

图 1-5

图 1-6

　　下面分别介绍各个展开式工具组。

　　直接选择工具组：包括 2 个工具，直接选择工具和编组选择工具，如图 1-7 所示。

　　钢笔工具组：包括 4 个工具，钢笔工具、添加锚点工具、删除锚点工具和锚点工具，如图 1-8 所示。

　　文字工具组：包括 7 个工具，文字工具、区域文字工具、路径文字工具、直排文字工具、直排区域文字工具、直排路径文字工具和修饰文字工具，如图 1-9 所示。

图 1-7　　　　　　　　　图 1-8　　　　　　　　　图 1-9

　　直线段工具组：包括 5 个工具，直线段工具、弧形工具、螺旋线工具、矩形网格工具和极坐标网格工具，如图 1-10 所示。

　　矩形工具组：包括 6 个工具，矩形工具、圆角矩形工具、椭圆工具、多边形工具、星形工具和光晕工具，如图 1-11 所示。

　　画笔工具组：包括 2 个工具，画笔工具和斑点画笔工具，如图 1-12 所示。

　　铅笔工具组：包括 5 个工具，Shaper 工具、铅笔工具、平滑工具、路径橡皮擦工具和连接工具，如图 1-13 所示。

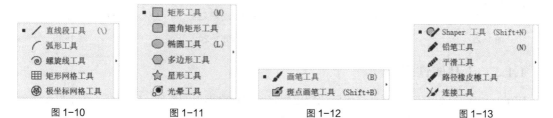

图 1-10　　　　　　图 1-11　　　　　　图 1-12　　　　　　图 1-13

　　橡皮擦工具组：包括 3 个工具，橡皮擦工具、剪刀工具和美工刀，如图 1-14 所示。

　　旋转工具组：包括 2 个工具，旋转工具和镜像工具，如图 1-15 所示。

　　比例缩放工具组：包括 3 个工具，比例缩放工具、倾斜工具和整形工具，如图 1-16 所示。

　　宽度工具组：包括 8 个工具，宽度工具、变形工具、旋转扭曲工具、缩拢工具、膨胀工具、扇贝工具、晶格化工具和皱褶工具，如图 1-17 所示。

图 1-14　　　　　　图 1-15　　　　　　图 1-16　　　　　　图 1-17

　　自由变换工具组：包括 2 个工具，自由变换工具和操控变形工具，如图 1-18 所示。

　　形状生成器工具组：包括 3 个工具，形状生成器工具、实时上色工具和实时上色选择工具，如图 1-19 所示。

　　透视网格工具组：包括 2 个工具，透视网格工具和透视选区工具，如图 1-20 所示。

　　吸管工具组：包括 2 个工具，吸管工具和度量工具，如图 1-21 所示。

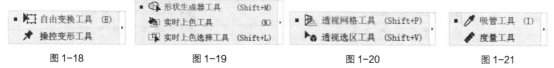

图 1-18　　　　　　图 1-19　　　　　　图 1-20　　　　　　图 1-21

　　符号喷枪工具组：包括 8 个工具，符号喷枪工具、符号移位器工具、符号紧缩器工具、符号缩放器工具、符号旋转器工具、符号着色器工具、符号滤色器工具和符号样式器工具，如图 1-22 所示。

　　柱形图工具组：包括 9 个工具，柱形图工具、堆积柱形图工具、条形图工具、堆积条形图工具、折线图工具、面积图工具、散点图工具、饼图工具和雷达图工具，如图 1-23 所示。

　　切片工具组：包括 2 个工具，切片工具和切片选择工具，如图 1-24 所示。

　　抓手工具组：包括 2 个工具，抓手工具和打印拼贴工具，如图 1-25 所示。

图 1-22   图 1-23 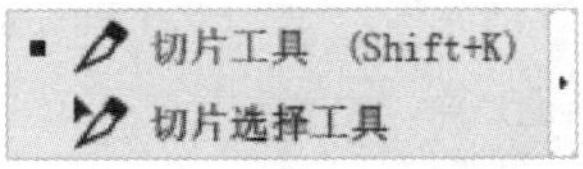   图 1-24 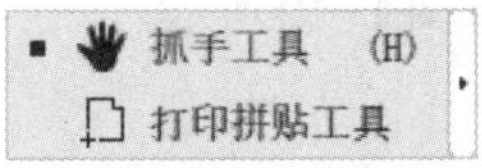   图 1-25

1.1.3　工具属性栏

　　Illustrator 2020 的工具属性栏可以快捷应用与所选对象相关的选项，它根据所选工具和对象的不同来显示不同的选项，包括画笔、描边和样式等多个控制面板的功能。选择路径对象的锚点后，工具属性栏如图 1-26 所示。选择"文字"工具 T 后，工具属性栏如图 1-27 所示。

图 1-26

图 1-27

1.1.4　控制面板

　　Illustrator 2020 的控制面板位于工作界面的右侧，它包括许多实用、快捷的工具和命令。随着 Illustrator 2020 功能的不断增强，控制面板也在不断改进，越来越合理，为用户绘制和编辑图像带来了更大的方便。

　　控制面板以组的形式出现，图 1-28 所示是其中的一组控制面板。用鼠标选中并按住"色板"面板的标题不放，如图 1-29 所示，向页面中拖曳，如图 1-30 所示。将其拖曳到面板组外时，释放鼠标左键，将形成独立的面板，如图 1-31 所示。

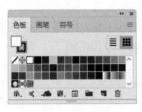

图 1-28

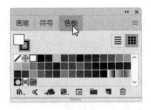

图 1-29

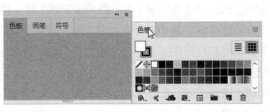

图 1-30

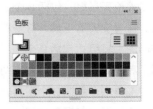

图 1-31

用鼠标单击面板右上角的折叠图标按钮 « 和展开按钮 » 来折叠或展开面板，效果如图 1-32 所示。将鼠标指针放置在面板右下角，指针变为 ↖ 图标，单击并按住鼠标左键不放，拖曳鼠标可放大或缩小面板。

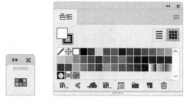
图 1-32

绘制图形图像时，经常需要选择不同的选项和数值，可以通过面板直接进行操作。通过选择"窗口"菜单中的各个命令可以显示或隐藏面板。这样可省去反复选择命令或关闭窗口的麻烦。面板为设置数值和修改命令提供了一个方便、快捷的平台，使软件的交互性更强。

1.1.5 状态栏

状态栏在工作界面的最下面，包括 3 个部分。第 1 部分的百分比表示当前文档的显示比例；第 2 部分是画板导航，可在画板间切换；第 3 部分显示当前使用的工具，当前的日期、时间，文件操作的还原次数和文档颜色配置文件等，如图 1-33 所示。

图 1-33

任务实践——界面操作

【任务学习目标】掌握 Illustrator 界面及基础操作。

【任务知识要点】通过打开文件和取消编组熟悉菜单栏的操作；通过选取图形掌握工具箱中工具的使用方法；通过改变图形的颜色掌握面板的使用方法；界面操作如图 1-34 所示。

【效果所在位置】云盘\Ch01\效果\界面操作.ai。

（1）打开 Illustrator 2020，选择"文件 > 打开"命令，弹出"打开"对话框，选择云盘中的"Ch01\效果\界面操作.ai"文件，单击"打开"按钮，打开文件，如图 1-35 所示，显示 Illustrator 2020 的软件界面。

图 1-34

（2）在左侧工具箱中选择"选择"工具 ▶，单击选取图形，如图 1-36 所示。按 Ctrl+C 组合键复制图形。按 Ctrl+N 组合键，弹出"新建文档"对话框，选项的设置如图 1-37 所示，单击"创建"按钮，新建一个页面。按 Ctrl+V 组合键，将复制的图形粘贴到新建的页面中，如图 1-38 所示。

（3）在上方的菜单栏中选择"对象 > 取消编组"命令，取消对象的编组状态。选择"选择"工具 ▶，选取图形，如图 1-39 所示。选择"窗口 > 色板"命令，弹出"色板"面板，单击选择需要的颜色，如图 1-40 所示，图形被填充颜色，效果如图 1-41 所示。

（4）按 Ctrl+S 组合键，弹出"存储为"对话框，设置保存文件的名称、类型和路径，单击"保存"按钮，保存文件。

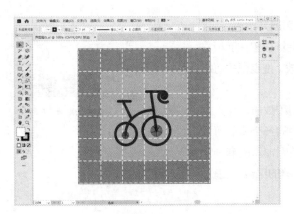

图 1-35

图 1-36

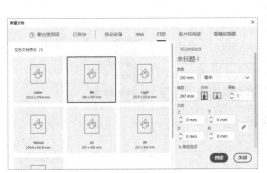

图 1-37

图 1-38

图 1-39

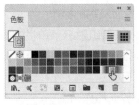

图 1-40

图 1-41

任务 1.2　文件的基本操作

　　在开始设计和制作平面设计作品前，需要掌握一些基本的文件操作方法。下面将介绍新建、打开、保存和关闭文件的基本方法。

1.2.1　新建文件

　　选择"文件 > 新建"命令（组合键为 Ctrl+N），弹出"新建文档"对话框，用户根据需要单击上方的类别选项卡，选择需要的预设新建文档，如图 1-42 所示。在右侧的"预设详细信息"选项中修改图像的名称、宽度和高度、分辨率和颜色模式等预设数值。设置完成后，单击"创建"按钮，即可建立一个新的文档。

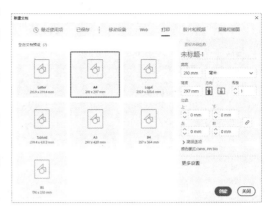

图 1-42

"名称"选项：可以在选项中输入新建文件的名称，默认状态下为"未标题－1"。

"宽度"和"高度"选项：用于设置文件的宽度和高度的数值。

"单位"选项：用于设置文件所采用的单位，默认状态下为"毫米"。

"方向"选项：用于设置新建页面竖向或横向排列。

"画板"选项：用于设置页面中画板的数量。

"出血"选项：用于设置页面上、下、左、右的出血值。默认状态下，右侧为锁定 ⌀ 状态，可同时设置出血值；单击右侧的按钮，使其处于解锁状态，可单独设置出血值。

单击"高级选项"左侧的箭头按钮，可以展开高级选项，如图 1-43 所示。

"颜色模式"选项：用于设置新建文件的颜色模式。

"光栅效果"选项：用于设置文件的栅格效果。

"预览模式"选项：用于设置文件的预览模式。

单击 更多设置 按钮，弹出"更多设置"对话框，如图 1-44 所示。

图 1-43

图 1-44

1.2.2　打开文件

选择"文件 > 打开"命令（组合键为 Ctrl+O），弹出"打开"对话框，如图 1-45 所示。在对话框中搜索路径和要打开的文件，确认文件类型和名称，单击"打开"按钮，即可打开选择的文件。

1.2.3　保存文件

当用户第 1 次保存文件时，选择"文件 > 存储"命令（组合键为 Ctrl+S），弹出"存储为"对话框，如图 1-46 所示，在对话框中输入要保存文件的名称，设置保存文件的路径、类型。设置完成后，单击"保存"按钮，即可保存文件。

图 1-45   图 1-46

当用户对图形文件进行了各种编辑操作并保存后，再选择"存储"命令时，将不弹出"存储为"对话框，计算机直接保留最终确认的结果，并覆盖原文件。因此，在未确定要放弃原始文件之前，应慎用此命令。

若既要保留修改过的文件，又不想放弃原文件，则可以用"存储为"命令。选择菜单"文件 > 存储为"命令（组合键为 Shift+Ctrl+S），弹出"存储为"对话框。在这个对话框中，可以为修改过的文件重新命名，并设置文件的路径和类型。设置完成后，单击"保存"按钮，原文件依旧保留不变，修改过的文件被另存为一个新的文件。

1.2.4   关闭文件

选择"文件 > 关闭"命令（组合键为 Ctrl+W），如图 1-47 所示，可将当前文件关闭。"关闭"命令只有当有文件被打开时才呈现为可用状态。

也可单击绘图窗口右上角的按钮 ⊠ 来关闭文件。若当前文件被修改过或是新建的文件，那么在关闭文件的时候系统就会弹出一个提示框，如图 1-48 所示。单击"是"按钮即可先保存文件再关闭文件，单击"否"按钮即不保存文件的更改而直接关闭文件，单击"取消"按钮即取消关闭文件的操作。

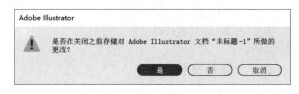

图 1-47   图 1-48

任务实践——文件操作

【任务学习目标】掌握 Illustrator 文件的操作技巧。

【任务知识要点】通过打开案例效果熟练掌握"打开"命令；通过复制文件熟练掌握"新建"命令；通过关闭新建文件掌握"保存"和"关闭"命令；文件操作如图 1-49 所示。

【效果所在位置】云盘\Ch01\效果\文件操作.ai。

（1）打开 Illustrator 2020，选择"文件 > 打开"命令，弹出"打开"对话框，如图 1-50 所示，选择云盘中的"Ch01\效果\文件操作.ai"文件，单击"打开"按钮，打开效果文件，效果如图 1-51 所示。

图 1-49

图 1-50

图 1-51

（2）按 Ctrl+A 组合键全选图形，如图 1-52 所示。按 Ctrl+C 组合键复制图形。选择"文件 > 新建"命令，弹出"新建文档"对话框，选项的设置如图 1-53 所示，单击"创建"按钮，新建一个页面。

图 1-52

图 1-53

（3）按 Ctrl+V 组合键，将复制的图形粘贴到新建的页面中，并将其拖曳到适当的位置，如图 1-54 所示。单击绘图窗口右上角的 × 按钮，弹出提示对话框，如图 1-55 所示。单击"是"按钮，弹出"存储为"对话框，选项的设置如图 1-56 所示。单击"保存"按钮，弹出"Illustrator 选项"对话框，选项的设置如图 1-57 所示，单击"确定"按钮，保存文件。

（4）再次单击绘图窗口右上角的 × 按钮，关闭打开的"文件操作.ai"文件。单击菜单栏右侧的"关闭"按钮 × ，可关闭软件。

图 1-54

图 1-55

图 1-56

图 1-57

任务 1.3　标尺和参考线的使用

　　Illustrator 2020 提供了标尺、参考线和网格等工具，利用这些工具可以帮助用户对所绘制和编辑的图形、图像精确定位，还可测量图形、图像的准确尺寸。

1.3.1　标尺

　　选择"视图 > 标尺 > 显示标尺"命令（组合键为 Ctrl+R），显示出标尺，如图 1-58 所示。如果要将标尺隐藏，可以选择"视图 > 标尺 > 隐藏标尺"命令（组合键为 Ctrl+R），将标尺隐藏。

　　如果需要设置标尺的显示单位，选择"编辑 > 首选项 > 单位"命令，弹出"首选项"对话框，如图 1-59 所示，可以在"常规"选项的下拉列表中设置标尺的显示单位。

　　如果仅需要对当前文件设置标尺的显示单位，选择"文件 > 文档

图 1-58

设置"命令,弹出"文档设置"对话框,如图 1-60 所示;可以在"单位"选项的下拉列表中设置标尺的显示单位。用这种方法设置的标尺单位对以后新建立的文件标尺单位不起作用。

在系统默认的状态下,标尺的坐标原点在工作页面的左下角,如果想要更改坐标原点的位置,单击水平标尺与垂直标尺的交点并将其拖曳到页面中,释放鼠标,即可将坐标原点设置在此处。如果想要恢复标尺原点的默认位置,双击水平标尺与垂直标尺的交点即可。

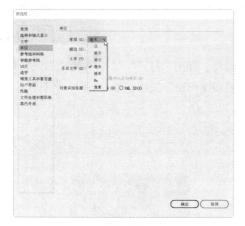
图 1-59

图 1-60

1.3.2 参考线

如果想要添加参考线,可以用鼠标在水平或垂直标尺上向页面中拖曳参考线,还可根据需要将图形或路径转换为参考线。

选中要转换的路径,如图 1-61 所示,选择"视图 > 参考线 > 建立参考线"命令(组合键为 Ctrl+5),将选中的路径转换为参考线,如图 1-62 所示。选择"视图 > 参考线 > 释放参考线"命令(组合键为 Alt+Ctrl+5),可以将选中的参考线转换为路径。

技巧

按住 Shift 键在标尺上双击,创建的参考线会自动与标尺上最接近的刻度对齐。

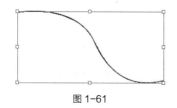
图 1-61

图 1-62

选择"视图 > 参考线 > 隐藏参考线"命令(组合键为 Ctrl+;),可以将参考线隐藏。

选择"视图 > 参考线 > 锁定参考线"命令(组合键为 Alt+Ctrl+;),可以将参考线进行锁定。

选择"视图 > 参考线 > 清除参考线"命令,可以清除参考线。

选择"视图 > 智能参考线"命令(组合键为 Ctrl+U),可以显示智能参考线。当图形移动或旋转到一定角度时,智能参考线就会高亮显示并给出提示信息。

任务实践——参考线操作

【任务学习目标】掌握标尺和参考线的使用方法。

【任务知识要点】通过打开案例效果熟练掌握"打开"命令；通过显示或隐藏标尺熟练掌握"标尺"命令；通过新建水平或垂直参考线熟练掌握"参考线"命令；参考线操作如图 1-63 所示。

【效果所在位置】云盘\Ch01\效果\参考线操作.ai。

（1）打开 Illustrator 2020，选择"文件 > 打开"命令，弹出"打开"对话框，如图 1-64 所示，选择云盘中的"Ch01\效果\参考线操作.ai"文件，单击"打开"按钮，打开效果文件，效果如图 1-65 所示。

图 1-63

图 1-64

图 1-65

（2）按 Ctrl+R 组合键，显示标尺，如图 1-66 所示。将鼠标指针放在标尺左上角的 ┼ 图标上，单击按住鼠标左键不放并拖曳指针，出现十字虚线的标尺定位线，如图 1-67 所示。在需要的位置松开鼠标左键，可以设定新的标尺坐标原点，如图 1-68 所示。双击 ┼ 图标，可以将标尺还原到原始的位置，如图 1-69 所示。

图 1-66

图 1-67

图 1-68

图 1-69

（3）将鼠标指针移动到水平或垂直标尺上，按住鼠标左键不放，并向下或向右拖曳指针，可以绘制一条参考线，在适当的位置松开鼠标左键，参考线效果如图 1-70 所示。

（4）将鼠标指针放在参考线上并单击鼠标左键，参考线被选中并呈蓝色，用指针拖曳参考线到适当的位置即可，如图 1-71 所示。在拖曳的过程中按住 Alt 键，可以在当前位置复制出一条参考线，如图 1-72 所示。按 Delete 键，可以删除选中的参考线。

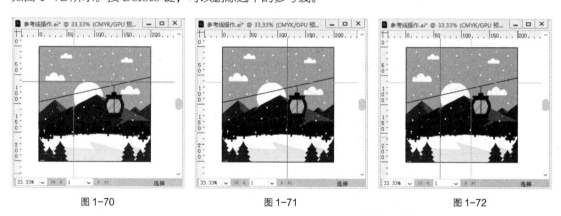

图 1-70　　　　　　　　　　　图 1-71　　　　　　　　　　　图 1-72

（5）选择"窗口 > 变换"命令，弹出"变换"面板，将"旋转"选项△ 0° ✓设为 115°，如图 1-73 所示，按 Enter 键，旋转参考线，如图 1-74 所示。选择"视图 > 参考线 > 清除参考线"命令，可以清除参考线。

图 1-73

图 1-74

02

项目 2
图形的绘制与编辑

项目引入

本项目将讲解 Illustrator 2020 中基本图形工具的使用方法，以及 Illustrator 2020 手绘图形工具的使用及修饰方法，并详细讲解编辑对象方法。认真学习本项目的内容，读者可以掌握 Illustrator 2020 的绘图功能以及编辑对象的方法，为进一步学习 Illustrator 2020 打好基础。

项目目标

- ✔ 掌握线段的绘制方法。
- ✔ 熟练掌握基本图形的绘制技巧。
- ✔ 掌握手绘工具的使用方法。
- ✔ 熟练掌握对象的编辑技巧。

技能目标

- ✔ 掌握"奖杯图标"的绘制方法。
- ✔ 掌握"麦田插画"的绘制方法。
- ✔ 掌握"祁州漏芦花卉插图"的绘制方法。

素质目标

- ✔ 培养将创意转化为图像设计的创造能力。
- ✔ 培养对线条和图形进行有效编辑和绘制的基础能力。
- ✔ 培养通过实际练习将相关知识运用到实际设计中的实践能力。

任务 2.1 　绘制线段

在平面设计中，直线和弧线是经常使用的线型。使用"直线段"工具／和"弧形"工具／可以创建直线和弧线，对其进行编辑和变形，可以得到更多复杂的图形对象。下面详细讲解这些工具的使用方法。

2.1.1 　绘制直线

1. 拖曳鼠标绘制直线

选择"直线段"工具／，在页面中需要的位置单击并按住鼠标左键不放，拖曳指针到需要的位置，释放鼠标左键，绘制出一条任意角度的斜线，效果如图 2-1 所示。

选择"直线段"工具／，按住 Shift 键，在页面中需要的位置单击并按住鼠标左键不放，拖曳指针到需要的位置，释放鼠标左键，绘制出水平、垂直或与水平线成 45° 角及 45° 角整数倍角度的直线，效果如图 2-2 所示。

选择"直线段"工具／，按住 Alt 键，在页面中需要的位置单击并按住鼠标左键不放，拖曳指针到需要的位置，释放鼠标左键，绘制出以鼠标单击点为中心的直线（由单击点向两边扩展）。

选择"直线段"工具／，按住 ~ 键，在页面中需要的位置单击并按住鼠标左键不放，拖曳指针到需要的位置，释放鼠标左键，绘制出多条直线（系统自动设置），效果如图 2-3 所示。

图 2-1 　　　　　　　　　　图 2-2 　　　　　　　　　　图 2-3

2. 精确绘制直线

选择"直线段"工具／，在页面中需要的位置单击鼠标左键，或双击"直线段"工具／，都将弹出"直线段工具选项"对话框，如图 2-4 所示。在对话框中，"长度"选项可以用来设置线段的长度，"角度"选项可以用来设置线段的倾斜度，勾选"线段填色"复选框可以填充直线组成的图形。设置完成后，单击"确定"按钮，得到图 2-5 所示的直线。

图 2-4

图 2-5

2.1.2 绘制弧线

1. 拖曳鼠标绘制弧线

选择"弧形"工具 ⌒ ，在页面中需要的位置单击并按住鼠标左键不放，拖曳指针到需要的位置，释放鼠标左键，绘制出一段弧线，效果如图 2-6 所示。

选择"弧形"工具 ⌒ ，按住 Shift 键，在页面中需要的位置单击并按住鼠标左键不放，拖曳指针到需要的位置，释放鼠标左键，绘制出在水平和垂直方向上长度相等的弧线，效果如图 2-7 所示。

选择"弧形"工具 ⌒ ，按住 ~ 键，在页面中需要的位置单击并按住鼠标左键不放，拖曳指针到需要的位置，释放鼠标左键，绘制出多条弧线，效果如图 2-8 所示。

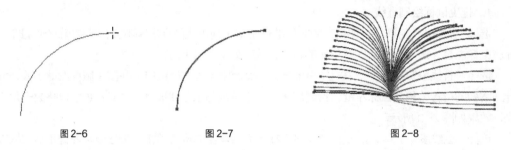

图 2-6 　　　　　 图 2-7 　　　　　　　 图 2-8

2. 精确绘制弧线

选择"弧形"工具 ⌒ ，在页面中需要的位置单击鼠标，或双击"弧形"工具 ⌒ ，都将弹出"弧线段工具选项"对话框，如图 2-9 所示。在对话框中，"X 轴长度"选项可以用来设置弧线水平方向的长度，"Y 轴长度"选项可以用来设置弧线垂直方向的长度，"类型"选项可以用来设置弧线类型，"基线轴"选项可以用来选择坐标轴，勾选"弧线填色"复选框可以填充弧线组成的图形。设置完成后，单击"确定"按钮，得到图 2-10 所示的弧形。输入不同的数值，将会得到不同的弧形，效果如图 2-11 所示。

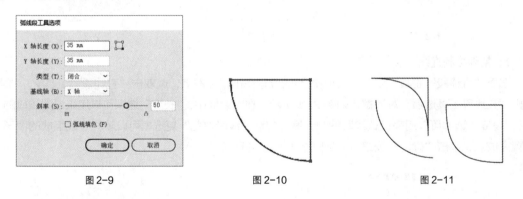

图 2-9 　　　　　　　 图 2-10 　　　　　　　 图 2-11

2.1.3 绘制螺旋线

1. 拖曳鼠标绘制螺旋线

选择"螺旋线"工具 ◎ ，在页面中需要的位置单击并按住鼠标左键不放，拖曳指针到需要的位置，释放鼠标左键，绘制出螺旋线，如图 2-12 所示。

选择"螺旋线"工具 ◎ ，按住 Shift 键，在页面中需要的位置单击并按住鼠标左键不放，拖曳指

针到需要的位置，释放鼠标左键，绘制出螺旋线，绘制的
螺旋线转动的角度将是强制角度（默认设置是 45°）的整
数倍。

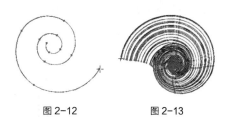

选择"螺旋线"工具 ，按住 ~ 键，在页面中需要的
位置单击并按住鼠标左键不放，拖曳指针到需要的位置，释
放鼠标左键，绘制出多条螺旋线，效果如图 2-13 所示。

图 2-12　　　　　　　图 2-13

2. 精确绘制螺旋线

选择"螺旋线"工具 ，在页面中需要的位置单击，弹出"螺旋线"对话框，如图 2-14 所示。
在对话框中，"半径"选项可以用来设置螺旋线的半径，螺旋线的半径指的是从螺旋线的中心点到螺
旋线终点之间的距离；"衰减"选项可以用来设置螺旋形内部线条之间的螺旋圈数；"段数"选项可以
用来设置螺旋线的螺旋段数；"样式"单选项用来设置螺旋线的旋转方向。设置完成后，单击"确定"
按钮，得到图 2-15 所示的螺旋线。

图 2-14

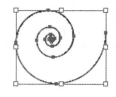

图 2-15

任务 2.2　绘制基本图形

矩形、圆形、多边形和星形是最简单、最基本却又最重要的图形。在 Illustrator
2020 中，"矩形"工具、"圆角矩形"工具、"椭圆"工具、"多边形"工具和"星
形"工具的使用方法比较类似，通过使用这些工具，可以很方便地在绘图页面上拖
曳指针绘制出各种形状，还能够通过设置相应的对话框精确绘制图形。

扩展任务

绘制人物图标

2.2.1　绘制矩形和圆角矩形

1. 拖曳鼠标绘制矩形

选择"矩形"工具 ，在页面中需要的位置单击并按住鼠标左键不放，拖曳指针到需要的位置，
释放鼠标左键，绘制出一个矩形，效果如图 2-16 所示。

选择"矩形"工具 ，按住 Shift 键，在页面中需要的位置单击并按住鼠标左键不放，拖曳指针
到需要的位置，释放鼠标左键，绘制出一个正方形，效果如图 2-17 所示。

选择"矩形"工具 ，按住 ~ 键，在页面中需要的位置单击并按住鼠标左键不放，拖曳指针到需

要的位置，释放鼠标左键，绘制出多个矩形，效果如图 2-18 所示。

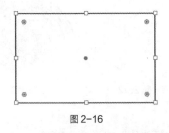
图 2-16

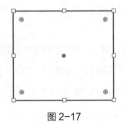
图 2-17

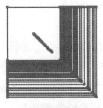
图 2-18

提示

选择"矩形"工具🔲，按住 Alt 键，在页面中需要的位置单击并按住鼠标左键不放，拖曳指针到需要的位置，释放鼠标左键，可以绘制一个以鼠标单击点为中心的矩形。

选择"矩形"工具🔲，按住 Alt+Shift 组合键，在页面中需要的位置单击并按住鼠标左键不放，拖曳指针到需要的位置，释放鼠标左键，可以绘制一个以鼠标单击点为中心的正方形。

选择"矩形"工具🔲，在页面中需要的位置单击并按住鼠标左键不放，拖曳指针到需要的位置，再按住 Space 键，可以暂停绘制工作而在页面上任意移动未绘制完成的矩形，释放 Space 键后可继续绘制矩形。

上述方法在"圆角矩形"工具🔲、"椭圆"工具⭕、"多边形"工具⬡、"星形"工具⭐中同样适用。

2. 精确绘制矩形

选择"矩形"工具🔲，在页面中需要的位置单击，弹出"矩形"对话框，如图 2-19 所示。在对话框中，"宽度"选项可以用来设置矩形的宽度，"高度"选项可以用来设置矩形的高度。设置完成后，单击"确定"按钮，得到图 2-20 所示的矩形。

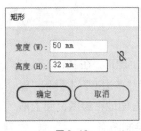
图 2-19

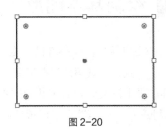
图 2-20

3. 拖曳鼠标绘制圆角矩形

选择"圆角矩形"工具🔲，在页面中需要的位置单击并按住鼠标左键不放，拖曳指针到需要的位置，释放鼠标左键，绘制出一个圆角矩形，效果如图 2-21 所示。

选择"圆角矩形"工具🔲，按住 Shift 键，在页面中需要的位置单击并按住鼠标左键不放，拖曳指针到需要的位置，释放鼠标左键，可以绘制一个宽度和高度相等的圆角矩形，效果如图 2-22 所示。

选择"圆角矩形"工具🔲，按住 ~ 键，在页面中需要的位置单击并按住鼠标左键不放，拖曳指针到需要的位置，释放鼠标左键，绘制出多个圆角矩形，效果如图 2-23 所示。

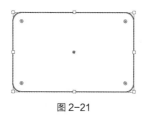
图 2-21

图 2-22

图 2-23

4. 精确绘制圆角矩形

选择"圆角矩形"工具 ，在页面中需要的位置单击，弹出"圆角矩形"对话框，如图 2-24 所示。在对话框中，"宽度"选项可以用来设置圆角矩形的宽度，"高度"选项可以用来设置圆角矩形的高度，"圆角半径"选项可以用来控制圆角矩形中圆角半径的长度；设置完成后，单击"确定"按钮，得到图 2-25 所示的圆角矩形。

图 2-24

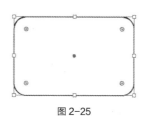
图 2-25

5. 使用"变换"面板制作实时转角

选择"选择"工具 ▶，选取绘制好的矩形。选择"窗口 > 变换"命令（组合键为 Shift+F8），弹出"变换"面板，如图 2-26 所示。

在"矩形属性"选项组中，"边角类型"按钮 可以用来设置边角的转角类型，包括"圆角""反向圆角"和"倒角"；在"圆角半径"选项 中可以输入圆角半径值；单击 按钮可以链接圆角半径，同时设置圆角半径值；单击 按钮可以取消圆角半径的链接，分别设置圆角半径值。

单击 按钮，其他选项的设置如图 2-27 所示，按 Enter 键，得到图 2-28 所示的效果。单击 按钮，其他选项的设置如图 2-29 所示，按 Enter 键，得到图 2-30 所示的效果。

图 2-26

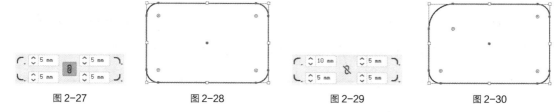

图 2-27　　　　　　图 2-28　　　　　　图 2-29　　　　　　图 2-30

6. 使用直接拖曳制作实时转角

选择"选择"工具 ▶，选取绘制好的矩形。上、下、左、右 4 个边角构件处于可编辑状态，如图 2-31 所示，向内拖曳其中任意一个边角构件，如图 2-32 所示，可对矩形角进行变形，松开鼠标，如图 2-33 所示。

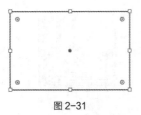
图 2-31

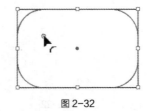
图 2-32

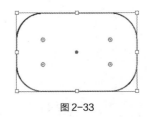
图 2-33

提示

选择"视图 > 隐藏边角构件"命令，可以将边角构件隐藏。选择"视图 > 显示边角构件"命令，显示出边角构件。

当将鼠标指针移动到任意一个实心边角构件上时，指针变为"⬝"，如图 2-34 所示；单击鼠标左键将实心边角构件变为空心边角构件，指针变为"⬝"，如图 2-35 所示；拖曳指针使选取的边角单独进行变形，如图 2-36 所示。

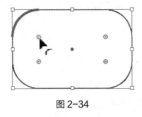
图 2-34

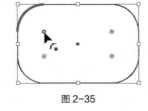
图 2-35

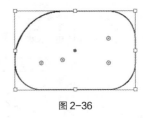
图 2-36

按住 Alt 键的同时，单击任意一个边角构件，或在拖曳边角构件的同时，按↑键或↓键，可在 3 种边角中交替转换，如图 2-37 所示。

按住 Ctrl 键的同时，双击其中一个边角构件，弹出"边角"对话框，如图 2-38 所示，可以设置边角样式、边角半径和圆角类型。

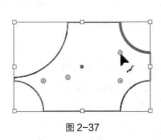
图 2-37

图 2-38

提示

将边角构件拖曳至最大值时，圆角预览呈红色显示，为不可编辑状态。

2.2.2 绘制椭圆形和圆形

1. 拖曳鼠标绘制椭圆形

选择"椭圆"工具 ⬭，在页面中需要的位置单击并按住鼠标左键不放，拖曳指针到需要的位置，释放鼠标左键，绘制出一个椭圆形，如图 2-39 所示。

选择"椭圆"工具 ◉，按住 Shift 键，在页面中需要的位置单击并按住鼠标左键不放，拖曳指针到需要的位置，释放鼠标左键，绘制出一个圆形，效果如图 2-40 所示。

选择"椭圆"工具 ◉，按住 ~ 键，在页面中需要的位置单击并按住鼠标左键不放，拖曳指针到需要的位置，释放鼠标左键，可以绘制多个椭圆形，效果如图 2-41 所示。

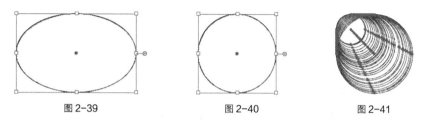

图 2-39　　　　　　　　图 2-40　　　　　　　　图 2-41

2. 精确绘制椭圆形

选择"椭圆"工具 ◉，在页面中需要的位置单击，弹出"椭圆"对话框，如图 2-42 所示。在对话框中，"宽度"选项可以用来设置椭圆形的宽度，"高度"选项可以用来设置椭圆形的高度。设置完成后，单击"确定"按钮，得到图 2-43 所示的椭圆形。

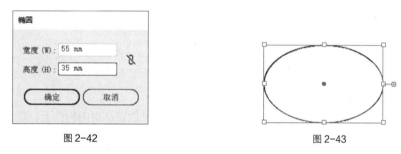

图 2-42　　　　　　　　　　　　　　图 2-43

3. 使用"变换"面板制作饼图

选择"选择"工具 ▶，选取绘制好的椭圆形。选择"窗口 > 变换"命令（组合键为 Shift+F8），弹出"变换"面板，如图 2-44 所示。在"椭圆属性"选项组中，"饼图起点角度"选项 ✆0° ∨ 可以用来设置饼图的起点角度；"饼图终点角度"选项 0° ∨✆ 可以用来设置饼图的终点角度；单击 ✆ 按钮可以链接饼图的起点角度和终点角度，进行同时设置；单击 ✆ 按钮，可以取消链接饼图的起点角度和终点角度，进行分别设置；单击"反转饼图"按钮 ⇄，可以互换饼图起点角度和饼图终点角度。

将"饼图起点角度"选项 ✆0° ∨ 设置为 45°，效果如图 2-45 所示；将此选项设置为 180°，效果如图 2-46 所示。

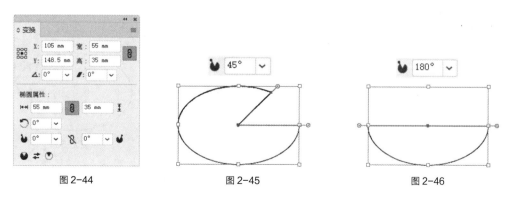

图 2-44　　　　　　　　图 2-45　　　　　　　　图 2-46

将"饼图终点角度"选项 $\boxed{0°\ \vee}$ �∪ 设置为 45°，效果如图 2-47 所示；将此选项设置为 180°，效果如图 2-48 所示。

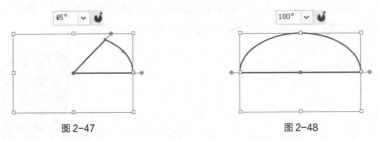

图 2-47　　　　　　　　　　　　图 2-48

将"饼图起点角度"选项 �{ $\boxed{0°\ \vee}$ 设置为 60°，"饼图终点角度"选项 $\boxed{0°\ \vee}$ �∪ 设置为 30°，如图 2-49 所示。单击"反转饼图"按钮 ⇄，将饼图的起点角度和终点角度互换，如图 2-50 所示。

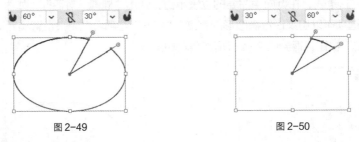

图 2-49　　　　　　　　　　　　图 2-50

4. 使用直接拖曳制作饼图

选择"选择"工具 ▶，选取绘制好的椭圆形。将鼠标指针放置在饼图构件上，指针变为 ▶ 图标，如图 2-51 所示，向上拖曳饼图构件，可以改变饼图起点角度，如图 2-52 所示。向下拖曳饼图构件，可以改变饼图终点角度，如图 2-53 所示。

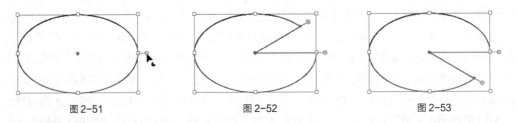

图 2-51　　　　　　　　　图 2-52　　　　　　　　　图 2-53

5. 使用直接选择工具调整饼图转角

选择"直接选择"工具 ▷，选取绘制好的饼图，边角构件处于可编辑状态，如图 2-54 所示，向内拖曳其中任意一个边角构件，如图 2-55 所示，对饼图角进行变形，松开鼠标，如图 2-56 所示。

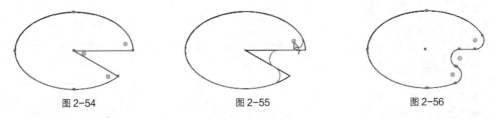

图 2-54　　　　　　　　　图 2-55　　　　　　　　　图 2-56

当将鼠标指针移动到任意一个实心边角构件上时，指针变为"▷"图标，如图 2-57 所示；单击鼠标左键将实心边角构件变为空心边角构件，指针变为"![icon]"图标，如图 2-58 所示；拖曳指针使选取的饼图角单独进行变形，松开鼠标后，如图 2-59 所示。

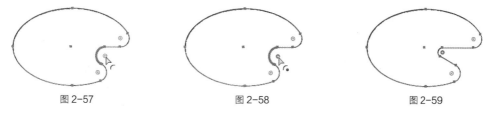

| 图 2-57 | 图 2-58 | 图 2-59 |

按住 Alt 键的同时，单击任意一个边角构件，或在拖曳边角构件的同时，按↑键或↓键，可在 3 种边角中交替转换，如图 2-60 所示。

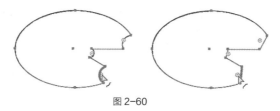

图 2-60

提示

双击任意一个边角构件，弹出"边角"对话框，可以设置边角样式、边角半径和圆角类型。

2.2.3 绘制多边形

1. 拖曳鼠标绘制多边形

选择"多边形"工具![icon]，在页面中需要的位置单击并按住鼠标左键不放，拖曳指针到需要的位置，释放鼠标左键，绘制出一个任意角度的正多边形，如图 2-61 所示。

选择"多边形"工具![icon]，按住 Shift 键，在页面中需要的位置单击并按住鼠标左键不放，拖曳指针到需要的位置，释放鼠标左键，绘制出一个无角度的正多边形，效果如图 2-62 所示。

选择"多边形"工具![icon]，按住 ~ 键，在页面中需要的位置单击并按住鼠标左键不放，拖曳指针到需要的位置，释放鼠标左键，绘制出多个多边形，效果如图 2-63 所示。

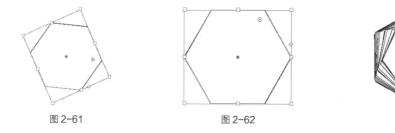

| 图 2-61 | 图 2-62 | 图 2-63 |

2. 精确绘制多边形

选择"多边形"工具![icon]，在页面中需要的位置单击，弹出"多边形"对话框，如图 2-64 所示。在对话框中，"半径"选项可以用来设置多边形的半径，半径指的是从多边形中心点到多边形顶点的距离，而中心点一般为多边形的重心；"边数"选项可以用来设置多边形的边数。设置完成后，单击

"确定"按钮，得到图2-65所示的多边形。

图2-64

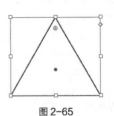

图2-65

3. 直接拖曳增加或减少多边形边数

选择"选择"工具 ▶，选取绘制好的多边形，将鼠标指针放置在多边形构件◇上，指针变为 图标，如图2-66所示。向上拖曳多边形构件，可以减少多边形的边数，如图2-67所示。向下拖曳多边形构件，可以增加多边形的边数，如图2-68所示。

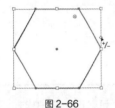

图2-66

图2-67

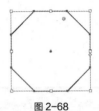

图2-68

提示

多边形"边数"的取值范围为3~11，最少边数为3，最多边数为11。

4. 使用"变换"面板制作实时转角

选择"选择"工具 ▶，选取绘制好的正六边形，选择"窗口 > 变换"命令（组合键为Shift+F8），弹出"变换"面板，如图2-69所示。在"多边形属性"选项组中，"多边形边数计算"选项 可以用来设置多边形的边数；"边角类型"选项 可以用来选取任意角的转角类型；"圆角半径"选项 可以用来设置多边形各个圆角的半径；"多边形半径"选项 可以用来设置多边形的半径；"多边形边长度"选项 可以用来设置多边形每一边的长度。

"多边形边数计算"选项的取值范围为3~20，当数值最小为3时，效果如图2-70所示；当数值最大为20时，效果如图2-71所示。

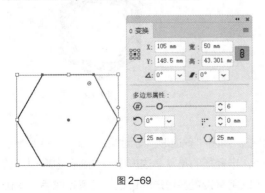

图2-69

图2-70

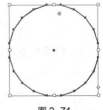

图2-71

"边角类型"选项中包括"圆角""反向圆角"和"倒角",效果如图 2-72 所示。

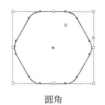
圆角

反向圆角

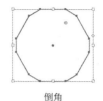
倒角

图 2-72

2.2.4 绘制星形

1. 拖曳鼠标绘制星形

选择"星形"工具，在页面中需要的位置单击并按住鼠标左键不放，拖曳指针到需要的位置，释放鼠标左键，绘制出一个任意角度的正星形，效果如图 2-73 所示。

选择"星形"工具，按住 Shift 键，在页面中需要的位置单击并按住鼠标左键不放，拖曳指针到需要的位置，释放鼠标左键，绘制出一个无角度的正星形，效果如图 2-74 所示。

选择"星形"工具，按住 ~ 键，在页面中需要的位置单击并按住鼠标左键不放，拖曳指针到需要的位置，释放鼠标左键，绘制出多个星形，效果如图 2-75 所示。

图 2-73

图 2-74

图 2-75

2. 精确绘制星形

选择"星形"工具，在页面中需要的位置单击，弹出"星形"对话框，如图 2-76 所示。在对话框中，"半径 1（1）"选项用于设置从星形中心点到各外部角顶点的距离，"半径 2（2）"选项用于设置从星形中心点到各内部角端点的距离，"角点数（P）"选项用于设置星形中的边角数量。设置完成后，单击"确定"按钮，得到图 2-77 所示的星形。

图 2-76

图 2-77

提示

使用"直接选择"工具调整多边形和星形的实时转角，方法与"椭圆"工具的使用方法相同，这里不再赘述。

任务实践——绘制奖杯图标

【任务学习目标】学习使用基本图形工具绘制奖杯图标。

【任务知识要点】使用"矩形"工具、"变换"面板、"圆角矩形"工具、"镜像"工具和"多边形"工具绘制奖杯杯体；使用"直接选择"工具调整矩形的锚点；使用"圆角矩形"工具、"矩形"工具、"直线段"工具、"描边"面板绘制奖杯底座；奖杯图标效果如图 2-78 所示。

【效果所在位置】云盘/Ch02/效果/绘制奖杯图标.ai。

图 2-78

1. 绘制奖杯杯体

（1）按 Ctrl+N 组合键，弹出"新建文档"对话框，设置文档的宽度为 128 px，高度为 128 px，取向为横向，颜色模式为 RGB 颜色，光栅效果为屏幕（72 ppi），单击"创建"按钮，新建一个文档。

绘制奖杯图标 1

（2）选择"矩形"工具▣，按住 Shift 键的同时，绘制一个与页面大小相等的正方形，设置填充色为浅蓝色（其 RGB 的值分别为 235、245、255），填充图形，并设置描边色为无，效果如图 2-79 所示。按 Ctrl+2 组合键，锁定所选对象。

（3）使用"矩形"工具▣，在适当的位置绘制一个矩形，填充图形为白色，并设置描边色为黑色，效果如图 2-80 所示。

图 2-79

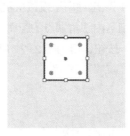

图 2-80

（4）选择"窗口 > 变换"命令，弹出"变换"面板，在"矩形属性："选项组中，将"圆角半径"选项设为 0 px 和 23 px，如图 2-81 所示；按 Enter 键确定操作，效果如图 2-82 所示。

（5）选择"圆角矩形"工具▣，在页面中单击鼠标左键，弹出"圆角矩形"对话框，选项的设置如图 2-83 所示，单击"确定"按钮，出现一个圆角矩形。选择"选择"工具▶，拖曳圆角矩形到适当的位置，效果如图 2-84 所示。

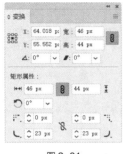
图 2-81

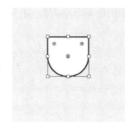
图 2-82

图 2-83

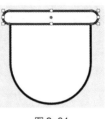
图 2-84

（6）选择"矩形"工具 ▣，在适当的位置绘制一个矩形，设置描边色为灰色（其 RGB 的值分别为 191、191、196），填充描边，效果如图 2-85 所示。在属性栏中将"描边粗细"选项设为 4 pt；按 Enter 键确定操作，效果如图 2-86 所示。

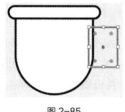

图 2-85

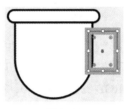
图 2-86

（7）在"变换"面板中，将"圆角半径"选项设为 4 px 和 16 px，如图 2-87 所示；按 Enter 键确定操作，效果如图 2-88 所示。选择"对象 > 路径 > 轮廓化描边"命令，创建对象的描边轮廓，效果如图 2-89 所示。

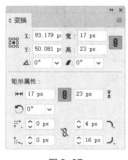

图 2-87

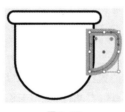
图 2-88

图 2-89

（8）保持图形的选取状态。设置描边色为黑色，效果如图 2-90 所示。连续按 Ctrl+ [组合键，将图形向后移至适当的位置，效果如图 2-91 所示。

图 2-90

图 2-91

（9）双击"镜像"工具 ◄ ，弹出"镜像"对话框，选项的设置如图 2-92 所示；单击"复制"按钮，镜像并复制图形；选择"选择"工具 ► ，按住 Shift 键的同时，水平向左拖曳复制的图形到适当的位置，效果如图 2-93 所示。

图 2-92

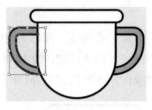

图 2-93

（10）选择"星形"工具 ☆ ，在页面中单击鼠标左键，弹出"星形"对话框，选项的设置如图 2-94 所示，单击"确定"按钮，出现一个五角星。选择"选择"工具 ► ，拖曳五角星到适当的位置，设置填充色为蓝色（其 RGB 的值分别为 0、79、255），填充图形，并设置描边色为黑色，效果如图 2-95 所示。

图 2-94

图 2-95

2. 绘制奖杯底座

（1）选择"矩形"工具 ▢ ，在适当的位置绘制一个矩形，填充图形为白色，并设置描边色为黑色，效果如图 2-96 所示。连续按 Ctrl+ [组合键，将图形向后移至适当的位置，效果如图 2-97 所示。

图 2-96

图 2-97

绘制奖杯图标 2

（2）选择"选择"工具 ► ，按住 Alt+Shift 组合键的同时，垂直向下拖曳矩形到适当的位置，复制矩形，效果如图 2-98 所示。选择"直接选择"工具 ▷ ，水平向左拖曳左下角锚点到适当的位置，如图 2-99 所示。用相同的方法调整右下角的锚点到适当的位置，效果如图 2-100 所示。

图 2-98

图 2-99

图 2-100

（3）选择"圆角矩形"工具 ▣ ，在页面中单击鼠标左键，弹出"圆角矩形"对话框，选项的设置如图 2-101 所示，单击"确定"按钮，出现一个圆角矩形。选择"选择"工具 ▶ ，拖曳圆角矩形到适当的位置，效果如图 2-102 所示。

图 2-101

图 2-102

（4）选择"矩形"工具 ▣ ，在适当的位置绘制一个矩形，设置填充色为灰色（其 RGB 的值分别为 191、191、196），填充图形，并设置描边色为黑色，效果如图 2-103 所示。在"变换"面板中，将"圆角半径"选项设为 4 px 和 0 px，如图 2-104 所示；按 Enter 键确定操作，效果如图 2-105 所示。

图 2-103

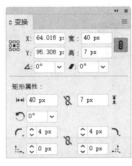

图 2-104

图 2-105

（5）使用"矩形"工具 ▣ ，在适当的位置绘制一个矩形，设置填充色为蓝色（其 RGB 的值分别为 0、79、255），填充图形，并设置描边色为黑色，效果如图 2-106 所示。

（6）选择"直线段"工具 ✏ ，按住 Shift 键的同时，在适当的位置绘制一条直线，设置描边色为白色，效果如图 2-107 所示。

图 2-106

图 2-107

（7）选择"窗口 > 描边"命令，弹出"描边"面板，单击"端点"选项中的"圆头端点"按钮 $\boxed{\mathsf{C}}$，其他选项的设置如图 2-108 所示，效果如图 2-109 所示。

图 2-108

图 2-109

（8）按 Ctrl+O 组合键，打开云盘中的"Ch02\素材\绘制奖杯图标\01"文件，按 Ctrl+A 组合键，全选图形。按 Ctrl+C 组合键，复制图形。选择正在编辑的页面，按 Ctrl+V 组合键，将其粘贴到页面中，选择"选择"工具 ▶，并拖曳复制的图形到适当的位置，效果如图 2-110 所示。连续按 Ctrl+[组合键，将图形向后移至适当的位置，效果如图 2-111 所示。

（9）奖杯图标绘制完成，效果如图 2-112 所示。将图标应用在手机中，会自动应用圆角遮罩图标，呈现出圆角效果，如图 2-113 所示。

图 2-110

图 2-111

图 2-112

图 2-113

任务 2.3　手绘图形

　　Illustrator 2020 提供了"铅笔"工具和"画笔"工具，用户可以使用这些工具绘制种类繁多的图形和路径；还提供了"平滑"工具和"路径橡皮擦"工具来修饰绘制的图形和路径。

扩展任务

绘制卡通形象

2.3.1　使用"画笔"工具

　　"画笔"工具可以用来绘制样式繁多的精美线条和图形，以及风格迥异的图像。调节不同的刷头还可以达到不同的绘制效果。

选择"画笔"工具 ，再选择"窗口 > 画笔"命令，弹出"画笔"面板，如图 2-114 所示。在面板中选择任意一种画笔样式。在页面中需要的位置单击并按住鼠标左键不放，向右拖曳指针进行线条的绘制，释放鼠标左键，线条绘制完成，如图 2-115 所示。

图 2-114

图 2-115

选取绘制的线条，如图 2-116 所示，选择"窗口 > 描边"命令，弹出"描边"面板，在面板中的"粗细"选项中选择或设置需要的描边大小，如图 2-117 所示，线条的效果如图 2-118 所示。

图 2-116

图 2-117

图 2-118

双击"画笔"工具 ，弹出"画笔工具选项"对话框，如图 2-119 所示。在对话框的"保真度"选项组中，"精确"选项用于调节绘制曲线上点的精确度，"平滑"选项用于调节绘制曲线的平滑度。在"选项"选项组中，勾选"填充新画笔描边"复选框，则每次使用"画笔"工具绘制图形时，系统都会自动以默认颜色来填充对象的笔画；勾选"保持选定"复选框，绘制的曲线处于被选取状态；勾选"编辑所选路径"复选框，"画笔"工具可以对选中的路径进行编辑。

图 2-119

2.3.2 使用"画笔"面板

选择"窗口 > 画笔"命令，弹出"画笔"面板。在"画笔"面板中包含许多内容，下面进行详细讲解。

1. 画笔类型

Illustrator 2020 中包括 5 种类型的画笔，即散点画笔、书法画笔、毛刷画笔、图案画笔和艺术画笔。

（1）散点画笔。

单击"画笔"面板右上角的图标 ≡，将弹出其下拉菜单，在系统默认状态下"显示散点画笔"命令为灰色，选择"打开画笔库"命令，弹出子菜单，如图 2-120 所示。在弹出的菜单中选择任意一种散点画笔，弹出相应的面板，如图 2-121 所示。在面板中单击画笔，画笔就被加载到"画笔"面板中，如图 2-122 所示。选择任意一种散点画笔，再选择"画笔"工具 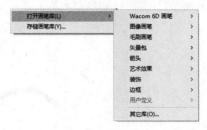，用鼠标在页面上连续单击或进行拖曳，就可以绘制出需要的图像，效果如图 2-123 所示。

图 2-120

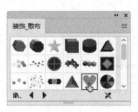

图 2-121

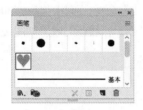

图 2-122

图 2-123

（2）书法画笔。

在系统默认状态下，书法画笔为显示状态，"画笔"面板的第 1 排为书法画笔，如图 2-124 所示。选择任意一种书法画笔，选择"画笔"工具 ，在页面中需要的位置单击并按住鼠标左键不放，拖曳指针进行线条的绘制，释放鼠标左键，线条绘制完成，效果如图 2-125 所示。

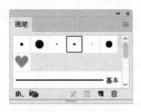

图 2-124

图 2-125

（3）毛刷画笔。

在系统默认状态下，毛刷画笔为显示状态，"画笔"面板的第 3 排为毛刷画笔，如图 2-126 所示。选择"画笔"工具 ，在页面中需要的位置单击并按住鼠标左键不放，拖曳指针进行线条的绘制，释放鼠标左键，线条绘制完成，效果如图 2-127 所示。

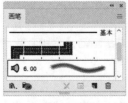

图 2-126

图 2-127

（4）图案画笔。

单击"画笔"面板右上角的图标≡，将弹出其下拉菜单，在系统默认状态下"显示图案画笔"命令为灰色，选择"打开画笔库"命令，在弹出的菜单中选择任意一种图案画笔，弹出相应的面板，如图 2-128 所示。在面板中单击画笔，画笔就被加载到"画笔"面板中，如图 2-129 所示。选择任意一种图案画笔，再选择"画笔"工具 ✐ ，用鼠标在页面上连续单击或进行拖曳，就可以绘制出需要的图像，效果如图 2-130 所示。

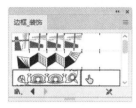
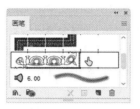

图 2-128　　　　　　　　　图 2-129　　　　　　　　　图 2-130

（5）艺术画笔。

在系统默认状态下，艺术画笔为显示状态，"画笔"面板的毛刷画笔以下为艺术画笔，如图 2-131 所示。选择任意一种艺术画笔，选择"画笔"工具 ✐ ，在页面中需要的位置单击并按住鼠标左键不放，拖曳指针进行线条的绘制，释放鼠标左键，线条绘制完成，效果如图 2-132 所示。

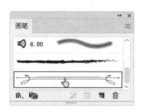

图 2-131　　　　　　　　　　　　　　　　图 2-132

2. 更改画笔类型

选中想要更改画笔类型的图像，如图 2-133 所示，在"画笔"面板中单击需要的画笔样式，如图 2-134 所示，更改画笔后的图像效果如图 2-135 所示。

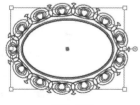
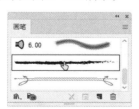

图 2-133　　　　　　　　　图 2-134　　　　　　　　　图 2-135

3. "画笔"面板的按钮

"画笔"面板下面有 4 个按钮，从左到右依次是"移去画笔描边"按钮 ✕ 、"所选对象的选项"按钮 ▤ 、"新建画笔"按钮 ◪ 和"删除画笔"按钮 🗑 。

"移去画笔描边"按钮 ✕ ：用于将当前被选中的图形上的描边删除，而留下原始路径。

"所选对象的选项"按钮 ▤ ：用于打开应用到被选中图形上的画笔的选项对话框，在对话框中可以编辑画笔。

"新建画笔"按钮 ![]：用于创建新的画笔。

"删除画笔"按钮 ![]：用于删除选定的画笔样式。

4. "画笔"面板的下拉式菜单

单击"画笔"面板右上角的图标 ≡，弹出其下拉菜单，如图 2-136 所示。

"新建画笔"命令、"删除画笔"命令、"移去画笔描边"命令和"所选对象的选项"命令与相应的按钮功能是一样的。"复制画笔"命令用于复制选定的画笔。"选择所有未使用的画笔"命令用于选中在当前文档中还没有使用过的所有画笔。"列表视图"命令用于将所有的画笔类型以列表的方式按照名称顺序排列，在显示小图标的同时还可以显示画笔的种类，如图 2-137 所示。"画笔选项"命令用于打开相关的选项对话框对画笔进行编辑。

图 2-136

5. 编辑画笔

Illustrator 2020 提供了对画笔编辑的功能，如改变画笔的外观、大小、颜色、角度，以及箭头方向等。对于不同的画笔类型，编辑的参数也有所不同。

选中"画笔"面板中需要编辑的画笔，如图 2-138 所示。单击面板右上角的图标 ≡，在弹出式菜单中选择"画笔选项"命令，弹出"散点画笔选项"

图 2-137

对话框，如图 2-139 所示。在对话框中，"名称"选项用于设定画笔的名称；"大小"选项用于设定画笔图案与原图案之间比例大小的范围；"间距"选项用于设定"画笔"工具 ![] 绘图时沿路径分布的图案之间的距离；"分布"选项用于设定路径两侧分布的图案之间的距离；"旋转"选项用于设定各个画笔图案的旋转角度；"旋转相对于"选项用于设定画笔图案是相对于"页面"还是相对于"路径"来旋转；"着色"选项组中的"方法"选项用于设置着色的方法；"主色"选项后的吸管工具用于选择颜色，其后的色块即是所选择的颜色；单击"提示"按钮 ![]，弹出"着色提示"对话框，如图 2-140 所示。设置完成后，单击"确定"按钮，即可完成画笔的编辑。

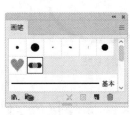

图 2-138

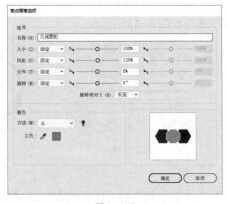

图 2-139

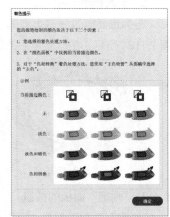

图 2-140

6. 自定义画笔

Illustrator 2020 除了利用系统预设的画笔类型和编辑已有的画笔外，还可以使用自定义的画笔。不同类型的画笔，定义的方法类似。如果新建散点画笔，那么作为散点画笔的图形对象中就不能包含有图案、渐变填充等属性。如果新建书法画笔和艺术画笔，就不需要事先制作好图案，只要在其相应的画笔选项对话框中进行设定就可以了。

选中想要制作成为画笔的对象，如图 2-141 所示。单击"画笔"控制面板下面的"新建画笔"按钮 ，或选择控制面板右上角的按钮 ☰，在弹出式菜单中选择"新建画笔"命令，弹出"新建画笔"对话框，选中"散点画笔"单选项，如图 2-142 所示。

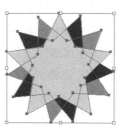

图 2-141　　　　　　　　图 2-142

单击"确定"按钮，弹出"散点画笔选项"对话框，如图 2-143 所示，单击"确定"按钮，制作的画笔将自动添加到"画笔"控制面板中，如图 2-144 所示。使用新定义的画笔可以在绘图页面上绘制图形，如图 2-145 所示。

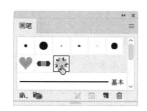

图 2-143　　　　　　　　图 2-144　　　　　　　　图 2-145

2.3.3　使用画笔库

Illustrator 2020 不但提供了功能强大的"画笔"工具，还提供了多种画笔库，其中包含箭头、艺术效果、装饰、边框、默认画笔等，这些画笔可以任意调用。

选择"窗口 > 画笔库"命令，在弹出式菜单中显示一系列的画笔库命令。分别选择各个命令，可以弹出一系列的"画笔"面板，如图 2-146 所示。

Illustrator 2020 还允许调用其他"画笔库"。选择"窗口 > 画笔库 > 其他库"命令，弹出"选择要打开的库"对话框，如图 2-147 所示，可以选择其他合适的库。

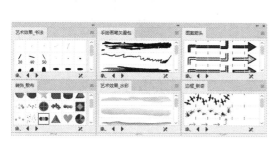

图 2-146　　　　　　　　　　　　　图 2-147

2.3.4　使用"铅笔"工具

使用"铅笔"工具 可以随意绘制出自由的曲线路径，在绘制过程中 Illustrator 2020 会自动根据鼠标的轨迹来设定节点并生成路径。"铅笔"工具既可以用来绘制闭合路径，又可以用来绘制开放路径，还可以用来将已经存在的曲线的节点作为起点，延伸绘制出新的曲线，从而达到修改曲线的目的。

选择"铅笔"工具 ，在页面中需要的位置单击并按住鼠标左键不放，拖曳鼠标指针到需要的位置，可以绘制出一条路径，如图 2-148 所示。释放鼠标左键，绘制出的效果如图 2-149 所示。

选择"铅笔"工具 ，在页面中需要的位置单击并按住鼠标左键不放，拖曳鼠标指针到需要的位置，如图 2-150 所示，按住 Alt 键，将指针拖曳到起点上，再释放鼠标左键，可以以直线段闭合路径，如图 2-151 所示。

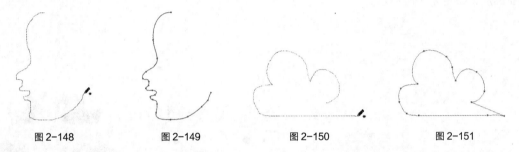

图 2-148　　　　　　图 2-149　　　　　　图 2-150　　　　　　图 2-151

绘制一个闭合的图形并选中这个图形，再选择"铅笔"工具 ，在闭合图形上的两个节点之间拖曳，如图 2-152 所示，可以修改图形的形状，释放鼠标左键，得到的图形效果如图 2-153 所示。

双击"铅笔"工具 ，弹出"铅笔工具选项"对话框，如图 2-154 所示。在对话框的"保真度"选项组中，"精确"选项用于调节绘制曲线上点的精确度，"平滑"选项用于调节绘制曲线的平滑度。在"选项"选项组中，勾选"填充新铅笔描边"复选框，如果当前设置了填充颜色，绘制出的路径将使用该颜色；勾选"保持选定"复选框，绘制的曲线处于被选取状态；勾选"Alt 键切换到平滑工具"复选框，可以在按住 Alt 键的同时，将"铅笔"工具切换为"平滑"工具；勾选"当终端在此范围内时闭合路径"复选框，可以在设置的预定义像素数内自动闭合绘制的路径；勾选"编辑所选路径"复选框，"铅笔"工具可以对选中的路径进行编辑。

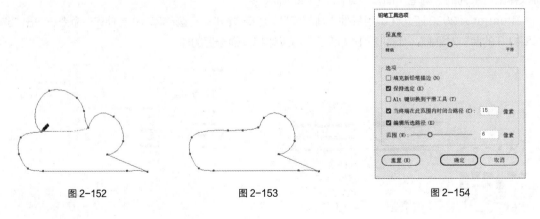

图 2-152　　　　　　　　　　图 2-153　　　　　　　　　　图 2-154

任务实践——绘制麦田插画

【任务学习目标】学习使用"画笔"工具、"画笔"面板绘制麦田插画。

【任务知识要点】使用"椭圆"工具、"直线段"工具、"锚点"工具、"变换"命令、"镜像"工具和"路径查找器"命令绘制麦穗图形;使用"画笔"面板、"画笔"工具新建和应用画笔;麦田插画效果如图 2-155 所示。

【效果所在位置】云盘/Ch02/效果/绘制麦田插画.ai。

绘制麦田插画

图 2-155

（1）按 Ctrl+O 组合键,打开云盘中的"Ch02\素材\绘制麦田插画\01"文件,如图 2-156 所示。

（2）选择"直线段"工具 ,按住 Shift 键的同时,在页面外绘制一条竖线,设置描边色为草绿色（其 RGB 的值分别为 85、112、9）,填充描边;在属性栏中将"描边粗细"选项设为 2.5 pt;按 Enter 键确定操作,效果如图 2-157 所示。选择"对象 > 路径 > 轮廓化描边"命令,创建对象的描边轮廓,效果如图 2-158 所示。

图 2-156

图 2-157

图 2-158

（3）选择"椭圆"工具 ,在页面中单击鼠标左键,弹出"椭圆"对话框,选项的设置如图 2-159 所示,单击"确定"按钮,出现一个椭圆形。选择"选择"工具 ,拖曳椭圆形到适当的位置,设置填充色为草绿色（其 RGB 的值分别为 85、112、9）,填充图形,并设置描边色为无,效果如图 2-160 所示。

图 2-159

图 2-160

（4）选择"锚点"工具 ,将鼠标指针放置在椭圆形下方锚点处,如图 2-161 所示,单击鼠标左键,将锚点转换为尖角,如图 2-162 所示。用相同的方法单击椭圆形上方锚点,将锚点转换为尖角,如图 2-163 所示。

图 2-161　　　　　　　图 2-162　　　　　　　图 2-163

（5）选择"选择"工具▶，按 Ctrl+C 组合键，复制图形，按 Ctrl+F 组合键，将复制的图形粘贴在前面。选择"窗口 > 变换"命令，弹出"变换"面板，将"旋转"选项设为 45°，如图 2-164 所示；按 Enter 键确定操作，效果如图 2-165 所示。拖曳旋转后的图形到适当的位置，效果如图 2-166 所示。

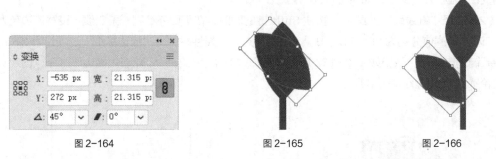

图 2-164　　　　　　　图 2-165　　　　　　　图 2-166

（6）选择"效果 > 扭曲和变换 > 变换"命令，在弹出的对话框中进行设置，如图 2-167 所示；单击"确定"按钮，效果如图 2-168 所示。选择"对象 > 扩展外观"命令，扩展对象外观，效果如图 2-169 所示。

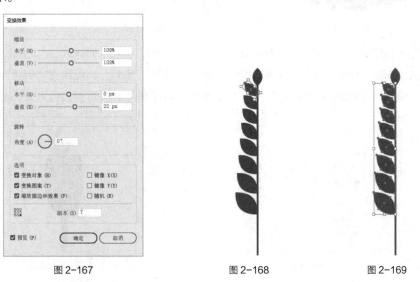

图 2-167　　　　　　　图 2-168　　　　　　　图 2-169

（7）选择"镜像"工具◁|，按住 Alt 键的同时，在下方适当的位置单击，如图 2-170 所示，同时弹出"镜像"对话框，选项的设置如图 2-171 所示，单击"复制"按钮，镜像并复制图形，效果如图 2-172 所示。

图 2-170   图 2-171   图 2-172

（8）选择"选择"工具 ▶，用框选的方法将所绘制的图形同时选取，如图 2-173 所示。选择"窗口 > 路径查找器"命令，弹出"路径查找器"面板，单击"联集"按钮 ▣，如图 2-174 所示；生成新的对象，效果如图 2-175 所示。

图 2-173   图 2-174   图 2-175

（9）选择"窗口 > 画笔"命令，弹出"画笔"面板，如图 2-176 所示，单击"画笔"面板下方的"新建画笔"按钮 ▣，弹出"新建画笔"对话框，选中"艺术画笔"单选项，如图 2-177 所示，单击"确定"按钮，弹出"艺术画笔选项"对话框，选项的设置如图 2-178 所示，单击"确定"按钮，选取的麦穗被定义为画笔，如图 2-179 所示。

图 2-176

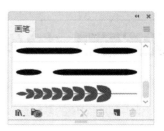

图 2-177   图 2-178   图 2-179

（10）在"画笔"面板中选择设置的新画笔，如图 2-180 所示。在工具箱中设置描边色为草绿色（其 RGB 的值分别为 85、112、9），选择"画笔"工具 ✐，在页面中分别拖曳指针绘制麦穗图形，效果如图 2-181 所示。

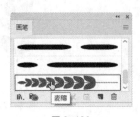

图 2-180

图 2-181

（11）选择"选择"工具 ▶，选取左侧的麦穗图形，设置描边色为黄绿色（其 RGB 的值分别为 243、223、72），填充描边，效果如图 2-182 所示。选取右侧的麦穗图形，设置描边色为柳绿色（其 RGB 的值分别为 185、194、0），填充描边，效果如图 2-183 所示。

图 2-182

图 2-183

（12）使用"选择"工具 ▶，按住 Shift 键的同时，依次单击将所绘制的麦穗图形同时选取，按 Ctrl+G 组合，将其编组，连续按 Ctrl+ [组合键，将麦穗图形向后移至适当的位置，效果如图 2-184 所示。用相同的方法绘制其他麦穗图形，效果如图 2-185 所示，麦田插画绘制完成。

图 2-184

图 2-185

扩展任务

绘制猫头鹰

任务2.4 对象的编辑

Illustrator 2020 提供了强大的对象编辑功能，这一节中将讲解编辑对象的方法，其中包括对象的多种选取方式，对象的比例缩放、移动、镜像、旋转、倾斜、扭曲变形、复制、删除，以及使用"路径查找器"面板编辑对象等。

2.4.1 对象的选取

在 Illustrator 2020 中，提供了 5 种选择工具，包括"选择"工具▶、"直接选择"工具▷、"编组选择"工具▷、"魔棒"工具➤和"套索"工具⊛。它们都位于工具箱的上方，如图 2-186 所示。

图 2-186

"选择"工具▶：通过单击路径上的一点或一部分来选择整个路径。

"直接选择"工具▷：用于选择路径上独立的节点或线段，并显示出路径上的所有方向线以便于调整。

"编组选择"工具▷：用于单独选择组合对象中的个别对象。

"魔棒"工具➤：用于选择具有相同笔画或填充属性的对象。

"套索"工具⊛：用于选择路径上独立的节点或线段，在直接选取"套索"工具拖曳时，经过轨迹上的所有路径将被同时选中。

编辑一个对象之前，首先要选中这个对象。对象刚建立时一般呈选取状态，对象的周围出现矩形圈选框，矩形圈选框是由 8 个控制手柄组成的，对象的中心有一个"■"形的中心标记，对象矩形圈选框的示意图如图 2-187 所示。

当选取多个对象时，可以多个对象共有 1 个矩形圈选框，多个对象的选取状态如图 2-188 所示。要取消对象的选取状态，只要在绘图页面上的其他位置单击即可。

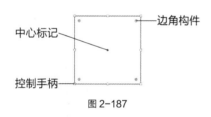

图 2-187

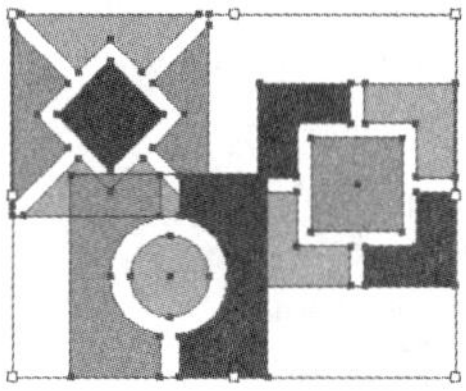

图 2-188

1. 使用"选择"工具选取对象

选择"选择"工具▶，当将鼠标指针移动到对象或路径上时，指针变为"▶"图标，如图 2-189 所示；当将鼠标指针移动到节点上时，指针变为"▶"图标，如图 2-190 所示；单击鼠标左键即可选取对象，指针变为"▶"图标，如图 2-191 所示。

图 2-189

图 2-190

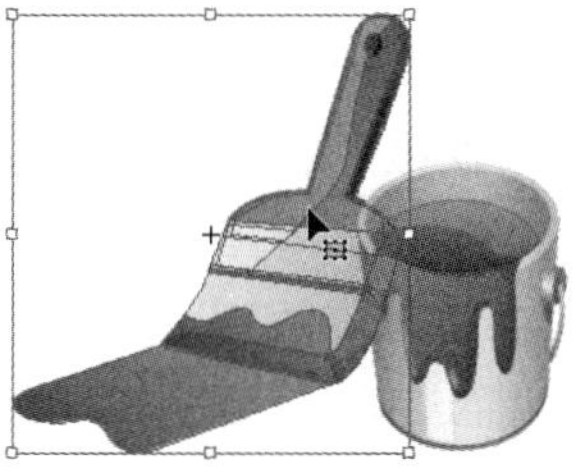

图 2-191

提示

按住 Shift 键，分别在要选取的对象上单击鼠标左键，即可连续选取多个对象。

选择"选择"工具 ▶，用鼠标在绘图页面中要选取的对象外围单击并拖曳鼠标，拖曳后会出现一个灰色的矩形圈选框，如图 2-192 所示。在矩形圈选框圈选住整个对象后释放鼠标，这时，被圈选的对象处于选取状态，如图 2-193 所示。

图 2-192

图 2-193

提示

用圈选的方法可以同时选取一个或多个对象。

2. 使用"直接选择"工具选取对象

选择"直接选择"工具 ▷，用鼠标单击对象可以选取整个对象，如图 2-194 所示。在对象的某个节点上单击，该节点将被选中，如图 2-195 所示。选中该节点不放，向下拖曳，将改变对象的形状，如图 2-196 所示。

图 2-194

图 2-195

图 2-196

提示

在移动节点时，按住 Shift 键，节点可以沿着 45°角的整数倍方向移动；按住 Alt 键，此时可以复制节点，这样就可以得到一段新路径。

3. 使用"魔棒"工具选取对象

双击"魔棒"工具 ⚲，弹出"魔棒"面板，如图 2-197 所示。

勾选"填充颜色"复选框，可以使填充相同颜色的对象同时被选中；勾选"描边颜色"复选框，可以使填充相同描边的对象同时被选中；勾选"描边粗细"复选框，可以使填充相同笔画宽度的对象同时被选中；勾选"不透明度"复选框，可以使相同透明度的对象同时被选中；勾选"混合模式"复选框，可以使相同混合模式的对象同时被选中。

图 2-197

绘制 3 个图形，如图 2-198 所示，"魔棒"面板的设定如图 2-199 所示，使用"魔棒"工具 ⚲，单击左边的对象，那么填充相同颜色的对象都会被选取，效果如图 2-200

所示。

图 2-198

图 2-199

图 2-200

绘制 3 个图形，如图 2-201 所示，"魔棒"面板的设定如图 2-202 所示，使用"魔棒"工具 ，单击左边的对象，那么填充相同描边颜色的对象都会被选取，如图 2-203 所示。

图 2-201

图 2-202

图 2-203

4. 使用"套索"工具选取对象

选择"套索"工具 ，在对象的外围单击并按住鼠标左键，拖曳鼠标指针绘制一个套索圈，如图 2-204 所示，释放鼠标左键，对象被选取，效果如图 2-205 所示。

图 2-204

图 2-205

选择"套索"工具 ，在绘图页面中的对象外围单击并按住鼠标左键，拖曳鼠标指针在对象上绘制出一条套索线，绘制的套索线必须经过对象，效果如图 2-206 所示。套索线经过的对象将同时被选中，得到的效果如图 2-207 所示。

图 2-206

图 2-207

5. 使用"选择"菜单

Illustrator 2020 除提供了 5 种选择工具，还提供了一个"选择"菜单，如图 2-208 所示。

"全部"命令：用于将 Illustrator 2020 绘图页面上的所有对象同时选取，不包含隐藏和锁定的对象（组合键为 Ctrl+A）。

"现用画板上的全部对象"命令：用于将 Illustrator 2020 画板上的所有对象同时选取，不包含隐藏和锁定的对象（组合键为 Alt+Ctrl+A）。

"取消选择"命令：用于取消所有对象的选取状态（组合键为 Shift+Ctrl+A）。

"重新选择"命令：用于重复上一次的选取操作（组合键为 Ctrl+6）。

"反向"命令：用于选取文档中除当前被选中的对象之外的所有对象。

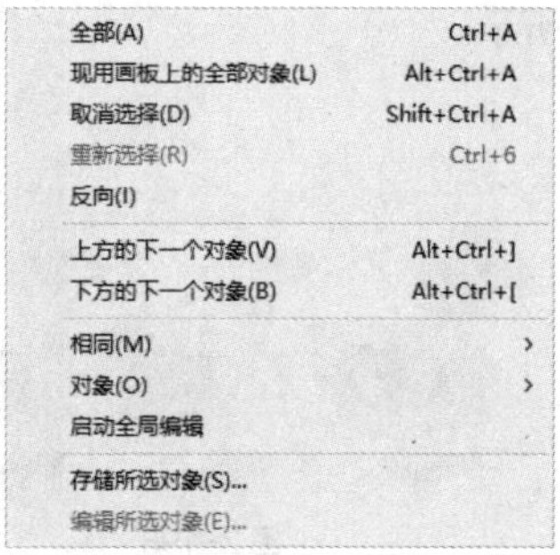

全部(A)	Ctrl+A
现用画板上的全部对象(L)	Alt+Ctrl+A
取消选择(D)	Shift+Ctrl+A
重新选择(R)	Ctrl+6
反向(I)	
上方的下一个对象(V)	Alt+Ctrl+]
下方的下一个对象(B)	Alt+Ctrl+[
相同(M)	>
对象(O)	>
启动全局编辑	
存储所选对象(S)...	
编辑所选对象(E)...	

图 2-208

"上方的下一个对象"命令：用于选取当前被选中对象之上的对象。

"下方的下一个对象"命令：用于选取当前被选中对象之下的对象。

"相同"子菜单下包含 12 个命令，即外观命令、外观属性命令、混合模式命令、填色和描边命令、填充颜色命令、不透明度命令、描边颜色命令、描边粗细命令、图形样式命令、形状命令、符号实例命令和链接块系列命令。

"对象"子菜单下包含 9 个命令，即同一图层上的所有对象命令、方向手柄命令、毛刷画笔描边命令、画笔描边命令、剪切蒙版命令、游离点命令、所有文本对象命令、点状文字对象命令、区域文字对象命令。

"启动全局编辑"命令：用于在一步中全局编辑所有类似对象。

"存储所选对象"命令：用于将当前进行的选取操作进行保存。

"编辑所选对象"命令：用于对已经保存的选取操作进行编辑。

2.4.2 对象的缩放、移动和镜像

1. 对象的缩放

在 Illustrator 2020 中可以快速而精确地按比例缩放对象，使设计工作变得更轻松。下面介绍对象按比例缩放的方法。

（1）使用工具箱中的工具缩放对象。

选取要缩放的对象，对象的周围出现控制手柄，如图 2-209 所示。用鼠标拖曳需要的控制手柄，如图 2-210 所示，可以缩放对象，效果如图 2-211 所示。

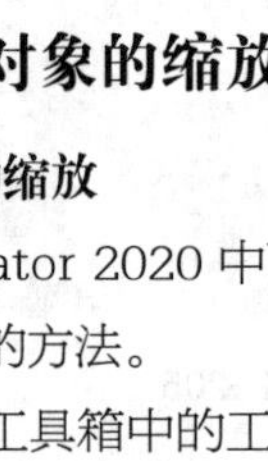

图 2-209

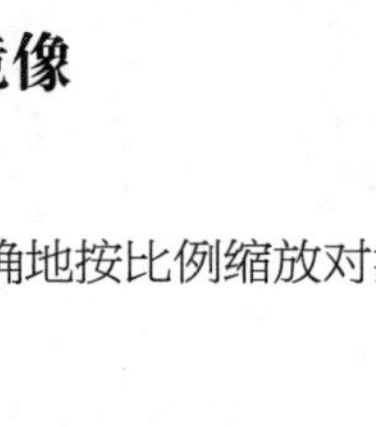

图 2-210

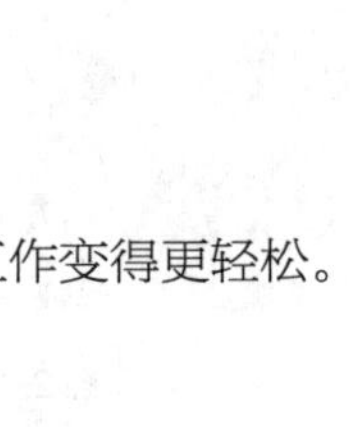

图 2-211

技巧

拖曳对角线上的控制手柄时，按住 Shift 键，对象会成比例地缩放。按住 Shift+Alt 组合键，对象会成比例地从对象中心缩放。

选取要成比例缩放的对象，再选择"比例缩放"工具，对象的中心出现缩放对象的中心控制点，用鼠标在中心控制点上单击并拖曳可以移动中心控制点的位置，如图 2-212 所示。用鼠标在对象上拖曳可以缩放对象，如图 2-213 所示。成比例缩放对象的效果如图 2-214 所示。

图 2-212   图 2-213   图 2-214

（2）使用"变换"面板成比例缩放对象。

选择"窗口 > 变换"命令（组合键为 Shift+F8），弹出"变换"面板，如图 2-215 所示。在面板中，"宽"选项用于设置对象的宽度，"高"选项用于设置对象的高度。改变宽度和高度值，就可以缩放对象。勾选"缩放圆角"复选框，可以在缩放时等比例缩放圆角半径值。勾选"缩放描边和效果"复选框，可以在缩放时等比例缩放添加的描边和效果。

（3）使用菜单命令缩放对象。

选择"对象 > 变换 > 缩放"命令，弹出"比例缩放"对话框，如图 2-216 所示。在对话框中，选中"等比"单选项可以调节对象成比例缩放，选中"不等比"单选项可以调节对象不成比例缩放，"水平"选项用于设置对象在水平方向上的缩放百分比，"垂直"选项用于设置对象在垂直方向上的缩放百分比。

图 2-215   图 2-216

（4）使用鼠标右键的弹出式命令缩放对象。

在选取的要缩放的对象上单击鼠标右键，弹出快捷菜单，选择"对象 > 变换 > 缩放"命令，也可以对对象进行缩放。

提示

对象的移动、旋转、镜像和倾斜操作也可以使用鼠标右键的弹出式命令来完成。

2. 对象的移动

在 Illustrator 2020 中，可以快速而精确地移动对象。要移动对象，就要使被移动的对象处于选取状态。

（1）使用工具箱中的工具和键盘移动对象。

选取要移动的对象，如图 2-217 所示。在对象上单击并按住鼠标左键不放，拖曳鼠标指针到需要放置对象的位置，如图 2-218 所示。释放鼠标左键，完成对象的移动操作，如图 2-219 所示。

| 图 2-217 | 图 2-218 | 图 2-219 |

选取要移动的对象，用键盘上的方向键可以微调对象的位置。

（2）使用"变换"面板移动对象。

选择"窗口 > 变换"命令（组合键为 Shift+F8），弹出"变换"面板，如图 2-220 所示。在面板中，"X"选项用于设置对象在 x 轴的位置，"Y"选项用于设置对象在 y 轴的位置。改变 x 轴和 y 轴的数值，就可以移动对象。

（3）使用菜单命令移动对象。

选择"对象 > 变换 > 移动"命令（组合键为 Shift+Ctrl+M），弹出"移动"对话框，如图 2-221 所示。在对话框中，"水平"选项用于设置对象在水平方向上移动的数值，"垂直"选项用于设置对象在垂直方向上移动的数值，"距离"选项用于设置对象移动的距离，"角度"选项用于设置对象移动或旋转的角度，"复制"按钮用于复制出一个移动对象。

| 图 2-220 | 图 2-221 |

3. 对象的镜像

在 Illustrator 2020 中可以快速而精确地进行镜像操作，以使设计和制作工作更加轻松、有效。

（1）使用工具箱中的工具镜像对象。

选取要生成镜像的对象，如图 2-222 所示，选择"镜像"工具，用鼠标拖曳对象进行旋转，出现蓝色虚线，效果如图 2-223 所示，这样可以实现图形的旋转变换，也就是对象绕自身中心的镜像变换，镜像后的效果如图 2-224 所示。

用鼠标在绘图页面上任意位置单击，可以确定新的镜像轴标志"✛"的位置，效果如图 2-225 所示。用鼠标在绘图页面上任意位置再次单击，则单击产生的点与镜像轴标志的连线就作为镜像变换的镜像轴，对象在与镜像轴对称的地方生成镜像，对象的镜像效果如图 2-226 所示。

    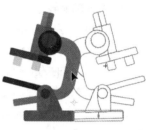

图 2-222　　　　图 2-223　　　　图 2-224　　　　图 2-225　　　　图 2-226

提示　　在使用"镜像"工具生成镜像对象的过程中，只能使对象本身产生镜像。要在镜像的位置生成一个对象的复制品，方法很简单，在拖曳鼠标的同时按住 Alt 键即可。"镜像"工具也可以用于旋转对象。

（2）使用"选择"工具▶镜像对象。

使用"选择"工具▶，选取要生成镜像的对象，效果如图 2-227 所示。按住鼠标左键直接拖曳控制手柄到相对的边，直到出现对象的蓝色虚线，如图 2-228 所示。释放鼠标左键就可以得到不规则的镜像对象，效果如图 2-229 所示。

 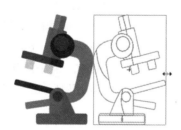 

图 2-227　　　　　　　　图 2-228　　　　　　　　图 2-229

直接拖曳左边或右边中间的控制手柄到相对的边，直到出现对象的蓝色虚线，释放鼠标左键就可以得到原对象的水平镜像。直接拖曳上边或下边中间的控制手柄到相对的边，直到出现对象的蓝色虚线，释放鼠标左键就可以得到原对象的垂直镜像。

技巧　　按住 Shift 键，拖曳边角上的控制手柄到相对的边，对象会成比例地沿对角线方向生成镜像。按住 Shift+Alt 组合键，拖曳边角上的控制手柄到相对的边，对象会成比例地从中心生成镜像。

（3）使用菜单命令镜像对象。

选择"对象 > 变换 > 对称"命令，弹出"镜像"对话框，如图 2-230 所示。在"轴"选项组中，选择"水平"单选项可以垂直镜像对象，选择"垂直"单选项可以水平镜像对象，选择"角度"

单选项可以输入镜像角度的数值；在"选项"选项组中，选择"变换对象"选项，镜像的对象不是图案；选择"变换图案"选项，镜像的对象是图案；"复制"按钮用于在原对象上复制一个镜像的对象。

图 2-230

2.4.3 对象的旋转和倾斜变形

1. 对象的旋转

（1）使用工具箱中的工具旋转对象。

使用"选择"工具 ▶ 选取要旋转的对象，将鼠标指针移动到旋转控制手柄上，这时的指针变为旋转符号"↰"，如图 2-231 所示，按住鼠标左键，拖曳鼠标旋转对象，旋转时对象会出现蓝色的虚线，指示旋转方向和角度，效果如图 2-232 所示。旋转到需要的角度后释放鼠标左键，旋转对象的效果如图 2-233 所示。

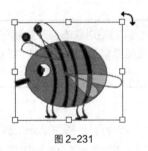

图 2-231   图 2-232   图 2-233

选取要旋转的对象，选择"自由变换"工具 ，对象的四周出现控制手柄。用鼠标拖曳控制手柄，就可以旋转对象。此工具与"选择"工具 ▶ 的使用方法类似。

选取要旋转的对象，选择"旋转"工具 ，对象的四周出现控制手柄，用鼠标拖曳控制手柄就可以旋转对象。对象是围绕旋转中心"✧"来旋转的，Illustrator 2020 默认的旋转中心是对象的中心点。可以通过改变旋转中心来使对象旋转到新的位置，将鼠标指针移动到旋转中心上，按住鼠标左键拖曳旋转中心到需要的位置，如图 2-234 所示，再用鼠标拖曳图形进行旋转，如图 2-235 所示，改变旋转中心后旋转对象的效果如图 2-236 所示。

图 2-234   图 2-235   图 2-236

（2）使用"变换"面板旋转对象。

选择"窗口 > 变换"命令，弹出"变换"面板。"变换"面板的使用方法与"移动对象"中的使用方法相同，这里不再赘述。

（3）使用菜单命令旋转对象。

选择"对象 > 变换 > 旋转"命令或双击"旋转"工具，弹出"旋转"对话框，如图 2-237 所示。在对话框中，通过"角度"选项可以设置对象旋转的角度；勾选变换"对象"复选框，旋转的对象不是图案；勾选"变换图案"复选框，旋转的对象是图案；"复制"按钮用于在原对象上复制一个旋转对象。

2. 对象的倾斜

（1）使用工具箱中的工具倾斜对象。

选取要倾斜的对象，效果如图 2-238 所示，选择"倾斜"工具，对象的四周出现控制手柄。用鼠标拖曳控制手柄或对象，倾斜时对象会出现蓝色的虚线指示倾斜变形的方向和角度，效果如图 2-239 所示。倾斜到需要的角度后释放鼠标左键，对象的倾斜效果如图 2-240 所示。

图 2-238

图 2-239

图 2-240

（2）使用"变换"面板倾斜对象。

选择"窗口 > 变换"命令，弹出"变换"面板。"变换"面板的使用方法和对象的移动操作中的使用方法相同，这里不再赘述。

（3）使用菜单命令倾斜对象。

选择"对象 > 变换 > 倾斜"命令，弹出"倾斜"对话框，如图 2-241 所示。在对话框中，"倾斜角度"选项用于设置对象倾斜的角度。在"轴"选项组中，选择"水平"单选项，对象可以水平倾斜；选择"垂直"单选项，对象可以垂直倾斜；选择"角度"单选项，可以调节倾斜的角度；"复制"按钮用于在原对象上复制一个倾斜的对象。

图 2-241

2.4.4 对象的扭曲变形

在 Illustrator 2020 中，可以使用变形工具组对需要变形的对象进行扭曲变形，如图 2-242 所示。

1. 使用"宽度"工具

选择"宽度"工具，将鼠标指针放到对象中的适当位置，如图 2-243 所示，在对象上拖曳鼠标指针，如图 2-244 所示，就可以对对象的描边宽度进行调整，松开鼠标，效果如图 2-245 所示。

图 2-242

在宽度点上双击鼠标，弹出"宽度点数编辑"对话框，如图 2-246 所示，在对话框中"边线 1"和"边线 2"选项分别用于设置两条边线的宽度，单击右侧的"按比例宽度调整"按钮链接两条边线，可同时调整其宽度，"总宽度"选项用于设置两条边线的总宽度。"调整邻近的宽度点数"选项用于调整邻近两条边线间的宽度点数。

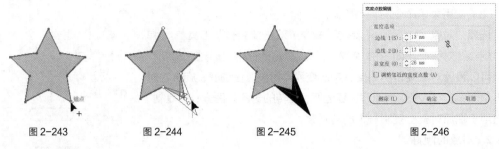

图 2-243　　　　图 2-244　　　　图 2-245　　　　图 2-246

2. 使用"变形"工具

选择"变形"工具 ，将鼠标指针放到对象中的适当位置，如图 2-247 所示，在对象上拖曳鼠标指针，如图 2-248 所示，就可以进行扭曲变形操作，效果如图 2-249 所示。

双击"变形"工具 ，弹出"变形工具选项"对话框，如图 2-250 所示。在对话框中的"全局画笔尺寸"选项组中，"宽度"选项用于设置画笔的宽度，"高度"选项用于设置画笔的高度，"角度"选项用于设置画笔的角度，"强度"选项用于设置画笔的强度。在"变形选项"选项组中，勾选"细节"复选框可以控制变形的细节程度，勾选"简化"复选框可以控制变形的简化程度。勾选"显示画笔大小"复选框，在对对象进行变形时会显示画笔的大小。

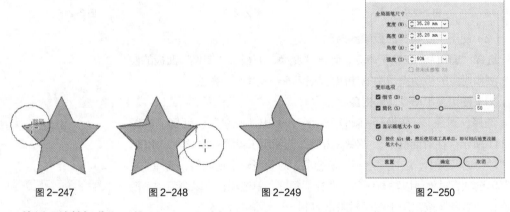

图 2-247　　　　图 2-248　　　　图 2-249　　　　图 2-250

3. 使用"旋转扭曲"工具

选择"旋转扭曲"工具 ，将鼠标指针放到对象中的适当位置，如图 2-251 所示，在对象上拖曳鼠标指针，如图 2-252 所示，就可以进行扭转变形操作，效果如图 2-253 所示。

双击"旋转扭曲"工具 ，弹出"旋转扭曲工具选项"对话框，如图 2-254 所示。在"旋转扭曲选项"选项组中，"旋转扭曲速率"选项用于控制扭转变形的比例。对话框中其他选项的功能与"变形工具选项"对话框中的选项功能相同。

4. 使用"缩拢"工具

选择"缩拢"工具 ，将鼠标指针放到对象中的适当位置，如图 2-255 所示，在对象上拖曳鼠标指针，如图 2-256 所示，就可以进行缩拢变形操作，效果如图 2-257 所示。

双击"缩拢"工具 ，弹出"收缩工具选项"对话框，如图 2-258 所示。在"收缩选项"选项组中，勾选"细节"复选框可以控制变形的细节程度，勾选"简化"复选框可以控制变形的简化程度。对话框中其他选项的功能与"变形工具选项"对话框中的选项功能相同。

图 2-251   图 2-252   图 2-253   图 2-254

图 2-255   图 2-256   图 2-257   图 2-258

5. 使用"膨胀"工具

选择"膨胀"工具，将鼠标指针放到对象中的适当位置，如图 2-259 所示，在对象上拖曳鼠标指针，如图 2-260 所示，就可以进行膨胀变形操作，效果如图 2-261 所示。

双击"膨胀"工具，弹出"膨胀工具选项"对话框，如图 2-262 所示。在"膨胀选项"选项组中，勾选"细节"复选框可以控制变形的细节程度，勾选"简化"复选框可以控制变形的简化程度。对话框中其他选项的功能与"变形工具选项"对话框中的选项功能相同。

图 2-259   图 2-260   图 2-261   图 2-262

6. 使用"扇贝"工具

选择"扇贝"工具 ，将鼠标指针放到对象中的适当位置，如图 2-263 所示，在对象上拖曳鼠标指针，如图 2-264 所示，就可以变形对象，效果如图 2-265 所示。双击"扇贝"工具 ，弹出"扇贝工具选项"对话框，如图 2-266 所示。

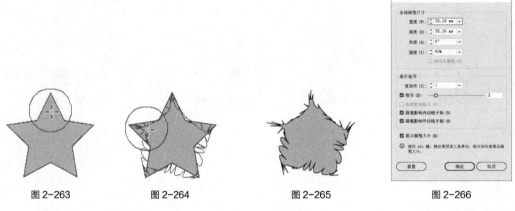

图 2-263   图 2-264   图 2-265   图 2-266

在"扇贝选项"选项组中，"复杂性"选项用于控制变形的复杂性，勾选"细节"复选框可以控制变形的细节程度，勾选"画笔影响锚点"复选框，画笔的大小会影响锚点，勾选"画笔影响内切线手柄"复选框，画笔会影响对象的内切线，勾选"画笔影响外切线手柄"复选框，画笔会影响对象的外切线。对话框中其他选项的功能与"变形工具选项"对话框中的选项功能相同。

7. 使用"晶格化"工具

选择"晶格化"工具 ，将鼠标指针放到对象中的适当位置，如图 2-267 所示，在对象上拖曳鼠标指针，如图 2-268 所示，就可以变形对象，效果如图 2-269 所示。

双击"晶格化"工具 ，弹出"晶格化工具选项"对话框，如图 2-270 所示。对话框中选项的功能与"扇贝工具选项"对话框中的选项功能相同。

图 2-267   图 2-268   图 2-269   图 2-270

8. 使用"皱褶"工具

选择"皱褶"工具 ，将鼠标指针放到对象中的适当位置，如图 2-271 所示，在对象上拖曳鼠标指针，如图 2-272 所示，就可以进行折皱变形操作，效果如图 2-273 所示。

双击"皱褶"工具 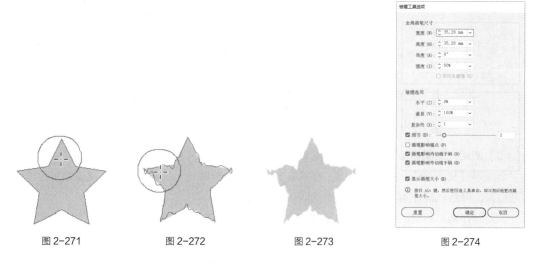，弹出"皱褶工具选项"对话框，如图 2-274 所示。在"皱褶选项"选项组中，"水平"选项用于控制变形的水平比例，"垂直"选项用于控制变形的垂直比例。对话框中其他选项的功能与"扇贝工具选项"对话框中的选项功能相同。

图 2-271	图 2-272	图 2-273	图 2-274

2.4.5　复制和删除对象

1．复制对象

在 Illustrator 2020 中可以采取多种方法复制对象。下面介绍复制对象的具体方法。

（1）使用"编辑"菜单命令复制对象。

选取要复制的对象，效果如图 2-275 所示，选择"编辑 > 复制"命令（组合键为 Ctrl+C），对象的副本将被放置在剪贴板中。

选择"编辑 > 粘贴"命令（组合键为 Ctrl+V），对象的副本将被粘贴到要复制对象的旁边，复制的效果如图 2-276 所示。

图 2-275	图 2-276

（2）使用鼠标右键弹出式命令复制对象。

选取要复制的对象，在对象上单击鼠标右键，弹出快捷菜单，选择"变换 > 移动"命令，弹出"移动"对话框，如图 2-277 所示，单击"复制"按钮，可以在选中的对象上面复制一个对象，效果如图 2-278 所示。

接着，在对象上再次单击鼠标右键，弹出快捷菜单，选择"变换 > 再次变换"命令（组合键为 Ctrl+D），对象按"移动"对话框中的设置再次进行复制，效果如图 2-279 所示。

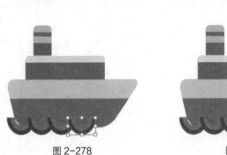

图 2-277　　　　　　　　　图 2-278　　　　　　　　　图 2-279

（3）使用拖曳鼠标指针的方式复制对象。

选取要复制的对象，按住 Alt 键，在对象上拖曳鼠标指针，出现对象的蓝色虚线效果，移动到需要的位置，释放鼠标左键，复制出一个选取对象。

也可以在两个不同的绘图页面中复制对象，使用鼠标拖曳其中一个绘图页面中的对象到另一个绘图页面中，释放鼠标左键完成复制。

2. 删除对象

在 Illustrator 2020 中，删除对象的方法很简单，下面介绍删除不需要对象的方法。

选中要删除的对象，选择"编辑 > 清除"命令（快捷键为 Delete），就可以将选中的对象删除。如果想删除多个或全部对象，首先要选取这些对象，再执行"清除"命令。

2.4.6　撤销和恢复对象的操作

在进行设计的过程中，可能会出现错误的操作，下面介绍撤销和恢复对象的操作。

1. 撤销对象的操作

选择"编辑 > 还原"命令（组合键为 Ctrl+Z），可以还原上一次的操作。连续按组合键，可以连续还原原来操作的命令。

2. 恢复对象的操作

选择"编辑 > 重做"命令（组合键为 Shift+Ctrl+Z），可以恢复上一次的操作。如果连续按两次组合键，即恢复两步操作。

2.4.7　对象的剪切

选中要剪切的对象，选择"编辑 > 剪切"命令（组合键为 Ctrl+X），对象将从页面中删除并被放置在剪贴板中。

2.4.8　使用"路径查找器"面板编辑对象

在 Illustrator 2020 中编辑图形时，"路径查找器"面板是最常用的工具之一。它包含了一组功能强大的路径编辑命令。使用"路径查找器"面板可以将许多简单的路径经过特定的运算之后形成各种复杂的路径。

选择"窗口 > 路径查找器"命令（组合键为 Shift+Ctrl+F9），弹出"路径查找器"面板，如

图 2-280 所示。

图 2-280

1. 认识"路径查找器"面板的按钮

在"路径查找器"面板的"形状模式"选项组中有 5 个按钮，从左至右分别是"联集"按钮 ■、"减去顶层"按钮 ■、"交集"按钮 ■、"差集"按钮 ■ 和"扩展"按钮。前 4 个按钮用于通过不同的组合方式在多个图形间制作出对应的复合图形，而"扩展"按钮则用于把复合图形转变为复合路径。

在"路径查找器"选项组中有 6 个按钮，从左至右分别是"分割"按钮 ■、"修边"按钮 ■、"合并"按钮 ■、"裁剪"按钮 ■、"轮廓"按钮 ■ 和"减去后方对象"按钮 ■。这组按钮主要用于把对象分解成各个独立的部分，或者删除对象中不需要的部分。

2. 使用"路径查找器"面板

（1）"联集"按钮 ■。

在绘图页面中选择两个绘制的图形对象，如图 2-281 所示，单击"联集"按钮 ■，从而生成新的对象，新对象的填充和描边属性与位于顶部的对象的填充和描边属性相同，效果如图 2-282 所示。

（2）"减去顶层"按钮 ■。

在绘图页面中选择两个绘制的图形对象，如图 2-283 所示。选中这两个对象，单击"减去顶层"按钮 ■，从而生成新的对象，"减去顶层"命令用于在最下层对象的基础上，将被上层对象挡住的部分和上层的所有对象同时删除，只剩下最下层对象的剩余部分，效果如图 2-284 所示。

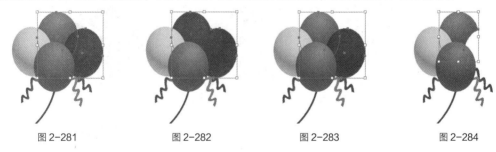

图 2-281　　　　　　　图 2-282　　　　　　　图 2-283　　　　　　　图 2-284

（3）"交集"按钮 ■。

在绘图页面中选择两个绘制的图形对象，如图 2-285 所示，单击"交集"按钮 ■，从而生成新的对象，"交集"命令用于将图形没有重叠的部分删除，而仅仅保留重叠部分。所生成的新对象的填充和描边属性与位于顶部的对象的填充和描边属性相同，效果如图 2-286 所示。

（4）"差集"按钮 ■。

在绘图页面中选择两个绘制的图形对象，如图 2-287 所示，单击"差集"按钮 ■，从而生成新的对象，"差集"命令用于删除对象间重叠的部分。所生成的新对象的填充和描边属性与位于顶部的对象的填充和描边属性相同，效果如图 2-288 所示。

（5）"分割"按钮 ■。

在绘图页面中选择两个绘制的图形对象，如图 2-289 所示，单击"分割"按钮 ■，从而生成新的对象，效果如图 2-290 所示，"分割"命令用于分离相互重叠的图形，从而得到多个独立的对象。所生成的新对象的填充和描边属性与位于顶部的对象的填充和描边属性相同。移动对象后的效果如图 2-291 所示。

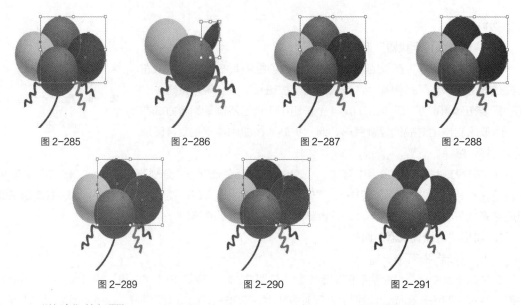

图 2-285   图 2-286   图 2-287   图 2-288

图 2-289   图 2-290   图 2-291

（6）"修边"按钮 。

在绘图页面中选择两个绘制的图形对象，如图 2-292 所示，单击"修边"按钮 ，从而生成新的对象，效果如图 2-293 所示，"修边"命令用于删除所有对象的描边属性和被上层对象挡住的部分，新生成的对象保持原来的填充属性。移动对象后的效果如图 2-294 所示。

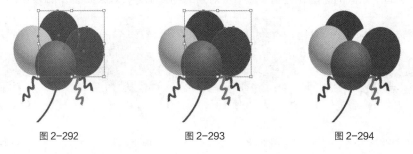

图 2-292   图 2-293   图 2-294

（7）"合并"按钮 。

在绘图页面中选择两个绘制的图形对象，如图 2-295 所示，单击"合并"按钮 ，从而生成新的对象，效果如图 2-296 所示。如果填充属性相同，"合并"命令用于删除所有对象的描边，且合并具有相同颜色的整体对象。如果填充属性不同，"合并"命令用于删除所有对象的描边属性和被上层对象挡住的部分，则"合并"命令就相当于"修边"按钮 的功能。移动对象后的效果如图 2-297所示。

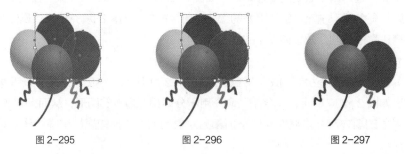

图 2-295   图 2-296   图 2-297

（8）"裁剪"按钮 。

在绘图页面中选择两个绘制的图形对象，如图 2-298 所示，单击"裁剪"按钮 ，从而生成新的对象，效果如图 2-299 所示。"裁剪"命令的工作原理和蒙版相似，对重叠的图形来说，"裁剪"命令用于把所有放在最前面对象之外的图形部分裁剪掉，同时最前面的对象本身将消失。取消选取状态后的效果如图 2-300 所示。

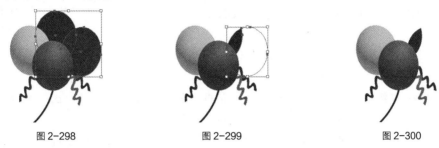

图 2-298   图 2-299   图 2-300

（9）"轮廓"按钮 。

在绘图页面中绘制两个图形对象，如图 2-301 所示，单击"轮廓"按钮 ，从而生成新的对象，效果如图 2-302 所示。"轮廓"命令用于勾勒出所有对象的轮廓。取消选取状态后的效果如图 2-303 所示。

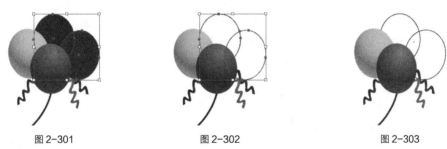

图 2-301   图 2-302   图 2-303

（10）"减去后方对象"按钮 。

在绘图页面中绘制两个图形对象，如图 2-304 所示，单击"减去后方对象"按钮 ，从而生成新的对象，效果如图 2-305 所示，"减去后方对象"命令用于使位于最底层的对象裁减掉位于该对象之上的所有对象。取消选取状态后的效果如图 2-306 所示。

图 2-304   图 2-305   图 2-306

任务实践——绘制祁州漏芦花卉插图

【任务学习目标】学习使用绘图工具、"比例缩放"工具、"旋转"工具和"镜像"工具绘制祁州漏芦花卉插图。

【任务知识要点】使用"椭圆"工具、"比例缩放"工具、"变换"面板和"描边"面板绘制花托；使用"直线段"工具、"椭圆"工具、"旋转"工具和"镜像"工具绘制花蕊；使用"直线段"工具、"矩形"工具、"删除锚点"工具、"镜像"工具绘制茎叶；祁州漏芦花卉效果如图 2-307 所示。

绘制祁州漏芦
花卉插图

图 2-307

【效果所在位置】云盘/Ch02/效果/绘制祁州漏芦花卉插图.ai。

（1）按 Ctrl+N 组合键，弹出"新建文档"对话框，设置文档的宽度为 300 px，高度为 400 px，取向为纵向，颜色模式为 RGB，单击"创建"按钮，新建一个文档。

（2）选择"矩形"工具 ▣，绘制一个与页面大小相等的矩形，设置填充色为浅绿色（其 RGB 的值分别为 242、249、244），填充图形，并设置描边色为无，效果如图 2-308 所示。按 Ctrl+2 组合键，锁定所选对象。

（3）选择"椭圆"工具 ◯，按住 Shift 键的同时，在适当的位置绘制一个圆形，设置填充色为洋红色（其 RGB 的值分别为 255、108、126），填充图形，并设置描边色为无，效果如图 2-309 所示。

（4）双击"比例缩放"工具 🔲，弹出"比例缩放"对话框，选项的设置如图 2-310 所示；单击"复制"按钮，缩放并复制圆形，效果如图 2-311 所示。

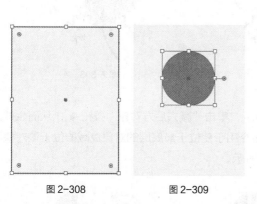

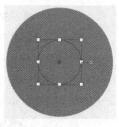

图 2-308　　　　　图 2-309　　　　　图 2-310　　　　　图 2-311

（5）保持图形的选取状态。设置描边色为土黄色（其 RGB 的值分别为 255、209、119），填充描边效果如图 2-312 所示。选择"窗口 > 描边"命令，弹出"描边"面板，单击"对齐描边"选项中的"使描边外侧对齐"按钮 🔳，其他选项的设置如图 2-313 所示；按 Enter 键，效果如图 2-314 所示。

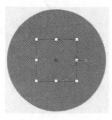

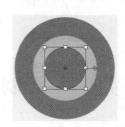

图 2-312　　　　　图 2-313　　　　　图 2-314

（6）选择"选择"工具 ，选取下方洋红色圆形，如图 2-315 所示，选择"窗口 > 变换"命令，弹出"变换"面板，在"椭圆属性："选项组中，将"饼图起点角度"选项设为 180°，如图 2-316 所示；按 Enter 键确定操作，效果如图 2-317 所示。

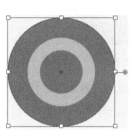

| 图 2-315 | 图 2-316 | 图 2-317 |

（7）选择"直线段"工具 ，按住 Shift 键的同时，在适当的位置绘制一条直线，设置描边色为深蓝色（其 RGB 的值分别为 0、175、175），填充描边；在属性栏中将"描边粗细"选项设为 3 pt；按 Enter 键确定操作，效果如图 2-318 所示。

（8）选择"椭圆"工具 ，按住 Shift 键的同时，在适当的位置绘制一个圆形，设置填充色为浅蓝色（其 RGB 的值分别为 71、212、208），填充图形，并设置描边色为无，效果如图 2-319 所示。

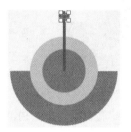

| 图 2-318 | 图 2-319 |

（9）选择"选择"工具 ，按住 Shift 键的同时，单击下方直线段将其同时选取，按 Ctrl+G 组合键，编组图形，如图 2-320 所示。选择"旋转"工具 ，按住 Alt 键的同时，在直线段末端单击，如图 2-321 所示，同时弹出"旋转"对话框，选项的设置如图 2-322 所示，单击"复制"按钮，旋转并复制图形，效果如图 2-323 所示。

| 图 2-320 | 图 2-321 | 图 2-322 | 图 2-323 |

（10）连续按 Ctrl+D 组合键，复制出多个编组图形，效果如图 2-324 所示。选择"选择"工具 ，

按住 Shift 键的同时，依次单击需要的图形将其同时选取，如图 2-325 所示。

图 2-324

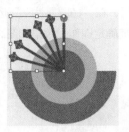

图 2-325

（11）选择"镜像"工具 ，按住 Alt 键的同时，在直线段末端单击，如图 2-326 所示，同时弹出"镜像"对话框，选项的设置如图 2-327 所示，单击"复制"按钮，镜像并复制图形，效果如图 2-328 所示。

图 2-326   图 2-327   图 2-328

（12）选择"选择"工具 ，按住 Shift 键的同时，依次单击需要的图形将其同时选取，如图 2-329 所示。按 Ctrl+ [组合键，将图形后移一层，效果如图 2-330 所示。

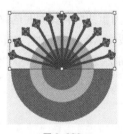

图 2-329

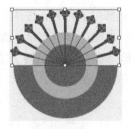

图 2-330

（13）选择"直线段"工具 ，按住 Shift 键的同时，在适当的位置绘制一条竖线，设置描边色为绿色（其 RGB 的值分别为 48、172、106），填充描边，效果如图 2-331 所示。在属性栏中将"描边粗细"选项设为 5 pt；按 Enter 键确定操作，效果如图 2-332 所示。连续按 Ctrl+ [组合键，将竖线向后移至适当的位置，效果如图 2-333 所示。

图 2-331   图 2-332   图 2-333

（14）使用"矩形"工具 ▣，在适当的位置绘制一个矩形，设置填充色为绿色（其 RGB 的值分别为 48、172、106），填充图形，并设置描边色为无，效果如图 2-334 所示。选择"删除锚点"工具 ✎，在矩形右上角单击鼠标左键，删除锚点，如图 2-335 所示。

（15）选择"选择"工具 ▶，按住 Alt+Shift 组合键的同时，垂直向下拖曳三角形到适当的位置，复制三角形，效果如图 2-336 所示。连续按 Ctrl+D 组合键，按需要复制出多个三角形，效果如图 2-337 所示。

（16）选择"选择"工具 ▶，用框选的方法将绘制的三角形同时选取，如图 2-338 所示。选择"镜像"工具 ▷◁，按住 Alt 键的同时，在竖线上单击，如图 2-339 所示，同时弹出"镜像"对话框，选项的设置如图 2-340 所示，单击"复制"按钮，镜像并复制图形，效果如图 2-341 所示。祁州漏芦花卉绘制完成，效果如图 2-342 所示。

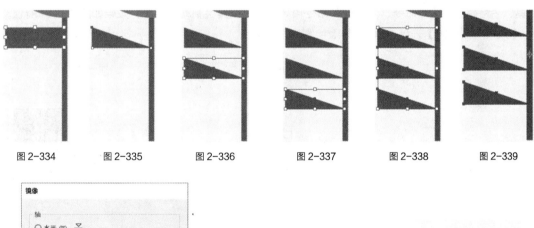

图 2-334   图 2-335   图 2-336   图 2-337   图 2-338   图 2-339

图 2-340   图 2-341   图 2-342

项目实践——绘制校车插图

【实践知识要点】使用"圆角矩形"工具、"星形"工具、"椭圆"工具绘制图形；使用"镜像"工具制作图形对称效果；效果如图 2-343 所示。

【效果所在位置】云盘/Ch02/效果/绘制校车插图.ai。

绘制校车插图 1   绘制校车插图 2

图 2-343

课后习题——绘制动物挂牌

【习题知识要点】使用"圆角矩形"工具、"椭圆"工具绘制挂环；使用"椭圆"工具、"旋转"工具、"路径查找器"命令、"缩放"命令和"钢笔"工具绘制动物头像；效果如图 2-344 所示。

【效果所在位置】云盘/Ch02/效果/绘制动物挂牌.ai。

绘制动物挂牌

图 2-344

项目3
路径的绘制与编辑

项目引入

本项目将讲解 Illustrator 2020 中路径的相关知识和"钢笔"工具的使用方法,以及运用各种方法对路径进行绘制和编辑。通过对本项目的学习,读者可以运用强大的路径工具绘制出需要的自由曲线及图形。

项目目标

- ✔ 认识路径和锚点。
- ✔ 掌握"钢笔"工具的使用方法和技巧。
- ✔ 掌握锚点的添加、删除和转换方法。
- ✔ 掌握多种路径命令的使用方法。

技能目标

- ✔ 掌握"网页 Banner 卡通文具"的绘制方法。
- ✔ 掌握"播放图标"的绘制方法。

素质目标

- ✔ 培养创建和编辑路径时耐心、细致的优秀品质。
- ✔ 培养路径绘制与编辑时的良好手眼协调能力。
- ✔ 培养管理分析图形潜在问题以提高质量的批判性思维能力。

任务 3.1 认识路径和锚点

路径是使用绘图工具创建的直线、曲线或几何形状对象,是组成所有线条和图形的基本元素。

Illustrator 2020 提供了多种绘制路径的工具，如"钢笔"工具、"画笔"工具、"铅笔"工具、"矩形"工具和"多边形"工具等。路径可以由一条或多条路径组成，即由锚点连接起来的一条或多条线段组成。

3.1.1 路径

路径由锚点和线（曲线或直线）组成，可以通过调整路径上的锚点或线段来改变它的形状。在曲线路径上，除起始锚点外，其他锚点均有一条或两条控制线。控制线总是与曲线上锚点所在的圆相切，控制线呈现的角度和长度决定了曲线的形状。控制线的端点称为控制点，可以通过调整控制点来对整个曲线进行调整，如图 3-1 所示。

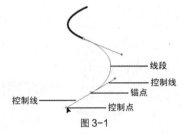

图 3-1

3.1.2 锚点

Illustrator 2020 中的锚点分为平滑点和角点两种类型。

平滑点是两条平滑曲线连接处的锚点。平滑点可以使两条线段连接成一条平滑的曲线，平滑点使路径不会突然改变方向。每一个平滑点有两条相对应的控制线，如图 3-2 所示。

根据角点所处的位置，路径形状会急剧地改变。角点可分为以下 3 种类型。

直线角点：两条直线以一个很明显的角度形成的交点。这种锚点没有控制线，如图 3-3 所示。

曲线角点：两条方向各异的曲线相交的点。这种锚点有两条控制线，如图 3-4 所示。

复合角点：一条直线和一条曲线的交点。这种锚点有一条控制线，如图 3-5 所示。

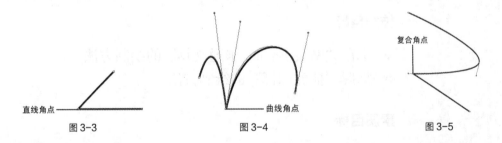

图 3-3　　　　　　图 3-4　　　　　　图 3-5

任务 3.2　使用"钢笔"工具

Illustrator 2020 中的"钢笔"工具是一个非常重要的工具。使用"钢笔"工具可以绘制直线、曲线和任意形状的路径，可以对线段进行精确的调整，使其更加完美。

3.2.1 绘制直线

选择"钢笔"工具 ✐，在页面中单击鼠标确定直线的起点，如图 3-6 所示。移动鼠标指针到需要的位置，再次单击鼠标确定直线的终点，如图 3-7 所示。

扩展任务

绘制可爱小鳄鱼

在需要的位置再连续单击确定其他的锚点，就可以绘制出折线的效果，如图 3-8 所示。如果双击折线上的锚点，该锚点会被删除，折线的另外两个锚点将自动连接，如图 3-9 所示。

图 3-6　　　　　图 3-7　　　　　　　图 3-8　　　　　　　　　图 3-9

3.2.2　绘制曲线

选择"钢笔"工具 ，在页面中单击并按住鼠标左键拖曳鼠标来确定曲线的起点。起点的两端分别出现了一条控制线，释放鼠标，如图 3-10 所示。

移动鼠标指针到需要的位置，再次单击并按住鼠标左键拖曳鼠标，出现了一条曲线段。拖曳鼠标的同时，第 2 个锚点两端也出现了控制线。按住鼠标不放，随着鼠标的移动，曲线段的形状也随之发生变化，如图 3-11 所示。释放鼠标，移动鼠标继续绘制。

如果连续单击并拖曳鼠标，则可以绘制出一些连续、平滑的曲线，如图 3-12 所示。

图 3-10　　　　　　　图 3-11　　　　　　　　　图 3-12

3.2.3　绘制复合路径

复合路径是指由两个或两个以上的开放或封闭路径所组成的路径。在复合路径中，路径间重叠在一起的公共区域被镂空，呈透明的状态。

1. 制作复合路径

（1）使用命令制作复合路径。

绘制两个图形，并选中这两个图形对象，效果如图 3-13 所示。选择"对象 > 复合路径 > 建立"命令（组合键为 Ctrl+8），可以看到两个对象成为复合路径后的效果，如图 3-14 所示。

（2）使用弹出式菜单制作复合路径。

绘制两个图形，并选中这两个图形对象，用鼠标右键单击选中的对象，在弹出的菜单中选择"建立复合路径"命令，两个对象成为复合路径。

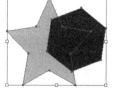

图 3-13　　　　　图 3-14

2. 复合路径与编组的区别

虽然使用"编组选择"工具 也能将组成复合路径的各个路径单独选中，但复合路径和编组是有区别的。编组是一组组合在一起的对象，其中的每个对象都是独立的，各个对象可以有不同的外观属性；而所有包含在复合路径中的路径都被认为是一条路经，整个复合路径中只能有一种填充和描边属性。复合路径与编组的区别如图 3-15 和图 3-16 所示。

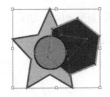

图 3-15   图 3-16

3. 释放复合路径

（1）使用命令释放复合路径。

选中复合路径，选择"对象 > 复合路径 > 释放"命令（组合键为 Alt +Shift+Ctrl+8），可以释放复合路径。

（2）使用弹出式菜单制作复合路径。

选中复合路径，在绘图页面上单击鼠标右键，在弹出的菜单中选择"释放复合路径"命令，可以释放复合路径。

任务实践——绘制网页 Banner 卡通文具

【任务学习目标】学习使用"钢笔"工具、填充工具绘制网页 Banner 卡通文具。

【任务知识要点】使用"钢笔"工具、"渐变"工具、"直线段"工具、"整形"工具、"描边"面板绘制网页 Banner 卡通文具；效果如图 3-17 所示。

【效果所在位置】云盘\Ch03\效果\绘制网页 Banner 卡通文具.ai。

绘制网页 Banner
卡通文具

图 3-17

（1）按 Ctrl+O 组合键，打开云盘中的"Ch03\素材\绘制网页 Banner 卡通文具\01"文件，如图 3-18 所示。

图 3-18

（2）选择"钢笔"工具 ，在页面外绘制一个不规则图形，如图 3-19 所示。双击"渐变"工具 ，弹出"渐变"面板，选中"线性渐变"按钮 ，在色带上设置两个渐变滑块，分别将渐变滑块的位置设为 0、100，并设置 RGB 的值分别为 0（43、36、125）、100（53、88、158），其他选项的设置如图 3-20 所示，图形被填充为渐变色，并设置描边色为无，效果如图 3-21 所示。

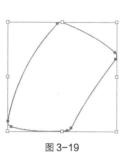

图 3-19　　　　　　　　　　　图 3-20　　　　　　　　　　　图 3-21

（3）选择"选择"工具 ▶，选取图形，按 Ctrl+C 组合键，复制图形，按 Ctrl+B 组合键，将复制的图形粘贴在后面。按 ↓ 和 → 方向键，微调复制的图形到适当的位置，效果如图 3-22 所示。设置填充色为蓝色（其 RGB 的值分别为 43、36、125），填充图形，效果如图 3-23 所示。

（4）选择"钢笔"工具 ✐，在适当的位置绘制一个不规则图形，设置填充色为浅黄色（其 RGB 的值分别为 245、222、197），填充图形，并设置描边色为无，效果如图 3-24 所示。使用"钢笔"工具 ✐，再绘制一个不规则图形，设置填充色为藏蓝色（其 RGB 的值分别为 26、63、122），填充图形，并设置描边色为无，效果如图 3-25 所示。

图 3-22　　　　　　　　图 3-23　　　　　　　　图 3-24　　　　　　　　图 3-25

（5）选择"选择"工具 ▶，选取图形，按 Ctrl+C 组合键，复制图形，按 Ctrl+F 组合键，将复制的图形粘贴在前面。按 ↑ 和 ← 方向键，微调复制的图形到适当的位置，效果如图 3-26 所示。双击"渐变"工具 ▣，弹出"渐变"面板，选中"线性渐变"按钮 ▣，在色带上设置两个渐变滑块，分别将渐变滑块的位置设为 0、100，并设置 RGB 的值分别为 0（53、66、158）、100（46、111、186），其他选项的设置如图 3-27 所示，图形被填充为渐变色，效果如图 3-28 所示。

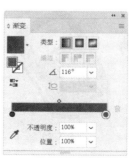

图 3-26　　　　　　　　　　　图 3-27　　　　　　　　　　　图 3-28

（6）选择"钢笔"工具 🖊️，在适当的位置绘制一个不规则图形，如图 3-29 所示。双击"渐变"工具 🔲，弹出"渐变"面板，选中"线性渐变"按钮 🔲，在色带上设置两个渐变滑块，分别将渐变滑块的位置设为 0、100，并设置 RGB 的值分别为 0（234、246、249）、100（255、255、255），其他选项的设置如图 3-30 所示，图形被填充为渐变色，并设置描边色为无，效果如图 3-31 所示。

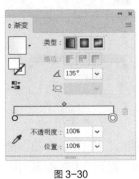

图 3-29　　　　　　　　　图 3-30　　　　　　　　　图 3-31

（7）选择"直线段"工具 ✏️，在适当的位置绘制一条斜线，设置描边色为深蓝色（其 RGB 的值分别为 39、71、138），效果如图 3-32 所示。选择"窗口 > 描边"命令，弹出"描边"面板，单击"端点"选项中的"圆头端点"按钮 🔄，其他选项的设置如图 3-33 所示，按 Enter 键确定操作，效果如图 3-34 所示。

图 3-32　　　　　　　　　图 3-33　　　　　　　　　图 3-34

（8）选择"整形"工具 💊，将鼠标指针放置在斜线中间位置，单击并按住鼠标左键不放向下拖曳鼠标指针到适当的位置，如图 3-35 所示；松开鼠标，调整斜线弧度，效果如图 3-36 所示。

（9）选择"选择"工具 ▶️，按住 Alt 键的同时，向下拖曳弧线到适当的位置，复制弧线，效果如图 3-37 所示。按 Ctrl+D 组合键，再复制出一条弧线，效果如图 3-38 所示。选取中间弧线，按住 Alt 键的同时，向右拖曳右侧中间的控制手柄，调整其长度，效果如图 3-39 所示。

图 3-35　　　　图 3-36　　　　　图 3-37　　　　　图 3-38　　　　　图 3-39

（10）选择"钢笔"工具 🖊️，在适当的位置分别绘制不规则图形，如图 3-40 所示。选择"选择"

工具 ，分别选取需要的图形，填充图形为橘黄色（其 RGB 的值分别为 255、159、6）、紫色（其 RGB 的值分别为 152、94、209）、粉红色（其 RGB 的值分别为 248、74、79），并设置描边色为无，效果如图 3-41 所示。

（11）使用"选择"工具 ，按住 Shift 键的同时，依次单击需要的图形将其同时选取，连续按 Ctrl+ [组合键，将图形向后移至适当的位置，效果如图 3-42 所示。用相同的方法绘制其他图形，并填充相应的颜色，效果如图 3-43 所示。

图 3-40　　　　　　　图 3-41　　　　　　　图 3-42　　　　　　　图 3-43

（12）选择"椭圆"工具 ，在适当的位置绘制一个椭圆形，设置填充色为灰色（其 RGB 的值分别为 195、202、219），填充图形，并设置描边色为无，效果如图 3-44 所示。

（13）选择"选择"工具 ，按 Ctrl+C 组合键，复制图形，按 Ctrl+F 组合键，将复制的图形粘贴在前面。按住 Shift 键的同时，拖曳右上角的控制手柄，等比例缩小图形，设置填充色为深灰色（其 RGB 的值分别为 34、53、59），填充图形，效果如图 3-45 所示。

（14）按住 Shift 键的同时，单击下方灰色椭圆形将其同时选取，拖曳右上角的控制手柄将其旋转到适当的角度，效果如图 3-46 所示。

图 3-44　　　　　　　图 3-45　　　　　　　图 3-46

（15）选择"钢笔"工具 ，在适当的位置绘制一条路径，设置描边色为灰色（其 RGB 的值分别为 195、202、219），填充描边，效果如图 3-47 所示。

（16）在"描边"面板中，单击"端点"选项中的"圆头端点"按钮 ，其他选项的设置如图 3-48 所示；按 Enter 键确定操作，效果如图 3-49 所示。选择"选择"工具 ，按住 Shift 键的同时，依次单击需要的图形将其同时选取，按 Ctrl+G 组合键，将其编组，如图 3-50 所示。

（17）使用"选择"工具 ，按住 Alt 键的同时，向下拖曳编组图形到适当的位置，复制图形，效果如图 3-51 所示。连续按 Ctrl+D 组合键，按需要再复制出多个图形，效果如图 3-52 所示。

（18）使用"选择"工具 ，用框选的方法将所绘制的图形全部选取，按 Ctrl+G 组合键，将其编组，如图 3-53 所示。拖曳编组图形到页面中适当的位置，效果如图 3-54 所示。

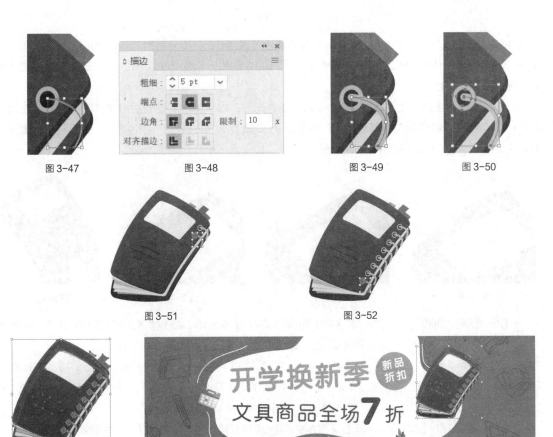

图 3-47　　　　　　图 3-48　　　　　　图 3-49　　　　　　图 3-50

图 3-51　　　　　　　　　　图 3-52

图 3-53　　　　　　　　　　图 3-54

（19）用相同的方法绘制"铅笔"和"橡皮擦"图形，效果如图 3-55 所示。网页 Banner 卡通文具绘制完成，效果如图 3-56 所示。

图 3-55　　　　　　　　　　　图 3-56

任务 3.3　编辑路径

在 Illustrator 2020 的工具箱中有很多路径编辑工具，可以应用这些工具对路径进行变形、转换和剪切等编辑操作。用鼠标按住"钢笔"工具 不放，将展开钢笔工具组，如图 3-57 所示。

钢笔工具	(P)
添加锚点工具	(+)
删除锚点工具	(-)
锚点工具	(Shift+C)

图 3-57

1. 添加锚点

绘制一段路径，如图 3-58 所示。选择"添加锚点"工具 ，在路径上面的任意位置单击，路径上就会增加一个新的锚点，如图 3-59 所示。

图 3-58   图 3-59

2. 删除锚点

绘制一段路径，如图 3-60 所示。选择"删除锚点"工具 ，在路径上面的任意一个锚点上单击，该锚点就会被删除，如图 3-61 所示。

图 3-60   图 3-61

3. 转换锚点

绘制一段闭合的五角星路径，如图 3-62 所示。选择"锚点"工具 ，单击路径上的锚点，锚点就会被转换，如图 3-63 所示。拖曳锚点可以编辑路径的形状，效果如图 3-64 所示。

图 3-62   图 3-63   图 3-64

任务 3.4 使用路径命令

在 Illustrator 2020 中，除了能够使用工具箱中的各种编辑工具对路径进行编辑外，还可以应用路径菜单中的命令对路径进行编辑。选择"对象 > 路径"子菜单，其中包括 11 个编辑命令："连接"命令、"平均"命令、"轮廓化描边"命令、"偏移路径"命令、"反转路径方向"命令、"简化"命令、"添加锚点"命令、"移去锚点"命令、"分割下方对象"命令、"分割为网格"命令、"清理"命令，如图 3-65 所示。

扩展任务

绘制家居装修
App 图标

连接(J)	Ctrl+J
平均(V)...	Alt+Ctrl+J
轮廓化描边(U)	
偏移路径(O)...	
反转路径方向(E)	
简化(M)...	
添加锚点(A)	
移去锚点(R)	
分割下方对象(D)	
分割为网格(S)...	
清理(C)...	

图 3-65

3.4.1 使用"连接"命令

"连接"命令用于将开放路径的两个端点用一条直线段连接起来，从而形成新的路径。如果连接的两个端点在同一条路径上，将形成一条新的闭合路径；如果连接的两个端点在不同的开放路径上，将形成一条新的开放路径。

选择"直接选择"工具，用圈选的方法选择要进行连接的两个端点，如图 3-66 所示。选择"对象 > 路径 > 连接"命令（组合键为 Ctrl+J），两个端点之间将出现一条直线段，把开放路径连接起来，效果如图 3-67 所示。

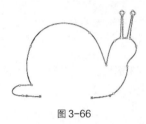
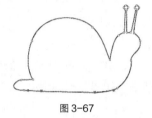

图 3-66   图 3-67

提示

如果在两条路径间进行连接，这两条路径必须属于同一个组。文本路径中的终止点不能连接。

3.4.2 使用"平均"命令

"平均"命令用于将路径上的所有点按一定的方式平均分布，应用该命令可以制作对称的图案。

选择"直接选择"工具，选中要进行平均分布的锚点，如图 3-68 所示，选择"对象 > 路径 > 平均"命令（组合键为 Ctrl+Alt+J），弹出"平均"对话框，对话框中包括 3 个选项，如图 3-69 所示。"水平"单选项用于将选定的锚点按水平方向进行平均分布处理，在"平均"对话框中，选择"水平"单选项，单击"确定"按钮，选中的锚点将在水平方向进行对齐，效果如图 3-70 所示；"垂直"单选项用于将选定的锚点按垂直方向进行平均分布处理，图 3-71 所示为选择"垂直"单选项，单击"确定"按钮后选中的锚点的效果；"两者兼有"单选项用于将选定的锚点按水平和垂直两种方向进行平均分布处理，图 3-72 所示为选择"两者兼有"单选项，单击"确定"按钮后选中的锚点的效果。

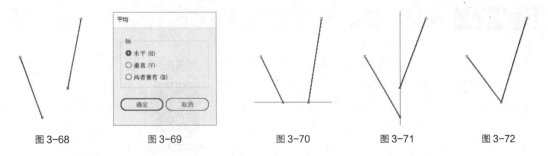

图 3-68   图 3-69   图 3-70   图 3-71   图 3-72

3.4.3 使用"轮廓化描边"命令

"轮廓化描边"命令用于在已有描边的两侧创建新的路径。可以理解为新路径由两条路径组成，这两条路径分别是原来对象描边两侧的边缘。不论是对开放路径还是对闭合路径，使用"轮廓化描边"命令，得到的都将是闭合路径。

　　使用"铅笔"工具 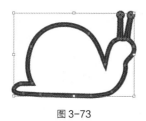 绘制出一条路径，选中路径对象，如图 3-73 所示。选择"对象 > 路径 > 轮廓化描边"命令，创建对象的描边轮廓，效果如图 3-74 所示。应用"渐变"命令为描边轮廓填充渐变色，效果如图 3-75 所示。

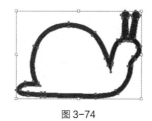

| 图 3-73 | 图 3-74 | 图 3-75 |

3.4.4　使用"偏移路径"命令

　　"偏移路径"命令用于围绕已有路径的外部或内部勾画一条新的路径，新路径与原路径之间偏移的距离可以按需要设置。

　　选中要偏移的对象，如图 3-76 所示。选择"对象 > 路径 > 偏移路径"命令，弹出"偏移路径"对话框，如图 3-77 所示。"位移"选项用来设置偏移的距离，设置的数值为正，新路径在原始路径的外部；设置的数值为负，新路径在原始路径的内部。"连接"选项用于设置新路径拐角上不同的连接方式。"斜接限制"选项的设置会影响到连接区域的大小。

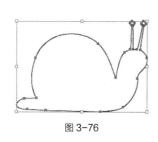

| 图 3-76 | 图 3-77 |

　　设置"位移"选项中的数值为正时，偏移效果如图 3-78 所示。设置"位移"选项中的数值为负时，偏移效果如图 3-79 所示。

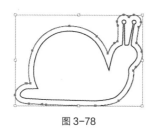
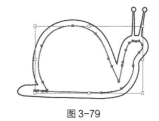

| 图 3-78 | 图 3-79 |

3.4.5　使用"分割下方对象"命令

　　执行"分割下方对象"命令可以使用已有的路径切割位于它下方的封闭路径。

（1）用开放路径分割对象。

选择一个对象作为被切割对象，如图 3-80 所示。制作一个开放路径作为切割对象，将其放在被切割对象之上，如图 3-81 所示。选择"对象 > 路径 > 分割下方对象"命令，切割后，移动对象得到新的切割后的对象，效果如图 3-82 所示。

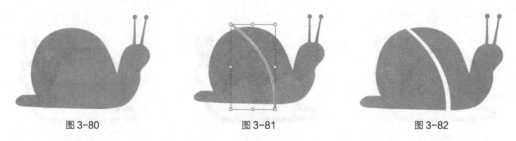

图 3-80   图 3-81   图 3-82

（2）用闭合路径分割对象。

选择一个对象作为被切割对象，如图 3-83 所示。制作一个闭合路径作为切割对象，将其放在被切割对象之上，如图 3-84 所示。选择"对象 > 路径 > 分割下方对象"命令。切割后，移动对象得到新的切割后的对象，效果如图 3-85 所示。

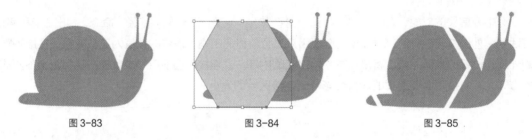

图 3-83   图 3-84   图 3-85

3.4.6　使用"清理"命令

"清理"命令用于为当前的文档删除 3 种多余的对象：游离点、未上色对象和空文本路径。

选择"对象 > 路径 > 清理"命令，弹出"清理"对话框，如图 3-86 所示。在对话框中，勾选"游离点"复选框，可以删除所有的游离点。游离点是一些可以有路径属性但不能打印的点，使用"钢笔"工具有时会导致游离点的产生。勾选"未上色对象"复选框，可以删除所有没有填充色和笔画色的对象，但不能删除蒙版对象。勾选"空文本路径"复选框，可以删除所有没有字符的文本路径。设置完成后，单击"确定"按钮。系统将会自动清理当前文档。如果文档中没有上述类型的对象，就会弹出一个提示对话框，提示当前文档无需清理，如图 3-87 所示。

图 3-86

图 3-87

任务实践——绘制播放图标

【任务学习目标】学习使用绘图工具、"路径"命令绘制
播放图标。

【任务知识要点】使用"椭圆"工具、"缩放"命令、"偏
移路径"命令、"多边形"工具和"变换"面板绘制播放图
标；效果如图 3-88 所示。

【效果所在位置】云盘\Ch03\效果\绘制播放图标.ai。

（1）按 Ctrl+N 组合键，弹出"新建文档"对话框，设置

绘制播放图标

图 3-88

文档的宽度为 1 024 px，高度为 1 024 px，取向为横向，颜色模式为 RGB 颜色，光栅效果为屏幕（72
ppi），单击"创建"按钮，新建一个文档。

（2）选择"椭圆"工具 ◉，按住 Shift 键的同时，在适当的位置绘制一个圆形，设置填充色为蓝
色（其 RGB 的值分别为 102、117、253），填充图形，并设置描边色为无，效果如图 3-89 所示。

（3）选择"对象 > 变换 > 缩放"命令，在弹出的"比例缩放"对话框中进行设置，如图 3-90
所示；单击"复制"按钮，缩小并复制圆形，效果如图 3-91 所示。

图 3-89

图 3-90

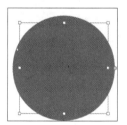

图 3-91

（4）保持图形的选取状态。设置填充色为草绿色（其 RGB 的值分别为 107、255、54），填充图
形，效果如图 3-92 所示。选择"选择"工具 ▶，向左上角拖曳圆形到适当的位置，效果如图 3-93
所示。

（5）选择"圆角矩形"工具 ◻，在页面中单击鼠标左键，弹出"圆角矩形"对话框，选项的设置
如图 3-94 所示，单击"确定"按钮，出现一个圆角矩形。选择"选择"工具 ▶，拖曳圆角矩形到适
当的位置，效果如图 3-95 所示。

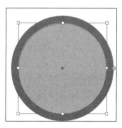

图 3-92

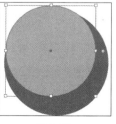

图 3-93

图 3-94

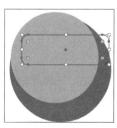

图 3-95

（6）保持图形的选取状态。设置填充色为浅绿色（其 RGB 的值分别为 73、234、56），填充图形，并设置描边色为无，效果如图 3-96 所示。选择"窗口 > 变换"命令，弹出"变换"面板，将"旋转"选项设为 48°，如图 3-97 所示；按 Enter 键确定操作，效果如图 3-98 所示。

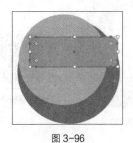

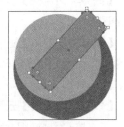

图 3-96　　　　　　　　　　　　图 3-97　　　　　　　　　　　　图 3-98

（7）选择"镜像"工具 ，按住 Alt 键的同时，在适当的位置单击，如图 3-99 所示；弹出"镜像"对话框，选项的设置如图 3-100 所示；单击"复制"按钮，镜像并复制图形，效果如图 3-101 所示。

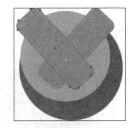

图 3-99　　　　　　　　　　　　图 3-100　　　　　　　　　　　　图 3-101

（8）选择"椭圆"工具 ，按住 Shift 键的同时，在适当的位置绘制一个圆形，设置填充色为浅绿色（其 RGB 的值分别为 73、234、56），填充图形，并设置描边色为无，效果如图 3-102 所示。

（9）选择"选择"工具 ，按住 Alt+Shift 组合键的同时，水平向右拖曳圆形到适当的位置，复制圆形，效果如图 3-103 所示。

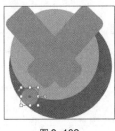
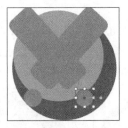

图 3-102　　　　　　　　　　　　图 3-103

（10）选择"选择"工具 ，按住 Shift 键的同时，依次单击将绘制的图形同时选取，按 Ctrl+ [组合键，将图形后移一层，效果如图 3-104 所示。

（11）选取草绿色圆形，选择"对象 > 路径 > 偏移路径"命令，在弹出的对话框中进行设置，如图 3-105 所示；单击"确定"按钮，效果如图 3-106 所示。

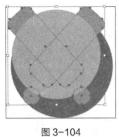

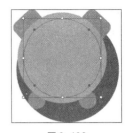

图 3-104　　　　　　　　　图 3-105　　　　　　　　　图 3-106

（12）保持图形的选取状态。设置填充色为深绿色（其 RGB 的值分别为 43、204、36），填充图形，并设置描边色为无，效果如图 3-107 所示。用相同的方法制作其他圆形，并填充相应的颜色，效果如图 3-108 所示。

（13）选择"多边形"工具 ，在页面中单击鼠标，在弹出的"多边形"对话框中进行设置，如图 3-109 所示；单击"确定"按钮，得到一个三角形，选择"选择"工具 ，拖曳圆角矩形到适当的位置，填充图形为白色，并设置描边色为无，效果如图 3-110 所示。

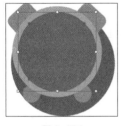
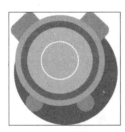

图 3-107　　　　　　图 3-108　　　　　　图 3-109　　　　　　图 3-110

（14）在"变换"面板的"多边形属性："选项组中，将"圆角半径"选项设为 50px，其他选项的设置如图 3-111 所示；按 Enter 键确定操作，效果如图 3-112 所示。播放图标绘制完成，效果如图 3-113 所示。

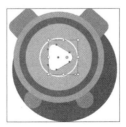

图 3-111　　　　　　　　图 3-112　　　　　　　　图 3-113

项目实践——绘制可口冰淇淋插图

【实践知识要点】使用"椭圆"工具、"路径查找器"命令和"钢笔"工具绘制冰淇淋球；使用

"矩形"工具、"变换"面板、"镜像"工具、"直接选择"工具和"直线段"工具绘制冰淇淋筒；
效果如图 3-114 所示。

【效果所在位置】云盘\Ch03\效果\绘制可口冰淇淋插图.ai。

绘制可口冰淇淋　　绘制可口冰淇淋
插图 1　　　　　　插图 2

图 3-114

课后习题——绘制标靶图标

【习题知识要点】使用"钢笔"工具绘制路径；使用"椭圆"工具绘制标靶；使用"渐变"工具
填充图形；效果如图 3-115 所示。

【效果所在位置】云盘\Ch03\效果\绘制标靶图标.ai。

绘制标靶图标

图 3-115

项目 4
图形对象的组织

项目引入

Illustrator 2020 的功能包括对象的对齐与分布、前后顺序排列、编组与锁定等许多特性。这些特性对组织图形对象而言是非常有用的。本项目主要讲解对象的排列、编组及控制对象等内容。通过学习本项目的内容,读者可以高效、快速地对齐、分布、组合和控制多个对象,使对象在页面中更加有序,使工作更加得心应手。

项目目标

✔ 掌握对齐和分布对象的方法。
✔ 掌握调整对象和图层顺序的技巧。
✔ 掌握控制对象的技巧。

技能目标

✔ 掌握"美食宣传海报"的制作方法。
✔ 掌握"文化传媒运营海报"的制作方法。

素质目标

✔ 培养良好的组织和管理能力。
✔ 培养良好的创意思维能力。
✔ 培养在图像对象组织过程中的细致观察能力。

扩展任务

制作食品餐饮
线下海报

任务 4.1 对象的对齐和分布

应用"对齐"面板可以快速、有效地对齐或分布多个图形。选择"窗口 > 对齐"命令，弹出"对齐"面板，如图 4-1 所示。单击面板右上方的图标≡，在弹出的菜单中选择"显示选项"命令，弹出"分布间距"选项组，如图 4-2 所示。单击"对齐"面板右下方的"对齐"按钮🔲，弹出其下拉菜单，如图 4-3 所示。

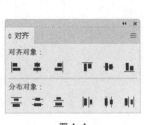

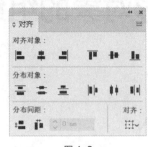

图 4-1　　　　　　　　　图 4-2　　　　　　　　　图 4-3

4.1.1　对齐对象

"对齐"面板中的"对齐对象"选项组中包括 6 种对齐命令按钮：水平左对齐按钮🔲、水平居中对齐按钮🔲、水平右对齐按钮🔲、垂直顶对齐按钮🔲、垂直居中对齐按钮🔲、垂直底对齐按钮🔲。

1. 水平左对齐

以最左边对象的左边线为基准线，被选中对象的左边缘都和这条线对齐（最左边对象的位置不变）。

选取要对齐的对象，如图 4-4 所示。单击"对齐"面板中的"水平左对齐"按钮🔲，所有选取的对象都将向左对齐，如图 4-5 所示。

2. 水平居中对齐

以选定对象的中点为基准点对齐，所有对象在垂直方向的位置保持不变（多个对象进行水平居中对齐时，以中间对象的中点为基准点进行对齐，中间对象的位置不变）。

选取要对齐的对象，如图 4-6 所示。单击"对齐"面板中的"水平居中对齐"按钮🔲，所有选取的对象将都水平居中对齐，如图 4-7 所示。

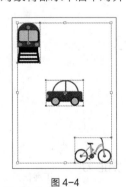
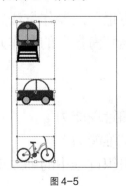
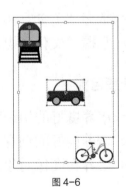
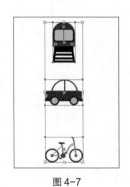

图 4-4　　　　　　　图 4-5　　　　　　　图 4-6　　　　　　　图 4-7

3. 水平右对齐

以最右边对象的右边线为基准线，被选中对象的右边缘都和这条线对齐（最右边对象的位置不变）。

选取要对齐的对象，如图 4-8 所示。单击"对齐"面板中的"水平右对齐"按钮🔲，所有选取的对象都将水平向右对齐，如图 4-9 所示。

4. 垂直顶对齐

以多个要对齐对象中最上面对象的上边线为基准线，选定对象的上边线都和这条线对齐（最上面对象的位置不变）。

选取要对齐的对象，如图 4-10 所示。单击"对齐"面板中的"垂直顶对齐"按钮，所有选取的对象都将向上对齐，如图 4-11 所示。

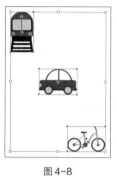
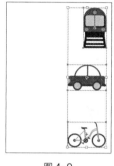
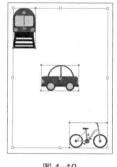

图 4-8   图 4-9   图 4-10   图 4-11

5. 垂直居中对齐

以多个要对齐对象的中点为基准点进行对齐，所有对象进行垂直移动，水平方向上的位置不变（多个对象进行垂直居中对齐时，以中间对象的中点为基准点进行对齐，中间对象的位置不变）。

选取要对齐的对象，如图 4-12 所示。单击"对齐"面板中的"垂直居中对齐"按钮，所有选取的对象都将垂直居中对齐，如图 4-13 所示。

6. 垂直底对齐

以多个要对齐对象中最下面对象的下边线为基准线，选定对象的下边线都和这条线对齐（最下面对象的位置不变）。

选取要对齐的对象，如图 4-14 所示。单击"对齐"面板中的"垂直底对齐"按钮，所有选取的对象都将垂直向底对齐，如图 4-15 所示。

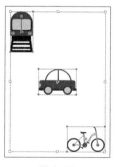

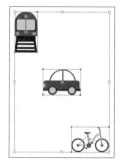
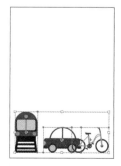

图 4-12   图 4-13   图 4-14   图 4-15

4.1.2 分布对象

"对齐"面板中的"分布对象"选项组包括 6 种分布命令按钮：垂直顶分布按钮、垂直居中分布按钮、垂直底分布按钮、水平左分布按钮、水平居中分布按钮、水平右分布按钮。

要精确指定对象间的距离，需选择"对齐"面板中的"分布间距"选项组，其中包括"垂直分布间距"按钮▭和"水平分布间距"按钮▭。

1. 垂直顶分布

以每个选取对象的上边线为基准线，使对象按相等的间距垂直分布。

选取要分布的对象，如图 4-16 所示。单击"对齐"面板中的"垂直顶分布"按钮▭，所有选取的对象将按各自的上边线，等距离垂直分布，如图 4-17 所示。

2. 垂直居中分布

以每个选取对象的中线为基准线，使对象按相等的间距垂直分布。

选取要分布的对象，如图 4-18 所示。单击"对齐"面板中的"垂直居中分布"按钮▭，所有选取的对象将按各自的中线，等距离垂直分布，如图 4-19 所示。

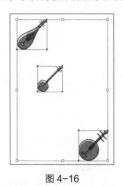
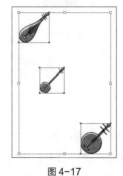
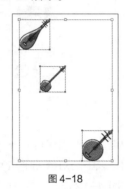
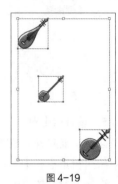

图 4-16　　　　　　　图 4-17　　　　　　　图 4-18　　　　　　　图 4-19

3. 垂直底分布

以每个选取对象的下边线为基准线，使对象按相等的间距垂直分布。

选取要分布的对象，如图 4-20 所示。单击"对齐"面板中的"垂直底分布"按钮▭，所有选取的对象将按各自的下边线，等距离垂直分布，如图 4-21 所示。

4. 水平左分布

以每个选取对象的左边线为基准线，使对象按相等的间距水平分布。

选取要分布的对象，如图 4-22 所示。单击"对齐"面板中的"水平左分布"按钮▭，所有选取的对象将按各自的左边线，等距离水平分布，如图 4-23 所示。

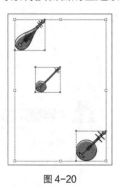
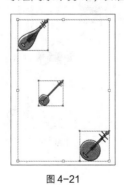
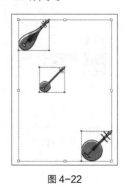
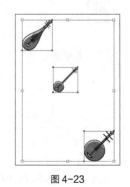

图 4-20　　　　　　　图 4-21　　　　　　　图 4-22　　　　　　　图 4-23

5. 水平居中分布

以每个选取对象的中线为基准线，使对象按相等的间距水平分布。

选取要分布的对象，如图 4-24 所示。单击"对齐"面板中的"水平居中分布"按钮 ⬌，所有选取的对象将按各自的中线，等距离水平分布，如图 4-25 所示。

6. 水平右分布

以每个选取对象的右边线为基准线，使对象按相等的间距水平分布。

选取要分布的对象，如图 4-26 所示。单击"对齐"面板中的"水平右分布"按钮 ◫，所有选取的对象将按各自的右边线，等距离水平分布，如图 4-27 所示。

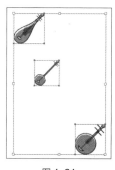 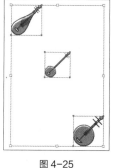 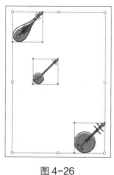 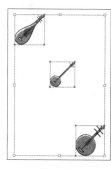

图 4-24   图 4-25   图 4-26   图 4-27

7. 垂直分布间距

选取要对齐的多个对象，如图 4-28 所示。再单击被选取对象中的任意一个对象，该对象将作为其他对象进行分布时的参照，如图 4-29 所示。在"对齐"面板右下方的数值框中将距离数值设为 10 mm，如图 4-30 所示。

单击"对齐"面板中的"垂直分布间距"按钮 ⬒。所有被选取的对象将以梅花琴图像按设置的数值等距离垂直分布，效果如图 4-31 所示。

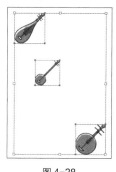 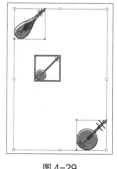 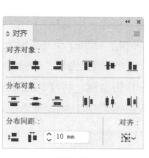 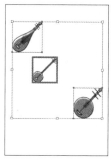

图 4-28   图 4-29   图 4-30   图 4-31

8. 水平分布间距

选取要对齐的对象，如图 4-32 所示。再单击被选取对象中的任意一个对象，该对象将作为其他对象进行分布时的参照，如图 4-33 所示。在"对齐"面板右下方的数值框中将距离数值设为 3 mm，如图 4-34 所示。

单击"对齐"面板中的"水平分布间距"按钮 ⬚，所有被选取的对象将以月琴图像作为参照按设置的数值等距离水平分布，效果如图 4-35 所示。

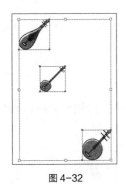
图 4-32

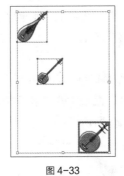
图 4-33

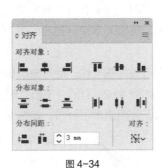
图 4-34

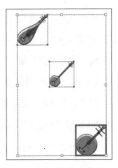
图 4-35

任务实践——制作美食宣传海报

【任务学习目标】学习使用"置入"命令、"对齐"面板、"锁定"命令制作美食宣传海报。

【任务知识要点】使用"置入"命令置入素材图片；使用"矩形"工具、"添加锚点"工具、"锚点"工具和"剪切蒙版"命令制作海报背景；使用"置入"命令、"对齐"面板将图片对齐；使用"文字"工具和"字符"面板添加宣传性文字；美食宣传海报效果如图 4-36 所示。

制作美食宣传
海报

图 4-36

【效果所在位置】云盘\Ch04\效果\制作美食宣传海报.ai。

（1）按 Ctrl+N 组合键，弹出"新建文档"对话框，设置文档的宽度为 150 mm，高度为 200 mm，取向为竖向，颜色模式为 CMYK 颜色，光栅效果为高（300 ppi），单击"创建"按钮，新建一个文档。

（2）选择"矩形"工具 ▣，绘制一个与页面大小相等的矩形，设置填充色为土黄色（其 CMYK 的值分别为 13、22、38、0），填充图形，并设置描边色为无，效果如图 4-37 所示。按 Ctrl+C 组合键，复制图形，按 Ctrl+F 组合键，将复制的图形粘贴在前面。选择"选择"工具 ▶，向下拖曳矩形上边中间的控制手柄到适当的位置，调整其大小，效果如图 4-38 所示。

图 4-37

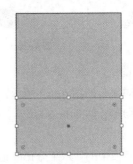
图 4-38

（3）选择"添加锚点"工具 ✎，在矩形上边中间位置单击鼠标左键，添加一个锚点，如图 4-39 所示。选择"直接选择"工具 ▷，选取并向上拖曳添加的锚点到适当的位置，如图 4-40 所示。选择

"锚点"工具 ，单击并拖曳锚点的控制手柄，将所选锚点转换为平滑锚点，效果如图 4-41 所示。

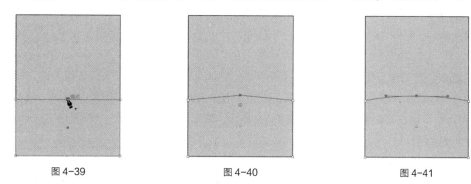

　　图 4-39 　　　　　　　　图 4-40 　　　　　　　　　　图 4-41

　　（4）选择"文件 > 置入"命令，弹出"置入"对话框，选择云盘中的"Ch04\素材\制作美食宣传海报\01"文件，单击"置入"按钮，在页面中单击置入图片，单击属性栏中的"嵌入"按钮，嵌入图片。选择"选择"工具 ，拖曳图片到适当的位置并调整其大小，效果如图 4-42 所示。按 Ctrl+[组合键，将图片后移一层，效果如图 4-43 所示。

　　（5）选择"选择"工具 ，按住 Shift 键的同时，单击需要的图形将其同时选取，如图 4-44 所示，按 Ctrl+7 组合键，建立剪切蒙版，效果如图 4-45 所示。

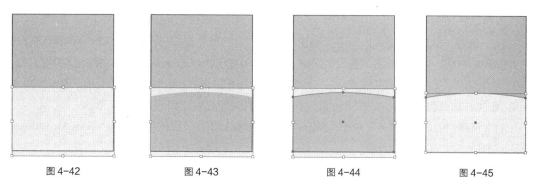

　　图 4-42 　　　　　　图 4-43 　　　　　　　图 4-44 　　　　　　　图 4-45

　　（6）选择"文件 > 置入"命令，弹出"置入"对话框，选择云盘中的"Ch04\素材\制作美食宣传海报\02"文件，单击"置入"按钮，在页面中单击置入图片，单击属性栏中的"嵌入"按钮，嵌入图片。选择"选择"工具 ，拖曳图片到适当的位置并调整其大小，效果如图 4-46 所示。

　　（7）选择"窗口 > 透明度"命令，弹出"透明度"面板，将混合模式设为"正片叠底"，其他选项的设置如图 4-47 所示；按 Enter 键确定操作，效果如图 4-48 所示。

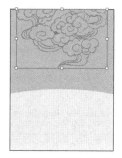

　　图 4-46 　　　　　　　　图 4-47 　　　　　　　　图 4-48

（8）选择"文件 > 置入"命令，弹出"置入"对话框，选择云盘中的"Ch04\素材\制作美食宣传海报\03、04"文件，单击"置入"按钮，在页面中分别单击置入图片，单击属性栏中的"嵌入"按钮，嵌入图片。选择"选择"工具▶，分别拖曳图片到适当的位置，并调整其大小，效果如图 4-49所示。

（9）选取下方的背景矩形，按 Ctrl+C 组合键，复制图形，按 Shift+Ctrl+V 组合键，就地粘贴图形，如图 4-50 所示。按住 Shift 键的同时，依次单击置入的图片将其同时选取，如图 4-51 所示，按Ctrl+7 组合键，建立剪切蒙版，效果如图 4-52 所示。按 Ctrl+A 组合键，全选图形，按 Ctrl+2 组合键，锁定所选对象。

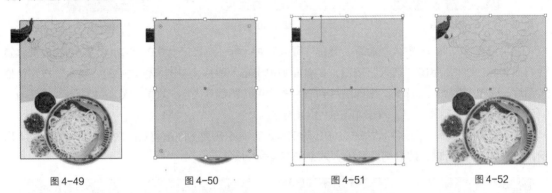

图 4-49   图 4-50   图 4-51   图 4-52

（10）选择"文件 > 置入"命令，弹出"置入"对话框，选择云盘中的"Ch04\素材\制作美食宣传海报\05~07"文件，单击"置入"按钮，在页面中分别单击置入图片，单击属性栏中的"嵌入"按钮，嵌入图片。选择"选择"工具▶，分别拖曳图片到适当的位置，并调整其大小，效果如图 4-53所示。按住 Shift 键的同时，依次单击置入的图片将其同时选取，如图 4-54 所示。

（11）选择"窗口 > 对齐"命令，弹出"对齐"面板，单击"水平居中对齐"按钮▣，如图 4-55所示，对齐效果如图 4-56 所示。

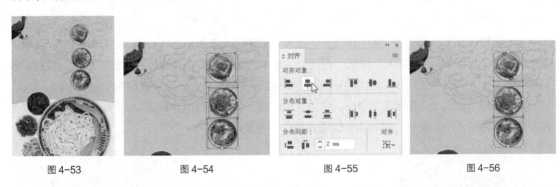

图 4-53   图 4-54   图 4-55   图 4-56

（12）再次单击第一张图片将其作为参照对象，如图 4-57 所示，在"对齐"面板右下方的数值框中将间距值设为 5 mm，再单击"垂直分布间距"按钮▣，如图 4-58 所示，将图片等距离垂直分布，效果如图 4-59 所示。

（13）用相同的方法置入其他图片进行对齐，效果如图 4-60 所示。选择"文字"工具 T，在页面中分别输入需要的文字，选择"选择"工具▶，在属性栏中选择合适的字体并设置文字大小，效果如图 4-61 所示。

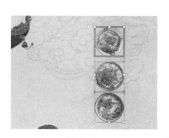

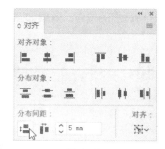

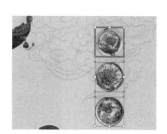

图 4-57 图 4-58 图 4-59

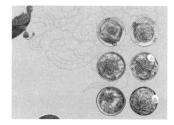

图 4-60 图 4-61

（14）选取文字"美味中国"，设置填充色为深棕色（其 CMYK 的值分别为 67、96、97、66），填充文字，效果如图 4-62 所示。按 Ctrl+T 组合键，弹出"字符"面板，将"设置所选字符的字距调整"选项██设为−200，其他选项的设置如图 4-63 所示；按 Enter 键确定操作，效果如图 4-64 所示。

图 4-62 图 4-63 图 4-64

（15）选取文字"传承……工艺"，设置填充色为红色（其 CMYK 的值分别为 10、95、96、0），填充文字，效果如图 4-65 所示。在"字符"面板中，将"设置所选字符的字距调整"选项██设为 660，其他选项的设置如图 4-66 所示；按 Enter 键确定操作，效果如图 4-67 所示。

图 4-65 图 4-66 图 4-67

（16）按 Ctrl+O 组合键，打开云盘中的"Ch04\素材\制作美食宣传海报\11"文件，选择"选择"工具 ▶，选取需要的图形，按 Ctrl+C 组合键，复制图形。选择正在编辑的页面，按 Ctrl+V 组合键，将其粘贴到页面中，并拖曳复制的图形到适当的位置，效果如图 4-68 所示。美食宣传海报制作完成，效果如图 4-69 所示。

图 4-68

图 4-69

任务 4.2　对象和图层的顺序

　　对象之间存在堆叠的关系，后绘制的对象一般显示在先绘制的对象之上，在实际操作中，可以根据需要改变对象之间的堆叠顺序。通过改变图层的排列顺序也可以改变对象的排序。

　　选择"对象 > 排列"命令，其子菜单包括 5 个命令：置于顶层、前移一层、后移一层、置于底层和发送至当前图层，使用这些命令可以改变图形对象的排序。对象间堆叠的效果如图 4-70 所示。选中要排序的对象，用鼠标右键单击页面，在弹出的快捷菜单中可选择"排列"命令，也可以应用组合键命令来对对象进行排序。

图 4-70

1. 置于顶层

　　将选取的图像移到所有图像的顶层。选取要移动的图像，如图 4-71 所示。用鼠标右键单击页面，弹出其快捷菜单，在"排列"命令的子菜单中选择"置于顶层"命令，选中的图像即排到顶层，如图 4-72 所示。

2. 前移一层

　　将选取的图像向前移过一个图像。选取要移动的图像，如图 4-73 所示。用鼠标右键单击页面，弹出其快捷菜单，在"排列"命令的子菜单中选择"前移一层"命令，选中的图像即向前一层，效果如图 4-74 所示。

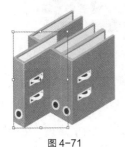

图 4-71

图 4-72

图 4-73

图 4-74

3. 后移一层

将选取的图像向后移过一个图像。选取要移动的图像，如图 4-75 所示。用鼠标右键单击页面，弹出其快捷菜单，在"排列"命令的子菜单中选择"后移一层"命令，选中的图像即向后一层，效果如图 4-76 所示。

4. 置于底层

将选取的图像移到所有图像的底层。选取要移动的图像，如图 4-77 所示。用鼠标右键单击页面，弹出其快捷菜单，在"排列"命令的子菜单中选择"置于底层"命令，选中的图像将排到最后面，效果如图 4-78 所示。

图 4-75　　　　　　　　图 4-76　　　　　　　　图 4-77　　　　　　　　图 4-78

5. 发送至当前图层

选择"图层"面板，在"图层 1"上新建"图层 2"，如图 4-79 所示。选取要发送到当前图层的绿色双层文件夹图像，如图 4-80 所示，这时"图层 1"变为当前图层，如图 4-81 所示。

  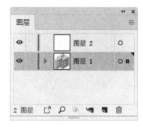

图 4-79　　　　　　　　图 4-80　　　　　　　　图 4-81

用鼠标单击"图层 2"，使"图层 2"成为当前图层，如图 4-82 所示。用鼠标右键单击页面，弹出其快捷菜单，在"排列"命令的子菜单中选择"发送至当前图层"命令，绿色双层文件夹图像被发送到当前图层，即"图层 2"中，页面效果如图 4-83 所示，"图层"面板效果如图 4-84 所示。

 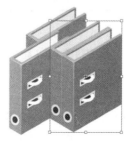 

图 4-82　　　　　　　　图 4-83　　　　　　　　图 4-84

任务 4.3 控制对象

在 Illustrator 2020 中，控制对象的方法非常灵活便捷，可以将多个图形进行编组，从而组合成一个图形组，还有锁定和解锁对象等方法。

扩展任务

绘制线性图标

4.3.1 编组对象

使用"编组"命令，可以将多个对象组合在一起使其成为一个对象。使用"选择"工具▶，选取要编组的图像，编组之后，单击任何一个图像，其他图像都会被一起选取。

1. 创建编组

选取要编组的对象，如图 4-85 所示，选择"对象 > 编组"命令（组合键为 Ctrl+G），将选取的对象进行组合，如图 4-86 所示，选择组合后的图像中的任何一个图像，其他的图像也会同时被选取。

将多个对象组合后，其外观并没有变化，当对任何一个对象进行编辑时，其他对象也随之产生相应的变化。如果需要单独编辑组合中的个别对象，而不改变其他对象的状态，可以应用"编组选择"工具▶进行选取。选择"编组选择"工具▶，用鼠标单击要移动的对象并按住鼠标左键不放，拖曳对象到合适的位置，效果如图 4-87 所示，其他的对象并没有变化。

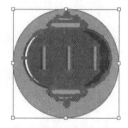

图 4-85

图 4-86

图 4-87

提示

执行"编组"命令还可以将几个不同的组合进行进一步的组合，或在组合与对象之间进行进一步的组合。在几个组之间进行组合时，原来的组合并没有消失，它与新得到的组合是嵌套的关系。组合不同图层上的对象，组合后所有的对象将自动移动到最上边对象的图层中，并形成组合。

2. 取消编组

选择"选择"工具▶，选取要取消组合的对象，如图 4-88 所示。选择"对象 > 取消编组"命令（组合键为 Shift+Ctrl+G），取消组合的图像。取消组合后的图像，可通过单击鼠标选取任意一个图像，如图 4-89 所示。

执行一次"取消编组"命令只能取消一层组合，如两个组合使用"编组"命令得到一个新的组合。应用"取消编组"命令取消这个新组合后，得到两个原始的组合。

图 4-88   图 4-89

4.3.2　锁定对象

锁定对象可以防止操作时误选对象，也可以防止当多个对象重叠在一起而选择一个对象时，其他对象也连带被选取。

锁定对象包括 3 个部分：所选对象、上方所有图稿、其他图层。

1.　锁定所选对象

选取要锁定的对象，如图 4-90 所示。选择"对象 > 锁定 > 所选对象"命令（组合键为 Ctrl+2），将绿色图形锁定。锁定后，当其他图像移动时，绿色图形不会随之移动，如图 4-91 所示。

2.　锁定上方所有图稿

选取蓝色图形，如图 4-92 所示。选择"对象 > 锁定 > 上方所有图稿"命令，蓝色图形之上的绿色图形和紫色图形则被锁定。当移动蓝色图形的时候，绿色图形和紫色图形不会随之移动，如图 4-93 所示。

图 4-90   图 4-91   图 4-92   图 4-93

3.　锁定其他图层

蓝色图形、绿色图形、紫色图形分别在不同的图层上，如图 4-94 所示。选取紫色图形，如图 4-95 所示。选择"对象 > 锁定 > 其他图层"命令，在"图层"面板中，除了紫色图形所在的图层，其他图层都被锁定了。被锁定图层的左边将会出现一个锁头的图标 🔒，如图 4-96 所示。锁定图层中的图像在页面中也都被锁定了。

图 4-94   图 4-95   图 4-96

4. 全部解锁

选择"对象 > 全部解锁"命令（组合键为 Alt +Ctrl+2），被锁定的图像就会被取消锁定。

任务实践——制作文化传媒运营海报

【任务学习目标】学习使用绘图工具、"锁定"命令和"编组"命令制作文化传媒运营海报。

【任务知识要点】使用"置入"命令、"锁定所选对象"命令添加背景；使用"文字"工具、"字符"面板添加宣传文字；使用"椭圆"工具、"直接选择"工具、"编组"命令和"再次变换"命令制作装饰图形；文化传媒运营海报效果如图 4-97 所示。

【效果所在位置】云盘\Ch04\效果\制作文化传媒运营海报.ai。

制作文化传媒
运营海报

图 4-97

（1）按 Ctrl+N 组合键，弹出"新建文档"对话框，设置文档的宽度为 750 px，高度为 1 181 px，取向为纵向，颜色模式为 RGB 颜色，光栅效果为屏幕（72 ppi），单击"创建"按钮，新建一个文档。

（2）选择"文件 > 置入"命令，弹出"置入"对话框，选择云盘中的"Ch04\素材\制作文化传媒运营海报\01"文件，单击"置入"按钮，在页面中单击置入图片，在属性中单击"嵌入"按钮，嵌入图片，效果如图 4-98 所示。

（3）选择"窗口 > 对齐"命令，弹出"对齐"面板，将对齐方式设为"对齐画板"，如图 4-99 所示。分别单击"水平居中对齐"按钮■和"垂直居中对齐"按钮■，图片与页面居中对齐，效果如图 4-100 所示。按 Ctrl+2 组合键，锁定所选对象。

图 4-98　　　　　　　　　图 4-99　　　　　　　　　图 4-100

（4）选择"文字"工具T，在页面中分别输入需要的文字，选择"选择"工具▶，在属性栏中分别选择合适的字体并设置文字大小，效果如图 4-101 所示。用框选的方法将输入的文字同时选取，设置填充色为浅黄色（其 RGB 的值分别为 243、229、206），填充文字，效果如图 4-102 所示。

（5）选取文字"文学……端午"，按 Ctrl+T 组合键，弹出"字符"面板，将"设置所选字符的字距调整"选项  设为 200,其他选项的设置如图 4-103 所示;按 Enter 键确定操作,效果如图 4-104 所示。

| 图 4-101 | 图 4-102 | 图 4-103 | 图 4-104 |

（6）按住 Shift 键的同时,选取需要的文字,在"字符"面板中,将"设置行距"选项  设为 21 pt,其他选项的设置如图 4-105 所示;按 Enter 键确定操作,效果如图 4-106 所示。用相同的方法输入其他文字,效果如图 4-107 所示。

| 图 4-105 | 图 4-106 | 图 4-107 |

（7）选择"椭圆"工具 ,在页面外单击鼠标左键,弹出"椭圆"对话框,选项的设置如图 4-108 所示,单击"确定"按钮,出现一个椭圆形,效果如图 4-109 所示。

（8）选择"直接选择"工具 ,选取椭圆形下方的锚点,如图 4-110 所示,按 Delete 键将其删除,效果如图 4-111 所示。

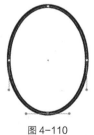

| 图 4-108 | 图 4-109 | 图 4-110 | 图 4-111 |

（9）选择"窗口 > 描边"命令,弹出"描边"面板,勾选"虚线"复选框,数值被激活,其余各选项的设置如图 4-112 所示;按 Enter 键确定操作,效果如图 4-113 所示。

　　（10）选择"选择"工具▶，按住 Alt+Shift 组合键的同时，水平向右拖曳虚线到适当的位置，复制虚线，效果如图 4-114 所示。连续按 Ctrl+D 组合键，复制出多条虚线，效果如图 4-115 所示。

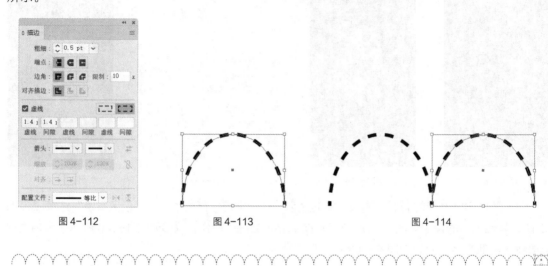

图 4-112　　　　　　　　图 4-113　　　　　　　　图 4-114

图 4-115

　　（11）选择"选择"工具▶，用框选的方法将所绘制的图形同时选取，按 Ctrl+G 组合键，将其编组，如图 4-116 所示。按住 Alt+Shift 组合键的同时，垂直向下拖曳编组图形到适当的位置，复制图形，效果如图 4-117 所示。按 Ctrl+D 组合键，复制出一组图形，效果如图 4-118 所示。选取中间编组图形，按←方向键，微调图形到适当的位置，效果如图 4-119 所示。

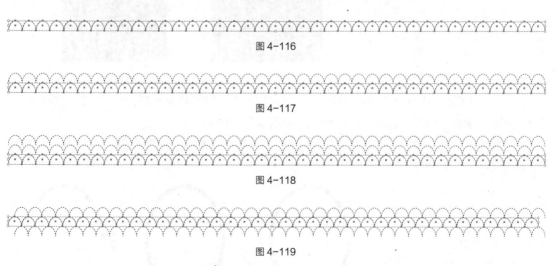

图 4-116

图 4-117

图 4-118

图 4-119

　　（12）选择"选择"工具▶，用框选的方法将所绘制的图形同时选取，按 Ctrl+G 组合键，将其编组，拖曳编组图形到页面中适当的位置，设置描边色为浅黄色（其 RGB 的值分别为 243、229、206），填充描边，效果如图 4-120 所示。文化传媒运营海报制作完成，效果如图 4-121 所示。

图 4-120

图 4-121

项目实践——制作家居画册内页

【实践知识要点】使用"矩形"工具绘制背景底图;使用"锁定"命令锁定所选对象;使用"置入"命令和"对齐"面板对齐素材图片;使用"文字"工具、"字符"面板添加内容文字;使用"编组"命令编组需要的图形;效果如图 4-122 所示。

【效果所在位置】云盘\Ch04\效果\制作家居画册内页.ai。

制作家居画册
内页

图 4-122

课后习题——制作民间剪纸海报

【习题知识要点】使用"矩形"工具、"变换"面板、"打开"命令、"对齐"面板制作海报背景;使用"文字"工具和"字符"面板添加内容文字;效果如图 4-123 所示。

【效果所在位置】云盘\Ch04\效果\制作民间剪纸海报.ai。

制作民间剪纸
海报

图 4-123

项目 5
颜色填充与描边

项目引入

本项目将介绍 Illustrator 2020 中填充工具和命令工具的使用方法，以及描边和符号的添加和编辑技巧。通过本项目的学习，读者可以利用颜色填充和描边功能，绘制出漂亮的图形效果，还可将需要重复应用的图形制作成符号，以提高工作效率。

项目目标

✔ 了解颜色填充的使用方法。
✔ 熟练掌握渐变和图案填充的方法。
✔ 掌握渐变网格填充的技巧。
✔ 掌握"描边"面板的功能和使用方法。
✔ 了解"符号"面板并掌握符号工具的应用。

技能目标

✔ 掌握"风景插画"的绘制方法。
✔ 掌握"科技航天插画"的绘制方法。

素质目标

✔ 培养对图像构图、色彩和细节的敏锐感知能力。
✔ 培养准确描绘和处理各种细节的能力。
✔ 培养对图像色彩的好奇心及对不同色彩调整方法的学习能力。

任务5.1 颜色填充

Illustrator 2020 用于填充的内容包括"色板"面板中的单色对象、图案对象和渐变对象，以及"颜色"面板中的自定义颜色。另外，"色板库"提供了多种外挂的色谱、渐变对象和图案对象。

5.1.1 填充工具

应用工具箱中的"填色"和"描边"工具 ，可以指定所选对象的填充颜色和描边颜色。当单击按钮 （快捷键为 X 时），可以切换填色显示框和描边显示框的位置。按 Shift+X 组合键，可使选定对象的颜色在填充和描边填充之间切换。

在"填色"和"描边"工具 下面有 3 个按钮 ，它们分别是"颜色"按钮、"渐变"按钮和"无"按钮。

5.1.2 "颜色"面板

Illustrator 通过"颜色"面板设置对象的填充颜色。单击"颜色"面板右上方的图标 ，在弹出式菜单中选择当前取色时使用的颜色模式。无论选择哪一种颜色模式，面板中都将显示出相关的颜色内容，如图 5-1 所示。

选择"窗口 > 颜色"命令，弹出"颜色"面板。"颜色"面板上的按钮 用来进行填充颜色和描边颜色之间的互相切换，操作方法与工具箱中按钮 的使用方法相同。

将鼠标指针移动到取色区域，鼠标指针变为吸管形状，单击就可以选取颜色。拖曳各个颜色滑块或在各个数值框中输入有效的数值，可以调配出更精确的颜色，如图 5-2 所示。

更改或设定对象的描边颜色时，单击选取已有的对象，在"颜色"面板中切换到描边颜色 ，选取或调配出新颜色，这时新选的颜色将被应用到当前选定对象的描边中，如图 5-3 所示。

图 5-1

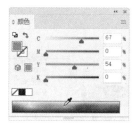
图 5-2

图 5-3

5.1.3 "色板"面板

选择"窗口 > 色板"命令，弹出"色板"面板，在"色板"面板中单击需要的颜色或样本，可以将其选中，如图 5-4 所示。

"色板"面板提供了多种颜色和图案，并且允许添加并存储自定义的颜色和图案。单击显示"色板类型"菜单按钮 ，可以使所有的样本显示出来；单击"色板选项"按钮 ，可以打开"色板选项"对话框；单

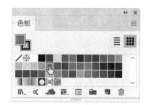
图 5-4

击"新建颜色组"按钮 ，可以新建颜色组； "新建色板"按钮 用于定义和新建一个新的样本；"删除色板"按钮 用于将选定的样本从"色板"面板中删除。

　　绘制一个图形，单击"填色"按钮，如图5-5所示。选择"窗口 > 色板"命令，弹出"色板"面板，在"色板"面板中单击需要的颜色或图案，来对图形内部进行填充，效果如图5-6所示。

图5-5　　　　　　　　　　　　　　图5-6

　　选择"窗口 > 色板库"命令，可以调出更多的色板库。引入外部色板库，增选的多个色板库都将显示在同一个"色板"面板中。

　　"色板"面板左上角的方块标有红色斜杠 ，表示无颜色填充。双击"色板"面板中的颜色缩略图 会弹出"色板选项"对话框，可以设置其颜色属性，如图5-7所示。

　　单击"色板"面板右上方的按钮 ，将弹出下拉菜单，选择其中的"新建色板"命令，可以将选中的某一颜色或样本添加到"色板"面板中，如图5-8所示；单击"新建色板"按钮 ，也可以添加新的颜色或样本到"色板"面板中，如图5-9所示。

　　Illustrator 2020 除了"色板"面板中默认的样本外，在其"色板库"中还提供了多种色板。选择"窗口 > 色板库"命令，可以看到，在其子菜单中包括了不同的样本可供选择使用。

　　当选择"窗口 > 色板库 > 其他库"命令时，弹出对话框，可以将其他文件中的色板样本、渐变样本和图案样本导入到"色板"面板中。

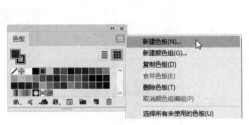

图5-7　　　　　　　　　　图5-8　　　　　　　　　　图5-9

扩展任务

任务5.2　渐变填充

　　渐变填充是指两种或多种不同颜色在同一条直线上逐渐过渡填充。建立渐变填充有多种方法，可以使用"渐变"工具 ，也可以使用"渐变"面板和"颜色"面板来设置选定对象的渐变颜色，还可以使用"色板"面板中的渐变样本。

绘制金刚区歌单图标

5.2.1　创建渐变填充

选择绘制好的图形，如图 5-10 所示。单击工具箱下部的"渐变"按钮█，对图形进行渐变填充，效果如图 5-11 所示。选择"渐变"工具█，在图形需要的位置单击设定渐变的起点并按住鼠标左键拖曳鼠标，再次单击确定渐变的终点，如图 5-12 所示，渐变填充的效果如图 5-13 所示。

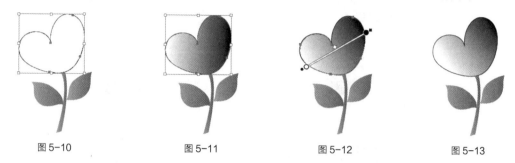

图 5-10　　　　　　　图 5-11　　　　　　　图 5-12　　　　　　　图 5-13

在"色板"面板中单击需要的渐变样本，对图形进行渐变填充，效果如图 5-14 所示。

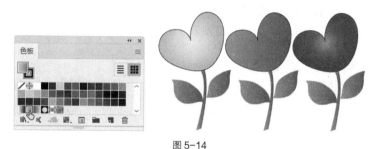

图 5-14

5.2.2　"渐变"面板

在"渐变"面板中可以设置渐变参数，可选择"线性""径向"或"任意形状"渐变，设置渐变的起始、中间和终止颜色，还可以设置渐变的位置和角度。

双击"渐变"工具█或选择"窗口 > 渐变"命令（组合键为 Ctrl+F9），弹出"渐变"面板，如图 5-15 所示。从"类型"选项组中可以选择"线性""径向"或"任意形状"渐变方式，如图 5-16 所示。

在"角度"选项的数值框中显示当前的渐变角度，重新输入数值后按 Enter 键，可以改变渐变的角度，如图 5-17 所示。

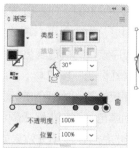

图 5-15　　　　　　　图 5-16　　　　　　　图 5-17

单击"渐变"面板下面的颜色滑块，在"位置"选项的数值框中显示出该滑块在渐变颜色中颜色位置的百分比，如图 5-18 所示，拖曳该滑块，改变该颜色的位置，即改变颜色的渐变梯度，如图 5-19 所示。

图 5-18

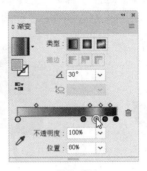
图 5-19

在渐变色谱条底边单击，可以添加一个颜色滑块，如图 5-20 所示。在"颜色"面板中调配颜色，如图 5-21 所示，可以改变添加的颜色滑块的颜色，如图 5-22 所示。单击颜色滑块并按住鼠标左键不放，将其拖出到"渐变"面板外，可以直接删除颜色滑块。

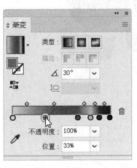
图 5-20

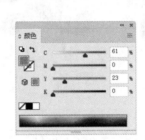
图 5-21

图 5-22

双击渐变色谱条上的颜色滑块，弹出颜色面板，可以快速地选取所需的颜色。

5.2.3　渐变填充的样式

1.　线性渐变填充

线性渐变填充是一种比较常用的渐变填充方式，通过"渐变"面板，可以精确地指定线性渐变的起始和终止颜色，还可以调整渐变方向。通过调整中心点的位置，可以生成不同的颜色渐变效果。当需要绘制线性渐变填充图形时，可按以下步骤操作。

选择绘制好的图形，如图 5-23 所示。双击"渐变"工具█，弹出"渐变"面板。在"渐变"面板色谱条中，显示程序默认的白色到黑色的线性渐变样式，如图 5-24 所示。在"渐变"面板"类型"选项组中，单击"线性渐变"按钮█，如图 5-25 所示，图形将被线性渐变填充，如图 5-26 所示。

单击"渐变"面板中的起始颜色游标○，如图 5-27 所示。然后在"颜色"面板中调配所需的颜色，设置渐变的起始颜色。再单击终止颜色游标●，如图 5-28 所示，设置渐变的终止颜色，效果如图 5-29 所示，图形的线性渐变填充效果如图 5-30 所示。

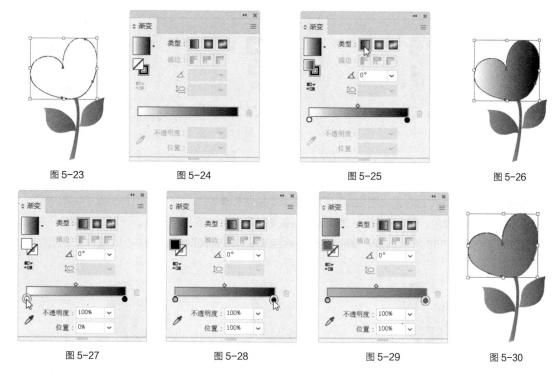

图 5-23　　　　　图 5-24　　　　　　　图 5-25　　　　　图 5-26

图 5-27　　　　　图 5-28　　　　　　　图 5-29　　　　　图 5-30

　　拖曳色谱条上边的控制滑块，可以改变颜色的渐变位置，如图 5-31 所示。"位置"数值框中的数值也会随之发生变化，设置"位置"数值框中的数值也可以改变颜色的渐变位置，图形的线性渐变填充效果也将改变，如图 5-32 所示。

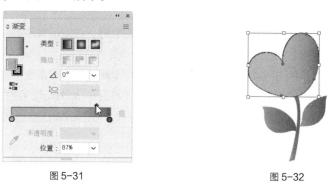

图 5-31　　　　　　　　　　　　　　　图 5-32

　　如果要改变颜色渐变的方向，选择"渐变"工具█后直接在图形中拖曳即可。当需要精确地改变渐变方向时，可通过"渐变"面板中的"角度"选项来控制图形的渐变方向。

2. 径向渐变填充

　　径向渐变填充是 Illustrator 2020 中的另一种渐变填充类型，与线性渐变填充不同，它是从起始颜色开始以圆的形式向外发散，逐渐过渡到终止颜色。它的起始颜色和终止颜色，以及渐变填充中心点的位置都是可以改变的。使用径向渐变填充可以生成多种渐变填充效果。

　　选择绘制好的图形，如图 5-33 所示。双击"渐变"工具█，弹出"渐变"面板。在"渐变"面板色谱条中，显示程序默认的白色到黑色的线性渐变样式，如图 5-34 所示。在"渐变"面板"类型"选项组中，单击"径向渐变"按钮█，如图 5-35 所示，图形将被径向渐变填充，效果如图 5-36 所示。

图 5-33　　　　　　图 5-34　　　　　　　　　图 5-35　　　　　　图 5-36

单击"渐变"面板中的起始颜色游标○或终止颜色游标●，然后在"颜色"面板中调配颜色，即可改变图形的渐变颜色，效果如图 5-37 所示。拖曳色谱条上边的控制滑块，可以改变颜色的中心渐变位置，效果如图 5-38 所示。使用"渐变"工具绘制，可改变径向渐变的中心位置，效果如图 5-39所示。

图 5-37　　　　　　　　　图 5-38　　　　　　　　　图 5-39

3. 任意形状渐变填充

任意形状渐变可以在某个形状内使色标形成逐渐过渡的混合，可以是有序混合，也可以是随意混合，以便混合看起来很平滑、自然。

选择绘制好的图形，如图 5-40 所示。双击"渐变"工具▧，弹出"渐变"面板。在"渐变"面板色谱条中，显示程序默认的白色到黑色的线性渐变样式，如图 5-41 所示。在"渐变"面板"类型"选项组中，单击"任意形状渐变"按钮▨，如图 5-42 所示，图形将被任意形状渐变填充，效果如图 5-43 所示。

图 5-40　　　　　　图 5-41　　　　　　　　　图 5-42　　　　　　图 5-43

在"绘制"选项组中，选中"点"单选项，可以在对象中创建单独点形式的色标，如图 5-44 所示；选中"线"单选项，可以在对象中创建直线段形式的色标，如图 5-45 所示。

在对象中将鼠标指针放置在线段上，鼠标指针变为图标，如图 5-46 所示，单击可以添加一个色标，如图 5-47 所示；然后在"颜色"面板中调配颜色，即可改变图形的渐变颜色，如图 5-48 所示。

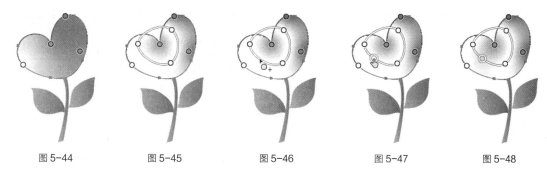

图 5-44   图 5-45   图 5-46   图 5-47   图 5-48

在对象中单击并按住鼠标左键拖曳色标，可以移动色标位置，如图 5-49 所示；在"渐变"面板"色标"选项组中，单击"删除色标"按钮，可以删除选中的色标，如图 5-50 所示。

"扩展"选项：在"点"模式下，"扩展"选项被激活，扩展可以设置色标周围的环形区域，默认情况下，色标的扩展幅度取值范围为 0%~100%。

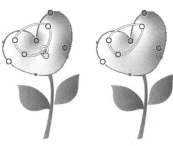

5.2.4 使用渐变库

除了在"色板"面板中提供的渐变样式外，Illustrator 2020

图 5-49   图 5-50

还提供了一些渐变库。选择"窗口 > 色板库 > 其他库"命令，弹出"打开"对话框，在"色板 > 渐变"文件夹内包含了系统提供的渐变库，如图 5-51 所示，在文件夹中可以选择不同的渐变库，选择后单击"打开"按钮，渐变库的效果如图 5-52 所示。

图 5-51

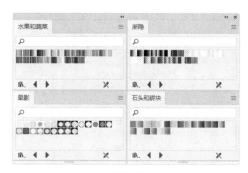

图 5-52

任务实践——绘制风景插画

【任务学习目标】学习使用"颜色"面板和"渐变"工具绘制风景插画。

【任务知识要点】使用"渐变"工具、"渐变"面板填充背景、山和土丘；使用"颜色"面板填充树干图形；使用"网格"工具添加并填充网格点；风景插画效果如图 5-53 所示。

绘制风景插画

图 5-53

【效果所在位置】云盘\Ch05\效果\绘制风景插画.ai。

（1）按 Ctrl+O 组合键，打开云盘中的"Ch05\素材\绘制风景插画\01"文件，如图 5-54 所示。选择"选择"工具 ，选取背景矩形，双击"渐变"工具 ，弹出"渐变"面板，选中"线性渐变"按钮 ，在色带上设置两个渐变滑块，分别将渐变滑块的位置设为 0、100，并设置 RGB 的值分别为 0（255、234、179）、100（235、108、40），其他选项的设置如图 5-55 所示，图形被填充为渐变色，并设置描边色为无，效果如图 5-56 所示。

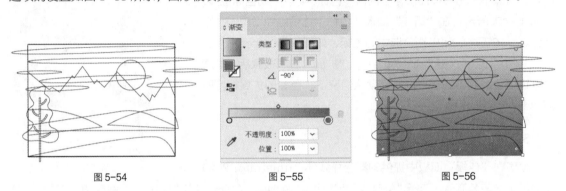

图 5-54　　　　　　　　　　图 5-55　　　　　　　　　　图 5-56

（2）选择"选择"工具 ，选取山峰图形，在"渐变"面板中，选中"线性渐变"按钮 ，在色带上设置两个渐变滑块，分别将渐变滑块的位置设为 0、100，并设置 RGB 的值分别为 0（235、189、26）、100（255、234、179），其他选项的设置如图 5-57 所示，图形被填充为渐变色，并设置描边色为无，效果如图 5-58 所示。

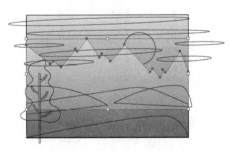

图 5-57　　　　　　　　　　　　　　　　图 5-58

（3）选择"选择"工具 ，选取土丘图形，在"渐变"面板中，选中"线性渐变"按钮 ，在色带上设置两个渐变滑块，分别将渐变滑块的位置设为 10、100，并设置 RGB 的值分别为 10（108、216、157）、100（50、127、123），其他选项的设置如图 5-59 所示，图形被填充为渐变色，并设置描边色为无，效果如图 5-60 所示。用相同的方法分别填充其他图形相应的渐变色，效果如图 5-61 所示。

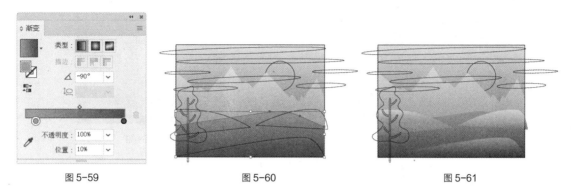

图 5-59   图 5-60   图 5-61

（4）选择"编组选择"工具，选取树叶图形，如图 5-62 所示，在"渐变"面板中，选中"线性渐变"按钮，在色带上设置两个渐变滑块，分别将渐变滑块的位置设为 8、86，并设置 RGB 的值分别为 8（11、67、74）、86（122、255、191），其他选项的设置如图 5-63 所示，图形被填充为渐变色，并设置描边色为无，效果如图 5-64 所示。

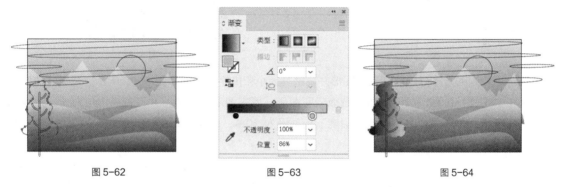

图 5-62   图 5-63   图 5-64

（5）选择"编组选择"工具，选取树杆图形，如图 5-65 所示，选择"窗口 > 颜色"命令，在弹出的"颜色"面板中进行设置，如图 5-66 所示；按 Enter 键确定操作，效果如图 5-67 所示。

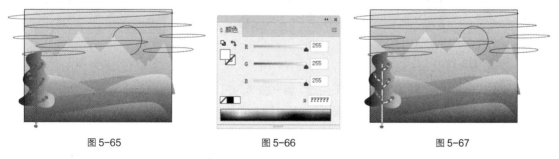

图 5-65   图 5-66   图 5-67

（6）选择"选择"工具，选取树木图形，按住 Alt 键的同时，向右拖曳图形到适当的位置，复制图形，并调整其大小，效果如图 5-68 所示。按 Ctrl+ [组合键，将图形后移一层，效果如图 5-69 所示。

（7）选择"编组选择"工具，选取小树杆图形，在"渐变"面板中，选中"线性渐变"按钮，在色带上设置两个渐变滑块，分别将渐变滑块的位置设为 0、100，并设置 RGB 的值分别为 0（85、224、187）、100（255、234、179），其他选项的设置如图 5-70 所示，图形被填充为渐变色，并设置描边色为无，效果如图 5-71 所示。

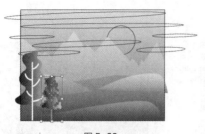

图 5-68

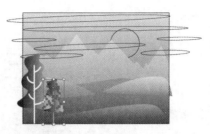

图 5-69

图 5-70

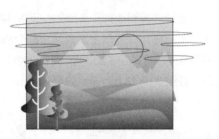

图 5-71

（8）用相同的方法分别复制其他图形并调整其大小和排序，效果如图 5-72 所示。选择"选择"
工具 ▶️，按住 Shift 键的同时，依次选取云彩图形，填充图形为白色，并设置描边色为无，效果如
图 5-73 所示。在属性栏中将"不透明度"选项设为 20%，按 Enter 键确定操作，效果如图 5-74
所示。

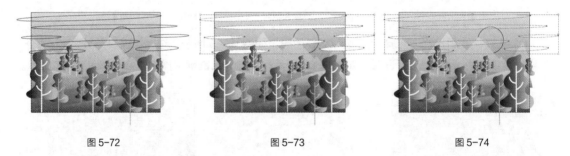

| 图 5-72 | 图 5-73 | 图 5-74 |

（9）选择"选择"工具 ▶️，选取太阳图形，填充图形为白色，并设置描边色为无，效果如图 5-75
所示。在属性栏中将"不透明度"选项设为 80%，按 Enter 键确定操作，效果如图 5-76 所示。

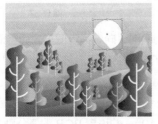

图 5-75

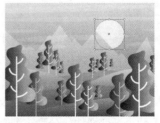

图 5-76

（10）选择"网格"工具 🔲，在圆形中心位置单击，添加网格点，如图 5-77 所示。设置网格点颜

色为浅黄色（其 RGB 的值分别为 255、246、127），填充网格，效果如图 5-78 所示。选择"选择"工具 ，在页面空白处单击，取消选取状态，效果如图 5-79 所示。风景插画绘制完成。

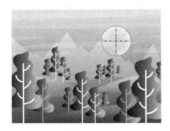

图 5-77   图 5-78   图 5-79

任务 5.3　图案填充

图案填充是绘制图形的重要手段，使用合适的图案填充可以使绘制的图形更加生动形象。

5.3.1　使用图案填充

选择"窗口 > 色板库 > 图案"命令，可以选择自然、装饰等多种图案填充图形，如图 5-80 所示。绘制一个图形，如图 5-81 所示。在工具箱下方选择"描边"按钮，再在"Vonster 图案"控制面板中选择需要的图案，如图 5-82 所示。图案填充到图形的描边上，效果如图 5-83 所示。

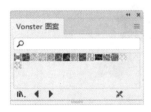

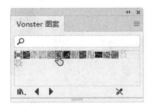

图 5-80   图 5-81   图 5-82   图 5-83

在工具箱下方选择"填充"按钮，在"Vonster 图案"控制面板中单击选择需要的图案，如图 5-84 所示。图案填充到图形的内部，效果如图 5-85 所示。

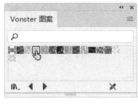
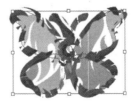

图 5-84   图 5-85

5.3.2　创建图案填充

在 Illustrator 2020 中可以将基本图形定义为图案，作为图案的图形不能包含渐变、渐变网格、图案和位图。

使用"星形"工具 ，绘制 3 个星形，同时选取 3 个星形，如图 5-86 所示。选择"对象 > 图案 > 建立"命令，弹出提示框和"图案选项"面板，如图 5-87 所示，同时页面进入"图案编辑模式"，单击提示框中的"确定"按钮，在面板中可以设置图案的名称、大小和重叠方式等，设置完成后，单击页面左上方的"完成"按钮，定义的图案就添加到"色板"控制面板中了，效果如图 5-88 所示。

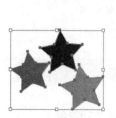  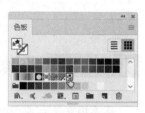

图 5-86　　　　　　　　　　　　图 5-87　　　　　　　　　　　　图 5-88

在"色板"控制面板中单击新定义的图案并将其拖曳到页面上，如图 5-89 所示。选择"对象 > 取消编组"命令，取消图案组合，可以重新编辑图案，效果如图 5-90 所示。选择"对象 > 编组"命令，将新编辑的图案组合，将图案拖曳到"色板"控制面板中，如图 5-91 所示，在"色板"控制面板中添加了新定义的图案，如图 5-92 所示。

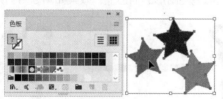 

图 5-89　　　　　　　　　　　　　　　　　　　　　图 5-90

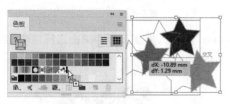 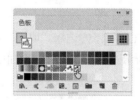

图 5-91　　　　　　　　　　　　　　　　　　　　　图 5-92

使用"多边形"工具 ，绘制一个多边形，如图 5-93 所示。在"色板"控制面板中单击新定义的图案，如图 5-94 所示，多边形的图案填充效果如图 5-95 所示。

 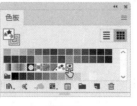 

图 5-93　　　　　　　　　　　　图 5-94　　　　　　　　　　　　图 5-95

Illustrator 2020 自带一些图案库。选择"窗口 > 图形样式库"子菜单下的各种样式，加载不同的样式库。可以选择"其他库"命令来加载外部样式库。

5.3.3 使用图案库

除了在"色板"面板中提供的图案外，Illustrator 2020 还提供了一些图案库。选择"窗口 > 色板库 > 其他库"命令，弹出"打开"对话框，在"色板 > 图案"文件夹中包含了系统提供的图案库，如图 5-96 所示，在文件夹中可以选择不同的图案库，选择后单击"打开"按钮，图案库的效果如图 5-97 所示。

图 5-96

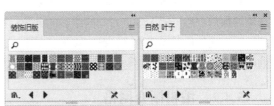

图 5-97

任务 5.4　渐变网格填充

应用渐变网格功能可以制作出图形颜色细微之处的变化，并且易于控制图形颜色。使用渐变网格可以对图形应用多个方向、多种颜色的渐变填充。

5.4.1 建立渐变网格

使用"网格"工具可以在图形中建立网格，使图形颜色的变化更加柔和、自然。

1. 使用"网格"工具建立渐变网格

使用"椭圆"工具 ⊙ 绘制一个椭圆形并保持其被选取状态，如图 5-98 所示。选择"网格"工具 ▦，在椭圆形中单击，将椭圆形建立为渐变网格对象，在椭圆形中增加了横竖两条线交叉形成的网格，如图 5-99 所示，继续在椭圆形中单击，可以增加新的网格，效果如图 5-100 所示。

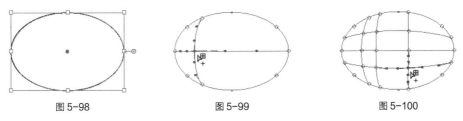

图 5-98　　　　　　　图 5-99　　　　　　　图 5-100

在网格中横竖两条线交叉形成的点就是网格点，而横、竖线就是网格线。

2. 使用"创建渐变网格"命令创建渐变网格

使用"椭圆"工具 ◉ 绘制一个椭圆形并保持其被选取状态，如图5-101所示。选择"对象 > 创建渐变网格"命令，弹出"创建渐变网格"对话框，如图5-102所示，设置数值后，单击"确定"按钮，可以为图形创建渐变网格的填充，效果如图5-103所示。

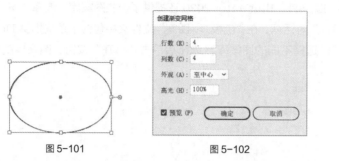

图 5-101   图 5-102   图 5-103

在"创建渐变网格"对话框中，"行数"选项的数值框用于输入水平方向网格线的行数；"列数"选项的数值框用于输入垂直方向网络线的列数；在"外观"选项的下拉列表中可以选择创建渐变网格后图形高光部位的表现方式，有平淡色、至中心、至边缘3种方式可以选择；在"高光"选项的数值框中可以设置高光处的强度，当数值为0时，图形没有高光点，而是均匀的颜色填充。

5.4.2 编辑渐变网格

1. 添加网格点

使用"椭圆"工具 ◉，绘制一个椭圆形并保持其被选取状态，如图5-104所示，选择"网格"工具 ▦，在椭圆形中单击，建立渐变网格对象，如图5-105所示，在椭圆形中的其他位置再次单击，可以添加网格点，如图5-106所示，同时添加了网格线。在网格线上再次单击，可以继续添加网格点，如图5-107所示。

2. 删除网格点

使用"网格"工具 ▦，按住Alt键的同时，将鼠标指针移至网格点，指针变为 图标，如图5-108所示，单击网格点即可将网格点删除，效果如图5-109所示。

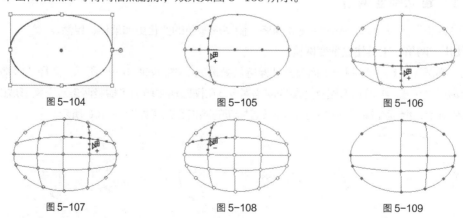

图 5-104   图 5-105   图 5-106

图 5-107   图 5-108   图 5-109

3. 编辑网格颜色

使用"直接选择"工具 ▷ 单击选中网格点，如图5-110所示，在"色板"面板中单击需要的颜色块，如图 5-111 所示，可以为网格点填充颜色，效果如图 5-112 所示。

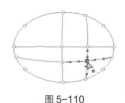
图 5-110

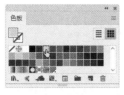
图 5-111

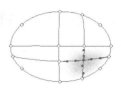
图 5-112

使用"直接选择"工具 单击选中网格，如图 5-113 所示，在"色板"面板中单击需要的颜色块，如图 5-114 所示，可以为网格填充颜色，效果如图 5-115 所示。

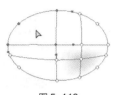
图 5-113

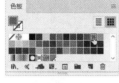
图 5-114

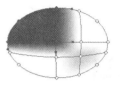
图 5-115

使用"直接选择"工具 在网格点上单击并按住鼠标左键拖曳网格点，可以移动网格点，效果如图 5-116 所示。拖曳网格点的控制手柄可以调节网格线，效果如图 5-117 所示。

图 5-116

图 5-117

任务 5.5 编辑描边

描边其实就是对象的描边线，对描边进行填充时，还可以对其进行一定的设置，如更改描边的形状、粗细及设置为虚线描边等。

5.5.1 使用"描边"面板

选择"窗口 > 描边"命令（组合键为 Ctrl+F10），弹出"描边"面板，如图 5-118 所示。"描边"面板主要用来设置对象描边的属性，如粗细、形状等。

图 5-118

在"描边"面板中，通过"粗细"选项设置描边的宽度；"端点"选项组指定描边各线段的首端和尾端的形状样式，有平头端点 、圆头端点 和方头端点 3 种不同的端点样式；"边角"选项组指定一段描边的拐点，即描边的拐角形状，有 3 种不同的拐角接合形式，分别为斜接连接 、圆角连接 和斜角连接 ；"限制"选项用于设置斜角的长度，它将决定描边沿路径改变方向时伸展的长度；"对齐描边"选项组用于设置描边与路径的对齐方式，分别为使描边居中

对齐 ⬒、使描边内侧对齐 ⬒ 和使描边外侧对齐 ⬒；勾选"虚线"复选框可以创建描边的虚线效果。

5.5.2 设置描边的粗细

当需要设置描边的宽度时，要用到"粗细"选项，可以在其下拉列表中选择合适的粗细，也可以直接输入合适的数值。

单击工具箱下方的"描边"按钮，使用"星形"工具 ⭐ 绘制一个星形并保持其被选取状态，效果如图 5-119 所示。在"描边"面板中"粗细"选项的下拉列表中选择需要的描边粗细值，或者直接输入合适的数值。本例设置的粗细数值为 20 pt，如图 5-120 所示；星形的描边粗细被改变，效果如图 5-121 所示。

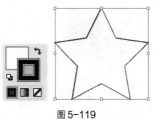

图 5-119　　　　　　　　　　　图 5-120　　　　　　　　　　　图 5-121

当要更改描边的单位时，可选择"编辑 > 首选项 > 单位"命令，弹出"首选项"对话框。可以在"描边"选项的下拉列表中选择需要的描边单位。

5.5.3 设置描边的填充

保持星形为被选取的状态，效果如图 5-122 所示。在"色板"面板中单击选取所需的填充样本，对象描边的填充效果如图 5-123 所示。

图 5-122　　　　　　　　　　　　　　　　图 5-123

保持星形处于被选取的状态，效果如图 5-124 所示。在"颜色"面板中调配所需的颜色，如图 5-125 所示，或双击工具箱下方的"描边填充"按钮 ⬚，弹出"拾色器"对话框，如图 5-126 所示。在对话框中可以调配所需的颜色，对象描边的颜色填充效果如图 5-127 所示。

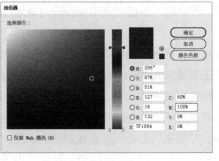

图 5-124　　　　　　图 5-125　　　　　　　　　　图 5-126　　　　　　　　　図 5-127

5.5.4 编辑描边的样式

1. 设置"限制"选项

"限制"选项用于设置描边沿路径改变方向时的伸展长度。可以在其下拉列表中选择所需的数值，也可以在数值框中直接输入合适的数值，分别将"限制"选项设置为2和20时的对象描边效果如图5-128所示。

图 5-128

2. 设置"端点"和"边角"选项

端点是指一段描边的首端和末端，可以为描边的首端和末端选择不同的顶点样式来改变描边顶点的形状。使用"钢笔"工具 绘制一段描边，单击"描边"面板中的 3 个不同端点样式的按钮 ，选定的端点样式会应用到选定的描边中，如图 5-129 所示。

平头端点　　　　　　　　　　圆头端点　　　　　　　　　　方头端点

图 5-129

边角是指一段描边的拐点，边角样式就是指描边拐角处的形状。该选项有斜接连接、圆角连接和斜角连接 3 种不同的转角边角样式。绘制多边形的描边，单击"描边"面板中的 3 个不同边角样式按钮 ，选定的边角样式会应用到选定的描边中，如图 5-130 所示。

斜接连接　　　　　　　　　　圆角连接　　　　　　　　　　斜角连接

图 5-130

3. 设置"虚线"选项

"虚线"选项中包括 6 个数值框，勾选"虚线"复选框，数值框被激活，第 1 个数值框默认的虚线值为 12 pt，如图 5-131 所示。

"虚线"选项用来设定每一段虚线段的长度，数值框中输入的数值越大，虚线的长度就越长；反之，输入的数值越小，虚线的长度就越短。设置不同虚线长度值的描边效果如图 5-132 所示。

"间隙"选项用来设定虚线段之间的距离，输入的数值越大，虚线段之间的距离越大；反之，输入的数值越小，虚线段之间的距离就越小。设置不同虚线间隙的描边效果如图 5-133 所示。

图 5-131

图 5-132   图 5-133

4. 设置"箭头"选项

在"描边"面板中有两个可供选择的下拉列表按钮 箭头：—∨—∨，左侧的是"起点的箭头" —∨，右侧的是"终点的箭头" —∨。选中要添加箭头的曲线，如图 5-134 所示。单击"起点的箭头"按钮 —∨，弹出"起点的箭头"下拉列表框，单击需要的箭头样式，如图 5-135 所示。曲线的起始点会出现选择的箭头，效果如图 5-136 所示。单击"终点的箭头"按钮 —∨，弹出"终点的箭头"下拉列表框，单击需要的箭头样式，如图 5-137 所示。曲线的终点会出现选择的箭头，效果如图 5-138 所示。

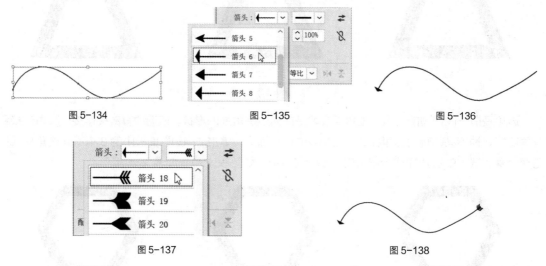

图 5-134   图 5-135   图 5-136

图 5-137   图 5-138

"互换箭头起始处和结束处"按钮 ⇄ 用于互换起始箭头和终点箭头。选中曲线，如图 5-139 所示。在"描边"面板中单击"互换箭头起始处和结束处"按钮 ⇄，如图 5-140 所示，效果如图 5-141 所示。

图 5-139   图 5-140   图 5-141

在"缩放"选项中，左侧的是"箭头起始处的缩放因子"按钮 ↕100%，右侧的是"箭头结束处的缩放因子"按钮 ↕100%，设置需要的数值，可以缩放曲线的起始箭头和结束箭头的大小。选中要缩放的曲线，如图 5-142 所示。单击"箭头起始处的缩放因子"按钮 ↕100%，将"箭头起始处的缩放因子"设置为 200%，如图 5-143 所示，效果如图 5-144 所示。单击"箭头结束处的缩放因子"按钮 ↕100%，将"箭头结束处的缩放因子"设置为 200%，效果如图 5-145 所示。

单击"缩放"选项右侧的"链接箭头起始处和结束处缩放"按钮 ，可以同时改变起始箭头和结束箭头的大小。

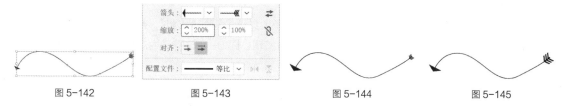

图 5-142   图 5-143   图 5-144   图 5-145

在"对齐"选项中，左侧的是"将箭头提示扩展到路径终点外"按钮 ，右侧的是"将箭头提示放置于路径终点处"按钮 ，这两个按钮分别用于设置箭头在终点以外和箭头在终点处。选中曲线，如图 5-146 所示。单击"将箭头提示扩展到路径终点外"按钮 ，如图 5-147 所示，效果如图 5-148 所示。单击"将箭头提示放置于路径终点处"按钮 ，箭头在终点处显示，效果如图 5-149 所示。

图 5-146   图 5-147   图 5-148   图 5-149

在"配置文件"选项中，单击"配置文件"按钮 ，弹出宽度配置文件下拉列表，如图 5-150 所示。在下拉列表中选中任意一个宽度配置文件可以改变曲线描边的形状。选中曲线，如图 5-151 所示。单击"配置文件"按钮 ，在弹出的下拉列表中选中任意一个宽度配置文件，如图 5-152 所示，效果如图 5-153 所示。

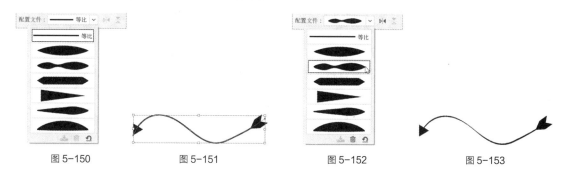

图 5-150   图 5-151   图 5-152   图 5-153

在"配置文件"选项右侧有两个按钮分别是"纵向翻转"按钮 和"横向翻转"按钮 。选中"纵向翻转"按钮 ，可以改变曲线描边的左右位置。选中"横向翻转"按钮 ，可以改变曲线描边的上下位置。

任务 5.6 使用符号

扩展任务

绘制许愿灯插画

符号是一种能存储在"符号"面板中，并且在一个插图中可以多次重复使用的对象。Illustrator 2020 提供了"符号"面板，专门用来创建、存储和编辑符号。

当需要在一个插图中多次制作同样的对象，并需要对对象进行多次类似的编辑操作时，可以使用符号来完成。这样，可以大大提高效率，节省时间。例如，在一个网站设计中多次应用到一个按钮的图样，这时就可以将这个按钮的图样定义为符号范例，这样可以对按钮符号进行多次重复使用。利用符号体系工具组中的相应工具可以对符号范例进行各种编辑操作。默认设置下的"符号"面板如图 5-154 所示。

在插图中如果应用了符号集合，那么当使用选择工具选取符号范例时，整个符号集合将被同时选中。此时，被选中的符号集合只能被移动，而不能被编辑。图 5-155 所示为应用到插图中的符号范例与符号集合。

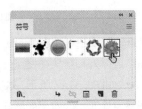

图 5-154

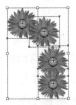

图 5-155

提示

在 Illustrator 2020 中的各种对象，如普通的图形、文本对象、复合路径、渐变网格等均可以被定义为符号。

5.6.1 "符号"面板

"符号"面板具有创建、编辑和存储符号的功能。单击面板右上方的图标 ≡，弹出其下拉菜单，如图 5-156 所示。

在"符号"面板下边有以下 6 个按钮。

"符号库菜单"按钮 ：包括了多种符合库，可以选择调用。

"置入符号实例"按钮 ：用于设置将当前选中的一个符号范例放置在页面的中心。

"断开符号链接"按钮 ：用于设置将添加到插图中的符号范例与"符号"面板断开链接。

"符号选项"按钮 ：单击该按钮可以打开"符号选项"对话框，并进行设置。

图 5-156

"新建符号"按钮 ：单击该按钮可以将选中的要定义为符号的对象添加到"符号"面板中作为符号。

"删除符号"按钮 ：单击该按钮可以删除"符号"面板中被选中的符号。

5.6.2 创建和应用符号

1. 创建符号

单击"新建符号"按钮 可以将选中的要定义为符号的对象添加到"符号"面板中作为符号。

将选中的对象直接拖曳到"符号"面板中，弹出"符号选项"对话框，单击"确定"按钮，可以创建符号，如图 5-157 所示。

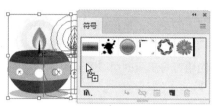

图 5-157

2. 应用符号

在"符号"面板中选中需要的符号，直接将其拖曳到当前插图中，得到一个符号范例，如图 5-158 所示。

选择"符号喷枪"工具 可以同时创建多个符号范例，并且可以将它们作为一个符号集合。

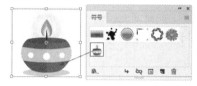

图 5-158

5.6.3 使用符号工具

Illustrator 2020 工具箱的符号工具组中提供了 8 个符号工具，展开的符号工具组如图 5-159 所示。

"符号喷枪"工具 ：用于创建符号集合，可以将"符号"面板中的符号对象应用到插图中。

"符号移位器"工具 ：用于移动符号范例。

"符号紧缩器"工具 ：用于对符号范例进行缩紧变形。

"符号缩放器"工具 ：用于对符号范例进行放大操作。按住 Alt 键，可以对符号范例进行缩小操作。

"符号旋转器"工具 ：用于对符号范例进行旋转操作。

"符号着色器"工具 ：用于使用当前颜色为符号范例填色。

"符号滤色器"工具 ：用于增加符号范例的透明度。按住 Alt 键，可以减小符号范例的透明度。

"符号样式器"工具 ：用于将当前样式应用到符号范例中。

设置符号工具的属性，双击任意一个符号工具将弹出"符号工具选项"对话框，如图 5-160 所示。

图 5-159

图 5-160

"直径"选项：用于设置笔刷直径的数值。这时的笔刷指的是选取符号工具后鼠标指针的形状。

"强度"选项：用于设定拖曳鼠标时，符号范例随鼠标变化的速度，数值越大，被操作的符号范例变化越快。

"符号组密度"选项：用于设定符号集合中包含符号范例的密度，数值越大，符号集合所包含的符号范例的数目就越多。

"显示画笔大小和强度"复选框：勾选该复选框，在使用符号工具时可以看到笔刷；不勾选该复选框，则隐藏笔刷。

使用符号工具应用符号的具体操作如下。

选择"符号喷枪"工具，鼠标指针将变成一个中间有喷壶的圆形，如图 5-161 所示。在"符号"面板中选取一种需要的符号对象，如图 5-162 所示。

在页面上按住鼠标左键不放并拖曳鼠标指针，"符号喷枪"工具将沿着拖曳的轨迹喷射出多个符号范例，这些符号范例将组成一个符号集合，如图 5-163 所示。

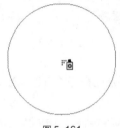

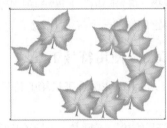

图 5-161   图 5-162   图 5-163

使用"选择"工具选中符号集合，再选择"符号移位器"工具，将鼠标指针移到要移动的符号范例上按住鼠标左键不放并拖曳鼠标指针，在鼠标指针之中的符号范例将随其移动，如图 5-164 所示。

使用"选择"工具选中符号集合，选择"符号紧缩器"工具，将鼠标指针移到要使用"符号紧缩器"工具的符号范例上，按住鼠标左键不放并拖曳鼠标指针，符号范例被紧缩，如图 5-165 所示。

使用"选择"工具选中符号集合，选择"符号缩放器"工具，将鼠标指针移到要调整的符号范例上，按住鼠标左键不放并拖曳鼠标指针，在鼠标指针之中的符号范例将变大，如图 5-166 所示。按住 Alt 键，则可缩小符号范例。

图 5-164   图 5-165   图 5-166

使用"选择"工具选中符号集合，选择"符号旋转器"工具，将鼠标指针移到要旋转的符号范例上，按住鼠标左键不放并拖曳鼠标指针，在鼠标指针之中的符号范例将发生旋转，如图 5-167 所示。

在"色板"面板或"颜色"面板中设定一种颜色作为当前色，使用"选择"工具 ▶ 选中符号集合，选择"符号着色器"工具 ，将鼠标指针移到要填充颜色的符号范例上，按住鼠标左键不放并拖曳鼠标指针，在鼠标指针中的符号范例被填充上当前色，如图 5-168 所示。

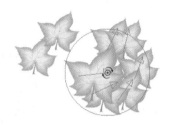

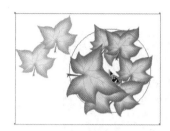

图 5-167   图 5-168

使用"选择"工具 ▶ 选中符号集合，选择"符号滤色器"工具 ，将鼠标指针移到要改变透明度的符号范例上，按住鼠标左键不放并拖曳鼠标指针，在鼠标指针中的符号范例的透明度将被增大，如图 5-169 所示。按住 Alt 键，可以减小符号范例的透明度。

使用"选择"工具 ▶ 选中符号集合，选择"符号样式器"工具 ，在"图形样式"面板中选中一种样式，将鼠标指针移到要改变样式的符号范例上，按住鼠标左键不放并拖曳鼠标指针，在鼠标指针中的符号范例将被改变样式，如图 5-170 所示。

使用"选择"工具 ▶ 选中符号集合，选择"符号喷枪"工具 ，按住 Alt 键，在要删除的符号范例上按住鼠标左键不放并拖曳鼠标指针，鼠标指针经过的区域中的符号范例被删除，如图 5-171 所示。

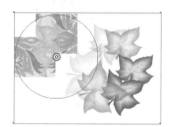

图 5-169   图 5-170   图 5-171

任务实践——绘制科技航天插画

【任务学习目标】学习使用"符号库"命令绘制科技航天插画。

【任务知识要点】使用"疯狂科学"命令、"徽标元素"命令添加符号；使用"断开符号"按钮、"渐变"工具、"比例缩放"工具、"镜像"工具编辑符号；科技航天插画效果如图 5-172 所示。

【效果所在位置】云盘\Ch05\效果\绘制科技航天插画.ai。

图 5-172

绘制科技航天
插画

（1）按 Ctrl+O 组合键，打开云盘中的"Ch05\素材\绘制科技航天插画\01"文件，如图 5-173 所示。

（2）选择"窗口 > 符号库 > 疯狂科学"命令，弹出"疯狂科学"面板，选取需要的符号"月球"，如图 5-174 所示，拖曳符号到页面外，效果如图 5-175 所示。

图 5-173

图 5-174

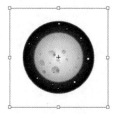

图 5-175

（3）在属性栏中单击"断开链接"按钮，断开符号链接，如图 5-176 所示。选择"选择"工具 ▶，按住 Shift 键的同时，依次单击不需要的图形，如图 5-177 所示，按 Delete 键，将其删除，效果如图 5-178 所示。

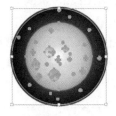

图 5-176

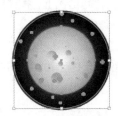

图 5-177

图 5-178

（4）选取需要的渐变图形，如图 5-179 所示。选择"选择 > 相同 > 填充颜色"命令，相同填充颜色的图形被选中，如图 5-180 所示。

图 5-179

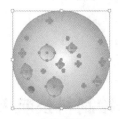

图 5-180

（5）双击"渐变"工具 ▣，弹出"渐变"面板，如图 5-181 所示，选中并设置 RGB 的值分别为 0（255、255、255）、37（248、176、204）、69（230、144、187）、100（230、91、197），其他选项的设置如图 5-182 所示；图形被填充为渐变色，效果如图 5-183 所示。

（6）选择"选择"工具 ▶，选取左下角需要的渐变图形，如图 5-184 所示，选择"吸管"工具 ✐，将鼠标指针放在粉色渐变图形上，如图 5-185 所示，单击鼠标左键，吸取粉色渐变图形的属性，效果如图 5-186 所示。

（7）选择"选择"工具 ▶，选取需要的渐变图形，如图 5-187 所示，双击"比例缩放"工具 ▥，弹出"比例缩放"对话框，选项的设置如图 5-188 所示；单击"复制"按钮，缩放并复制图形，效果如图 5-189 所示。

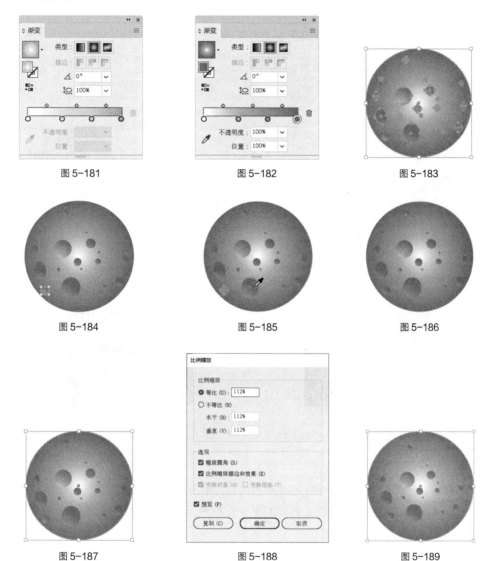

（8）在属性栏中将"不透明度"选项设为 20%；按 Enter 键确定操作，效果如图 5-190 所示。按 Ctrl+D 组合键，再复制出一个图形，效果如图 5-191 所示。在属性栏中将"不透明度"选项设为 10%；按 Enter 键确定操作，效果如图 5-192 所示。

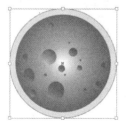

图 5-190

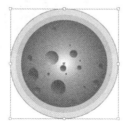

图 5-191

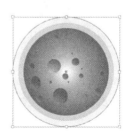

图 5-192

（9）选择"选择"工具▶，用框选的方法将绘制的图形同时选取，按 Ctrl+G 组合键，编组图形，如图 5-193 所示。双击"镜像"工具▷Ⅰ，弹出"镜像"对话框，选项的设置如图 5-194 所示；单击"复制"按钮，镜像并复制图形，效果如图 5-195 所示。

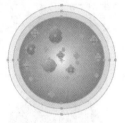

| 图 5-193 | 图 5-194 | 图 5-195 |

（10）选择"选择"工具▶，拖曳编组图形到页面中适当的位置，并调整其大小，效果如图 5-196 所示。选择"矩形"工具▢，绘制一个与页面大小相等的矩形，如图 5-197 所示。

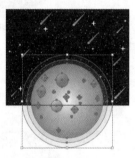

| 图 5-196 | 图 5-197 |

（11）选择"选择"工具▶，按住 Shift 键的同时，单击下方图形将其同时选取，如图 5-198 所示，按 Ctrl+7 组合键，建立剪切蒙版，效果如图 5-199 所示。用相同的方法制作其他颜色的星球，效果如图 5-200 所示。

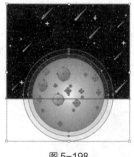

| 图 5-198 | 图 5-199 | 图 5-200 |

（12）选择"窗口 > 符号库 > 徽标元素"命令，弹出"徽标元素"面板，选取需要的符号"火箭"，如图 5-201 所示，分别拖曳符号到页面中适当的位置，并调整其大小，效果如图 5-202 所示。

图 5-201

图 5-202

（13）按 Ctrl+O 组合键，打开云盘中的"Ch05\素材\绘制科技航天插画\02"文件，选择"选择"工具 ▶，选取需要的图形，按 Ctrl+C 组合键，复制图形。选择正在编辑的页面，按 Ctrl+V 组合键，将其粘贴到页面中，并拖曳复制的图形到适当的位置，效果如图 5-203 所示。科技航天插画绘制完成，效果如图 5-204 所示。

图 5-203

图 5-204

项目实践——制作金融理财 App 弹窗

【实践知识要点】使用"矩形"工具、"椭圆"工具、"变换"命令、"路径查找器"命令和"渐变"工具制作红包袋；使用"圆角矩形"工具、"渐变"工具和"文字"工具绘制领取按钮；效果如图 5-205 所示。

【效果所在位置】云盘\Ch05\效果\制作金融理财 App 弹窗.ai。

图 5-205

制作金融理财
App 弹窗

课后习题——制作农副产品西红柿海报

【习题知识要点】使用"矩形"工具、"色板库"命令、"渐变"面板、"色板"面板绘制海报背景；使用"椭圆"工具、"创建渐变网格"命令、"色板"面板、"封套扭曲"命令、"星形"工具绘制西红柿；使用"高斯模糊"命令为图形添加模糊效果；效果如图 5-206 所示。

【效果所在位置】云盘\Ch05\效果\制作农副产品西红柿海报.ai。

图 5-206

制作农副产品
西红柿海报

项目6
文本的编辑

项目引入

Illustrator 2020 提供了强大的文本编辑和图文混排功能。文本对象将和一般图形对象一样可以进行各种变换和编辑,同时还可以通过应用各种外观和样式属性制作出绚丽多彩的文本效果。通过学习本项目的内容读者可以了解并掌握应用 Illustrator 2020 编辑文本的方法和技巧,为在后期工作中快速处理文本打下良好的基础。

项目目标

- ✔ 掌握不同类型文字的输入方法。
- ✔ 熟练掌握字符格式的设置技巧。
- ✔ 熟练掌握段落格式的设置技巧。
- ✔ 了解分栏和链接文本的技巧。
- ✔ 掌握图文混排的设置。

技能目标

- ✔ 掌握"电商广告"的制作方法。
- ✔ 掌握"陶艺展览海报"的制作方法。

素质目标

- ✔ 培养良好的语言理解能力。
- ✔ 培养良好的组织和排版能力。
- ✔ 培养学习的主观能动性。

任务 6.1 创建文本

当准备创建文本时，按住"文字"工具 **T** 不放，弹出文字展开式工具栏，单击工具栏后面的按钮 ，可使文字的展开式工具栏从工具箱中分离出来，如图 6-1 所示。

图 6-1

在工具栏中共有 7 种文字工具，前 6 种工具可以用于输入各种类型的文字，以满足不同的文字处理需要；第 7 种工具可以用于对文字进行修饰操作。7 种文字工具依次为"文字"工具 **T** 、"区域文字"工具 、"路径文字"工具 、"直排文字"工具 、"直排区域文字"工具 、"直排路径文字"工具 、"修饰文字"工具 。

文字可以直接输入，也可以通过选择"文件 ＞ 置入"命令从外部置入。单击各个文字工具，会显示文字工具对应的鼠标指针，如图 6-2 所示。从当前文字工具的鼠标指针样式可以知道创建文字对象的样式。

图 6-2

6.1.1 文本工具的使用

利用"文字"工具 **T** 和"直排文字"工具 可以直接输入沿水平方向和直排方向排列的文本。

1. 输入点文本

选择"文字"工具 **T** 或"直排文字"工具 ，在绘图页面中单击鼠标左键，出现一个带有选中文本的文本区域，如图 6-3 所示，切换到需要的输入法并输入文本，如图 6-4 所示。

图 6-3

图 6-4

提示

当输入文本需要换行时，按 Enter 键开始新的一行。

结束文字的输入后，单击"选择"工具 ▶ 即可选中所输入的文字，这时文字周围将出现一个选择框，文本上的细线是文字基线的位置，效果如图 6-5 所示。

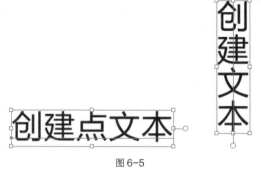

图 6-5

2. 输入文本块

使用"文字"工具 T 或"直排文字"工具 IT 可以绘制一个文本框，然后在文本框中输入文字。

选择"文字"工具 T 或"直排文字"工具 IT，在页面中需要输入文字的位置单击并按住鼠标左键拖曳鼠标，如图 6-6 所示。当绘制的文本框大小符合需要时，释放鼠标，页面上会出现一个蓝色边框且带有选中文本的矩形文本框，如图 6-7 所示。

可以在矩形文本框中输入文字，输入的文字将在指定的区域内排列，如图 6-8 所示。当输入的文字到矩形文本框的边界时，文字将自动换行，文本块的效果如图 6-9 所示。

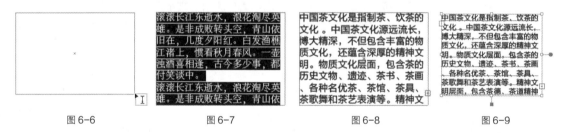

图 6-6   图 6-7   图 6-8   图 6-9

3. 转换点文本和文本块

在 Illustrator 2020 中，在文本框的外侧出现转换点，空心状态的转换点 ○ 表示当前文本为点文本，实心状态的转换点 ● 表示当前文本为文本块，双击可将点文本转换为文本块，也可将文本块转换为点文本。

选择"选择"工具 ▶，将输入的文本块选取，如图 6-10 所示。将鼠标指针置于右侧的转换点上双击，如图 6-11 所示；将文本块转换为点文本，如图 6-12 所示。再次双击，可将点文本转换为文本块，如图 6-13 所示。

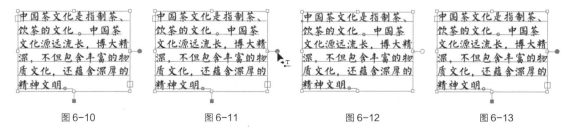

图 6-10   图 6-11   图 6-12   图 6-13

6.1.2　区域文本工具的使用

在 Illustrator 2020 中，还可以创建任意形状的文本对象。

绘制一个填充颜色的图形对象，如图 6-14 所示。选择"文字"工具 T 或"区域文字"工具 ⬚，当鼠标指针移动到图形对象的边框上时，将变成"⬚"形状，如图 6-15 所示，在图形对象上单击，图形对象的填充和描边填充属性被取消，图形对象转换为文本路径，并且在图形对象内出现一个带有选中文本的区域，如图 6-16 所示。

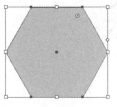

图 6-14　　　　　　　　　　　图 6-15　　　　　　　　　　　图 6-16

在选中文本区域输入文字，输入的文本会按水平方向在该对象内排列。如果输入的文字超出了文本路径所能容纳的范围，将出现文本溢出的现象，这时文本路径的右下角会出现一个红色"⊞"号标志的小正方形，效果如图 6-17 所示。

使用"选择"工具 ▶ 选中文本路径，拖曳文本路径周围的控制点来调整文本路径的大小，可以显示所有的文字，效果如图 6-18 所示。

使用"直排文字"工具 ↓T 或"直排区域文字"工具 ⬚ 与使用"文字"工具 T 的方法是一样的，但使用"直排文字"工具 ↓T 或"直排区域文字"工具 ⬚ 在文本路径中创建的是竖排文字，如图 6-19 所示。

图 6-17　　　　　　　　　　　图 6-18　　　　　　　　　　　图 6-19

6.1.3　路径文本工具的使用

使用"路径文字"工具 ⤻ 和"直排路径文字"工具 ⤻，可以在创建文本时，让文本沿着一个开放或闭合路径的边缘进行水平或垂直方向的排列，路径可以是规则或不规则的。如果使用这两种工具，原来的路径将不再具有填充或描边填充的属性。

1. 创建路径文本

（1）沿路径创建水平方向文本。

使用"钢笔"工具 ✎，在页面上绘制一个任意形状的开放路径，如图 6-20 所示。使用"路径文字"工具 ⤻，在绘制好的路径上单击，路径将转换为文本路径，且带有选中文本的路径文本，如图 6-21 所示。

图 6-20　　　　　　　　　　　　　　　　图 6-21

在选中文本区域输入所需要的文字，文字将会沿着路径排列，文字的基线与路径是平行的，效果如图 6-22 所示。

（2）沿路径创建垂直方向文本。

使用"钢笔"工具 ，在页面上绘制一个任意形状的开放路径，使用"直排路径文字"工具 在绘制好的路径上单击，路径将转换为文本路径，且带有选中文本的路径文本，如图 6-23 所示。

图 6-22

在光标处输入所需要的文字，文字将会沿着路径排列，文字的基线与路径是直排的，效果如图 6-24 所示。

图 6-23　　　　　　　　　　　　　　　　图 6-24

2. 编辑路径文本

如果对创建的路径文本不满意，可以对其进行编辑。

选择"选择"工具 或"直接选择"工具 ，选取要编辑的路径文本，如图 6-25 所示。

拖曳文字左侧的符号，可沿路径移动文本，效果如图 6-26 所示。还可以按住中间的"I"形符号将文本向路径相反的方向拖曳，文本会翻转方向，效果如图 6-27 所示。

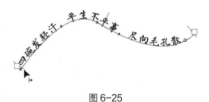

图 6-25

图 6-26　　　　　　　　　　　　　　　　图 6-27

任务 6.2　编辑文本

在 Illustrator 2020 中，可以使用选择工具和菜单命令对文本块进行编辑，也可以使用修饰文本工具对文本框中的文本进行单独编辑。

扩展任务

制作美食线下
海报

6.2.1　编辑文本块

通过选择工具和菜单命令可以改变文本框的形状以编辑文本。

使用"选择"工具 单击文本，可以选中文本对象。完全选中的文本块包括内部文字与文本框。文本块被选中的时候，文字中的基线就会显示出来，如图 6-28 所示。

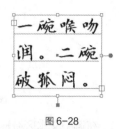

图 6-28

提示

编辑文本之前，必须选中文本。

当文本对象完全被选中后，将其拖曳可以移动其位置。选择"对象 > 变换 > 移动"命令，弹出"移动"对话框，可以通过设置数值来精确移动文本对象。

选择"选择"工具 ，单击文本框上的控制点并按住鼠标左键不放拖曳控制点，可以改变文本框的大小，如图 6-29 所示，释放鼠标，效果如图 6-30 所示。

使用"比例缩放"工具 可以对选中的文本对象进行缩放，如图 6-31 所示。选择"对象 > 变换 > 缩放"命令，弹出"比例缩放"对话框，可以通过设置数值精确缩放文本对象，效果如图 6-32 所示。

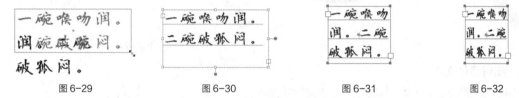

图 6-29　　　　　　　　图 6-30　　　　　　　　图 6-31　　　　　　　　图 6-32

编辑部分文字时，先选择"文字"工具 ，移动指针到文本上，单击插入光标并按住鼠标左键拖曳鼠标，即可选中部分文本。选中的文本将反白显示，效果如图 6-33 所示。

使用"选择"工具 在文本区域内双击，进入文本编辑状态。在文本编辑状态下，双击一句话即可选中这句话；按 Ctrl+A 组合键，可以选中整个段落，如图 6-34 所示。

选择"对象 > 路径 > 清理"命令，弹出"清理"对话框，如图 6-35 所示，勾选"空文本路径"复选框可以删除空的文本路径。

图 6-33　　　　　　　　　图 6-34　　　　　　　　　图 6-35

提示

在其他的软件中复制文本，再在 Illustrator 2020 中选择"编辑 > 粘贴"命令，可以将其他软件中的文本复制到 Illustrator 2020 中。

6.2.2 编辑文字

利用"修饰文字"工具 🎨，可以对文本框中的文本进行单独的属性设置和编辑操作。

选择"修饰文字"工具 🎨，单击选取需要编辑的文字，如图 6-36 所示，在属性栏中设置适当的字体和文字大小，效果如图 6-37 所示。再次单击选取需要的文字，如图 6-38 所示，拖曳右下角的节点调整文字的水平比例，如图 6-39 所示，松开鼠标，效果如图 6-40 所示，拖曳左上角的节点可以调整文字的垂直比例，拖曳右上角的节点可以等比例缩放文字。

图 6-36   图 6-37   图 6-38   图 6-39   图 6-40

再次单击选取需要的文字，如图 6-41 所示。拖曳左下角的节点，可以调整文字的基线偏移，如图 6-42 所示，松开鼠标，效果如图 6-43 所示。将鼠标指针置于正上方的空心节点处，鼠标指针变为旋转图标，拖曳鼠标，如图 6-44 所示，旋转文字，效果如图 6-45 所示。

图 6-41   图 6-42   图 6-43   图 6-44   图 6-45

任务实践——制作电商广告

【任务学习目标】学习使用"文字"工具和"修饰文字"工具制作电商广告。

【任务知识要点】使用"文字"工具、"字符"面板输入文字；使用"修饰文字"工具调整文字基线偏移；使用"椭圆"工具、"矩形"工具、"描边粗细"选项绘制装饰图形；电商广告效果如图 6-46 所示。

制作电商广告

图 6-46

【效果所在位置】云盘\Ch06\效果\制作电商广告.ai。

（1）按 Ctrl+N 组合键，弹出"新建文档"对话框，设置文档的宽度为 1 920 px，高度为 850 px，取向为横向，颜色模式为 RGB 颜色，光栅效果为屏幕（72 ppi），单击"创建"按钮，新建一个文档。

（2）选择"矩形"工具▣，绘制一个与页面大小相等的矩形，设置填充色为桔黄色（其 RGB 的值分别为 255、195、81），填充图形，并设置描边色为无，效果如图 6-47 所示。使用"矩形"工具▣，在右侧再绘制一个矩形，设置填充色为蓝色（其 RGB 的值分别为 74、181、255），填充图形，并设置描边色为无，效果如图 6-48 所示。

图 6-47　　　　　　　　　　　　　　　　　图 6-48

（3）在属性栏中将"不透明度"选项设为 70%，按 Enter 键确定操作，效果如图 6-49 所示。使用"矩形"工具▣，在左侧再绘制一个矩形，如图 6-50 所示。

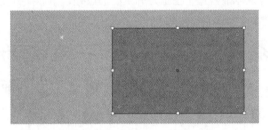
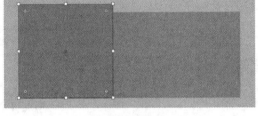

图 6-49　　　　　　　　　　　　　　　　　图 6-50

（4）选择"窗口 > 变换"命令，弹出"变换"面板，在"矩形属性："选项组中，将"圆角半径"选项设为 0 px 和 120 px，如图 6-51 所示；按 Enter 键确定操作，效果如图 6-52 所示。

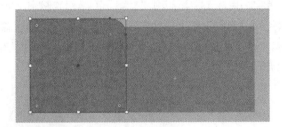

图 6-51　　　　　　　　　　　　　　　　　图 6-52

（5）选择"文件 > 置入"命令，弹出"置入"对话框，选择云盘中的"Ch06\素材\制作电商广告\01"文件，单击"置入"按钮，在页面中单击置入图片，单击属性栏中的"嵌入"按钮，嵌入图片。选择"选择"工具▶，拖曳图片到适当的位置，并调整其大小，效果如图 6-53 所示。按 Ctrl+ [组合键，将图片后移一层，效果如图 6-54 所示。

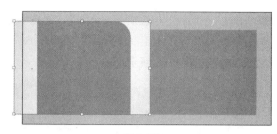

图 6-53   图 6-54

（6）按住 Shift 键的同时，单击上方蓝色圆角矩形将其同时选取，如图 6-55 所示。按 Ctrl+7 组合键，建立剪切蒙版，效果如图 6-56 所示。

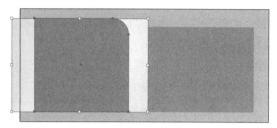

图 6-55   图 6-56

（7）选择"文字"工具 T，在适当的位置输入需要的文字，选择"选择"工具 ▶，在属性栏中选择合适的字体并设置文字大小，填充文字为白色，效果如图 6-57 所示。

（8）按 Ctrl+T 组合键，弹出"字符"面板，将"设置所选字符的字距调整"选项 VA 设为 200，其他选项的设置如图 6-58 所示；按 Enter 键确定操作，效果如图 6-59 所示。

图 6-57   图 6-58   图 6-59

（9）选择"修饰文字"工具 ，单击选取需要编辑的文字"装"，如图 6-60 所示，垂直向下拖曳左下角的节点到适当的位置，如图 6-61 所示，松开鼠标，调整文字的基线偏移，效果如图 6-62 所示。

图 6-60   图 6-61   图 6-62

（10）用相同的方法调整文字"先"，效果如图 6-63 所示。选择"椭圆"工具 ，按住 Shift

键的同时，在适当的位置绘制一个圆形，设置填充色为桔黄色（其 RGB 的值分别为 255、195、81），填充图形，并设置描边色为无，效果如图 6-64 所示。连续按 Ctrl+ [组合键，将圆形后移至适当的位置，效果如图 6-65 所示。

图 6-63

图 6-64

图 6-65

（11）选择"文字"工具 T，在适当的位置分别输入需要的文字，选择"选择"工具 ▶，在属性栏中分别选择合适的字体并设置文字大小，填充文字为白色，效果如图 6-66 所示。

（12）选取文字"活动……08"，在"字符"面板中，将"设置所选字符的字距调整"选项 VA 设为 100，其他选项的设置如图 6-67 所示；按 Enter 键确定操作，效果如图 6-68 所示。

图 6-66

图 6-67

图 6-68

（13）选取需要的文字，设置填充色为海蓝色（其 RGB 的值分别为 43、77、161），填充文字，效果如图 6-69 所示。选择"选择"工具 ▶，按住 Shift 键的同时，单击下方白色文字将其同时选取，在"字符"面板中，将"设置所选字符的字距调整"选项 VA 设为 200，其他选项的设置如图 6-70 所示；按 Enter 键确定操作，效果如图 6-71 所示。

图 6-69

图 6-70

图 6-71

（14）选取文字"夏季……我看"，在"字符"面板中，将"设置所选字符的字距调整"选项 VA 设为 260，其他选项的设置如图 6-72 所示；按 Enter 键确定操作，效果如图 6-73 所示。

图 6-72　　　　　　　　　　　　　　图 6-73

（15）选择"矩形"工具，在适当的位置绘制一个矩形，设置填充色为海蓝色（其 RGB 的值分别为 43、77、161），填充图形，并设置描边色为无，效果如图 6-74 所示。连续按 Ctrl+ [组合键，将矩形后移至适当的位置，效果如图 6-75 所示。

图 6-74　　　　　　　　　　　　　　图 6-75

（16）使用"矩形"工具，在下方适当的位置再绘制一个矩形，按 Shift+X 组合键，互换填色和描边，效果如图 6-76 所示。在属性栏中将"描边粗细"选项设为 3 pt；按 Enter 键确定操作，效果如图 6-77 所示。

图 6-76　　　　　　　　　　　　　　图 6-77

（17）按 Ctrl+O 组合键，打开云盘中的"Ch06\素材\制作电商广告\02"文件，选择"选择"工具，选取需要的图形，按 Ctrl+C 组合键，复制图形。选择正在编辑的页面，按 Ctrl+V 组合键，将其粘贴到页面中，并拖曳复制的图形到适当的位置，效果如图 6-78 所示。电商广告制作完成，效果如图 6-79 所示。

图 6-78　　　　　　　　　　　　　　图 6-79

任务 6.3 设置字符格式

在 Illustrator 2020 中，可以设定字符的格式。这些格式包括文字的字体、字号、颜色和字符间距等。

选择"窗口 > 文字 > 字符"命令（组合键为 Ctrl+T），弹出"字符"面板，如图 6-80 所示。下面介绍"字符"面板常用选项。

图 6-80

"设置字体系列"选项：单击选项文本框右侧的按钮 ，可以从弹出的下拉列表中选择一种需要的字体。

"设置字体大小"选项 T：用于控制文本的大小，单击数值框左侧的上、下微调按钮 ，可以逐级调整字号大小的数值。

"设置行距"选项 ：用于控制文本的行距，定义文本中行与行之间的距离。

"垂直缩放"选项 T：用于使文字尺寸横向保持不变、纵向被缩放，缩放比例小于 100％表示文字被压扁，大于 100％表示文字被拉伸。

"水平缩放"选项 T：用于使文字尺寸纵向保持不变、横向被缩放，缩放比例小于 100％表示文字被压扁，大于 100％表示文字被拉伸。

"设置两个字符间的字距微调"选项 VA：用于细微地调整两个字符的水平间距。输入正值时，字距变大；输入负值时，字距变小。

"设置所选字符的字距调整"选项 VA：用于调整字符与字符之间的距离。

"设置基线偏移"选项 A：用于调节文字的上下位置。可以通过此项设置为文字制作上标或下标。正值时表示文字上移，负值时表示文字下移。

"字符旋转"选项 T：用于设置字符的旋转角度。

6.3.1 设置字体和字号

选择"字符"面板，在"字体"选项的下拉列表中选择一种字体即可将该字体应用到选中的文字中，各种字体的效果如图 6-81 所示。

Illustrator　Illustrator　Illustrator
文鼎齿轮体　　　文鼎弹簧体　　　文鼎花瓣体

Illustrator　**Illustrator**　Illustrator
Arial　　　　　　Arial Black　　　ITC Garamond

图 6-81

Illustrator 2020 提供的每种字体都有一定的字形，如常规、加粗、斜体等，字体的具体选项因字而定。

提示　　默认字体单位为 pt，72 pt 相当于 1 英寸。默认状态下字号为 12 pt，可调整的范围为 0.1～1 296。

设置字体的具体操作如下。

选中部分文本，如图 6-82 所示。选择"窗口 > 文字 > 字符"命令，弹出"字符"面板，从"字体"选项的下拉列表中选择一种字体，如图 6-83 所示。或选择"文字 > 字体"命令，在列出的字体中进行选择，更改文本字体后的效果如图 6-84 所示。

图 6-82　　　　　　　　　　　图 6-83　　　　　　　　　　　图 6-84

选中文本，单击"设置字体大小"选项数值框 **T** ↕ 12 pt ∨ 后的按钮 ∨，在弹出的下拉列表中可以选择合适的字体大小；也可以通过数值框左侧的上、下微调按钮 ↕ 来调整字号大小。文本字号分别为 14 pt 和 16 pt 时的效果如图 6-85 和图 6-86 所示。

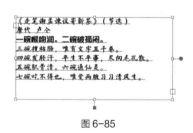 

图 6-85　　　　　　　　　　　　　　　　図 6-86

6.3.2　设置行距

行距是指文本中行与行之间的距离。如果没有自定义行距值，系统将使用自动行距，这时系统将以最适合的参数设置行间距。

选中文本，如图 6-87 所示。在"字符"面板的"设置行距"选项 ↕Α 数值框中输入所需要的数值，可以调整行与行之间的距离。设置"行距"数值为 22 pt，按 Enter 键确认，行距效果如图 6-88 所示。

图 6-87　　　　　　　　　　　　　　　　图 6-88

6.3.3 水平或垂直缩放

当改变文本的字号时，它的高度和宽度将同时发生改变，而利用"垂直缩放"选项↕T或"水平缩放"选项T̲可以单独改变文本的高度和宽度。

默认状态下，对于横排的文本，"垂直缩放"选项↕T保持文字的宽度不变，只改变文字的高度；"水平缩放"选项T̲将在保持文字高度不变的情况下，改变文字宽度；对于竖排的文本，会产生相反的效果，即"垂直缩放"选项↕T改变文本的宽度，"水平缩放"选项T̲改变文本的高度。

选中文本，如图 6-89 所示，文本为默认状态下的效果。在"垂直缩放"选项↕T数值框内设置数值为 175%，按 Enter 键确认，文字的垂直缩放效果如图 6-90 所示。

在"水平缩放"选项T̲数值框内设置数值为 175%，按 Enter 键确认，文字的水平缩放效果如图 6-91 所示。

图 6-89   图 6-90   图 6-91

6.3.4 调整字距

当需要调整文字或字符之间的距离时，可使用"字符"面板中的两个选项，即"设置两个字符间的字距微调"选项Ｖ／Ａ和"设置所选字符的字距调整"选项Ｖ／Ａ。"设置两个字符间的字距微调"选项Ｖ／Ａ用来控制两个文字或字母之间的距离。"设置所选字符的字距调整"选项Ｖ／Ａ用于使两个或更多个被选择的文字或字母之间保持相同的距离。

选中要设定字距的文字，如图 6-92 所示。在"字符"面板中的"设置两个字符间的字距微调"选项Ｖ／Ａ的下拉列表中选择"自动"选项，这时程序就会以最合适的参数值设置选中文字的距离。

图 6-92

 提示

在"设置两个字符间的字距微调"选项的数值框中键入 0 时，将关闭自动调整文字距离的功能。

将光标插入到需要调整间距的两个文字或字符之间，如图 6-93 所示。在"设置两个字符间的字距微调"选项Ｖ／Ａ的数值框中输入所需要的数值，就可以调整两个文字或字符之间的距离。设置数值为300，按 Enter 键确认，字距效果如图 6-94 所示；设置数值为-300，按 Enter 键确认，字距效果如图 6-95 所示。

图 6-93    图 6-94    图 6-95

选中整个文本对象，如图 6-96 所示，在"设置所选字符的字距调整"选项Ｖ／Ａ的数值框中输入所需要的数值，可以调整文本字符间的距离。设置数值为 200，按 Enter 键确认，字距效果如图 6-97 所示；设置数值为-200，按 Enter 键确认，字距效果如图 6-98 所示。

图 6-96　　　　　　　　　　图 6-97　　　　　　　　　　图 6-98

6.3.5　基线偏移

基线偏移就是改变文字与基线的距离，从而提高或降低被选中文字相对于其他文字的排列位置，达到突出显示的目的。使用"基线偏移"选项 $A_a^{\underline{a}}$ 可以创建上标或下标，或在不改变文本方向的情况下，更改路径文本在路径上的排列位置。

如果"设置基线偏移"选项 $A_a^{\underline{a}}$ 在"字符"面板中是隐藏的，可以从"字符"面板的弹出式菜单中选择"显示选项"命令，如图 6-99 所示，显示出"基线偏移"选项 $A_a^{\underline{a}}$ ，如图 6-100 所示。

图 6-99　　　　　　　　　　　　　　　　　　　图 6-100

"设置基线偏移"选项 $A_a^{\underline{a}}$ 用于改变文本在路径上的位置。文本在路径的外侧时选中文本，如图 6-101 所示。在"设置基线偏移"选项 $A_a^{\underline{a}}$ 的数值框中设置数值为-30，按 Enter 键确认，文本移动到路径的内侧，效果如图 6-102 所示。

图 6-101　　　　　　　　　　　　　　　　　图 6-102

通过"设置基线偏移"选项 $A_a^{\underline{a}}$ ，还可以制作出有上标和下标显示的数学题。输入需要的数值，如图 6-103 所示，将表示平方的字符"2"选中并使用较小的字号，如图 6-104 所示。再在"基线偏移"选项 $A_a^{\underline{a}}$ 的数值框中设置数值为 28，按 Enter 键确认，平方的字符制作完成，如图 6-105 所示。使用相同的方法就可以制作出数学题，效果如图 6-106 所示。

$$22+52=29 \qquad 2\ 2+52=29 \qquad 2^2+52=29 \qquad 2^2+5^2=29$$

图 6-103　　　　　　图 6-104　　　　　　图 6-105　　　　　　图 6-106

提示　　若要取消"基线偏移"的效果，选择相应的文本后，在"基线偏移"选项的数值框中设置数值为 0 即可。

6.3.6 文本的颜色和变换

Illustrator 2020 中的文字和图形一样，具有填充和描边属性。文字在默认设置状态下，描边颜色为无色，填充颜色为黑色。

使用工具箱中的"填色"或"描边"按钮，可以将文字设置在填充或描边状态。使用"颜色"面板可以填充或更改文本的填充颜色或描边颜色。使用"色板"面板中的颜色和图案可以为文字上色和填充图案。

> **提示**
>
> 在对文本进行轮廓化处理前，渐变的效果不能应用到文字上。

选中文本，在工具箱中单击"填色"按钮，如图 6-107 所示。在"色板"面板中单击需要的颜色，如图 6-108 所示，文字的颜色填充效果如图 6-109 所示。在"色板"面板中单击需要的图案，如图 6-110 所示，文字的图案填充效果如图 6-111 所示。

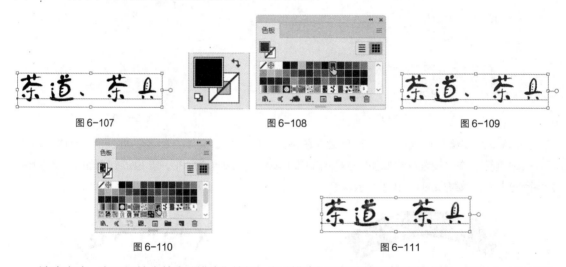

图 6-107　　　　　　　　　　图 6-108　　　　　　　　　　图 6-109

图 6-110　　　　　　　　　　图 6-111

选中文本，在工具箱中单击"描边"按钮，在"描边"面板中设置描边的宽度，如图 6-112 所示，文字的描边效果如图 6-113 所示。在"色板"面板中单击需要的图案，如图 6-114 所示，文字描边的图案填充效果如图 6-115 所示。

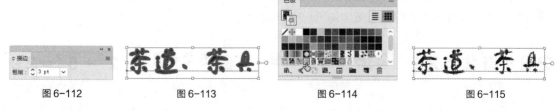

图 6-112　　　　　图 6-113　　　　　　　　图 6-114　　　　　　　图 6-115

选择"对象 > 变换"命令或"变换"工具，可以对文本进行变换。选中要变换的文本，再利用各种变换工具对文本进行旋转、对称、缩放和倾斜等变换操作。将文本进行倾斜，效果如图 6-116 所示，旋转效果如图 6-117 所示，对称效果如图 6-118 所示。

图 6-116    图 6-117    图 6-118

任务实践——制作陶艺展览海报

【任务学习目标】学习使用"文字"工具和"字符"面板制作陶艺展览海报。

【任务知识要点】使用"置入"命令导入陶瓷图片；使用"文字"工具、"字符"面板添加展览信息；使用"字形"面板添加字形符号；陶艺展览海报效果如图 6-119 所示。

【效果所在位置】云盘\Ch06\效果\制作陶艺展览海报.ai。

（1）按 Ctrl+N 组合键，弹出"新建文档"对话框，设置文档的宽度为 210 mm，高度为 285 mm，取向为竖向，颜色模式为 CMYK 颜色，光栅效果为高（300 ppi），单击"创建"按钮，新建一个文档。

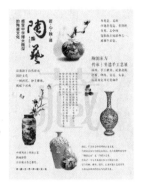

制作陶艺展览海报

图 6-119

（2）选择"矩形"工具，绘制一个与页面大小相等的矩形，设置填充色为浅灰色（其 CMYK 的值分别为 6、5、5、0），填充图形，并设置描边色为无，效果如图 6-120 所示。

（3）选择"直排文字"工具，在页面中输入需要的文字，选择"选择"工具，在属性栏中选择合适的字体并设置文字大小，效果如图 6-121 所示。设置填充色为蓝绿色（其 CMYK 的值分别为 85、62、61、17），填充文字，效果如图 6-122 所示。

图 6-120

图 6-121

图 6-122

（4）选择"直排文字"工具，在适当的位置分别输入需要的文字，选择"选择"工具，在属性栏中分别选择合适的字体并设置文字大小，效果如图 6-123 所示。按住 Shift 键的同时，将输入的文字同时选取，设置填充色为深灰色（其 CMYK 的值分别为 0、0、0、80），填充文字，效果如图 6-124 所示。

（5）按 Ctrl+T 组合键，弹出"字符"面板，将"设置所选字符的字距调整"选项设为 50，其他选项的设置如图 6-125 所示；按 Enter 键确定操作，效果如图 6-126 所示。

（6）选择"直排文字"工具，在文字"匠"下方单击鼠标左键插入光标，如图 6-127 所示。

选择"文字 > 字形"命令，弹出"字形"面板，设置字体并选择需要的字形，如图 6-128 所示，双击鼠标左键插入字形，效果如图 6-129 所示。

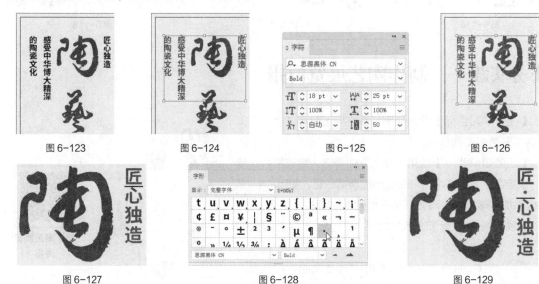

图 6-123　　　　　图 6-124　　　　　图 6-125　　　　　图 6-126

图 6-127　　　　　　图 6-128　　　　　　图 6-129

（7）用相同的方法在其他文字处插入相同的字形，效果如图 6-130 所示。选择"文件 > 置入"命令，弹出"置入"对话框，选择云盘中的"Ch06\素材\制作陶艺展览海报\01"文件，单击"置入"按钮，在页面中单击置入图片，单击属性栏中的"嵌入"按钮，嵌入图片。选择"选择"工具▶，拖曳图片到适当的位置，并调整其大小，效果如图 6-131 所示。

图 6-130　　　　　　　　　图 6-131

（8）选择"直排文字"工具 IT，在适当的位置输入需要的文字，选择"选择"工具▶，在属性栏中选择合适的字体并设置文字大小。设置填充色为深灰色（其 CMYK 的值分别为 0、0、0、80），填充文字，效果如图 6-132 所示。

（9）在"字符"面板中，将"设置所选字符的字距调整"选项 IA 设为 120，其他选项的设置如图 6-133 所示；按 Enter 键确定操作，效果如图 6-134 所示。

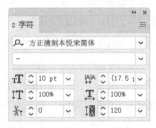

图 6-132　　　　　　　　图 6-133　　　　　　　　图 6-134

（10）选择"文件 > 置入"命令，弹出"置入"对话框，选择云盘中的"Ch06\素材\制作陶艺展览海报\02"文件，单击"置入"按钮，在页面中单击置入图片，单击属性栏中的"嵌入"按钮，嵌入图片。选择"选择"工具 ，拖曳图片到适当的位置，并调整其大小，效果如图 6-135 所示。

（11）选择"文字"工具 T ，在适当的位置输入需要的文字，选择"选择"工具 ，在属性栏中选择合适的字体并设置文字大小。设置填充色为深灰色（其 CMYK 的值分别为 0、0、0、80），填充文字，效果如图 6-136 所示。

图 6-135

图 6-136

（12）在"字符"面板中，将"设置所选字符的字距调整"选项 设为 50，其他选项的设置如图 6-137 所示；按 Enter 键确定操作，效果如图 6-138 所示。

图 6-137

图 6-138

（13）用相同的方法置入其他图片并添加相应的文字，效果如图 6-139 所示。选择"文字"工具 T ，在适当的位置输入需要的文字，选择"选择"工具 ，在属性栏中选择合适的字体并设置文字大小。设置填充色为浅棕色（其 CMYK 的值分别为 11、11、12、0），填充文字，效果如图 6-140 所示。

（14）在属性栏中将"不透明度"选项设为 70%，按 Enter 键确定操作，效果如图 6-141 所示。连续按 Ctrl+ [组合键，将文字后移至适当的位置，效果如图 6-142 所示。

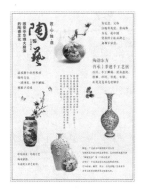

图 6-139

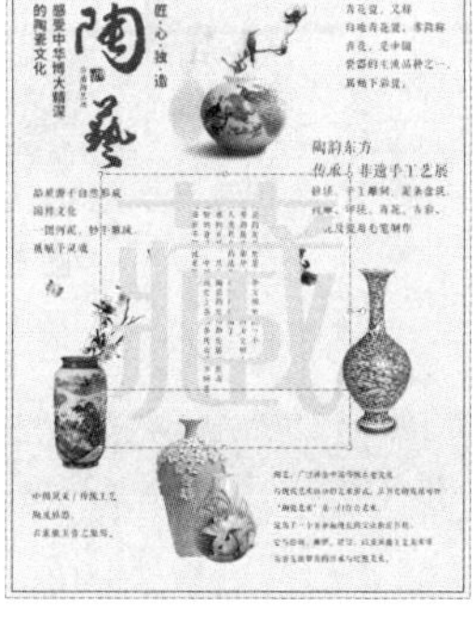

图 6-140

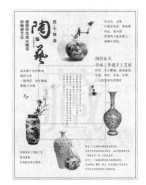

图 6-141

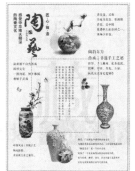

图 6-142

（15）选择"文字"工具 T，在适当的位置输入需要的文字，选择"选择"工具，在属性栏中选择合适的字体并设置文字大小。设置填充色为深灰色（其 CMYK 的值分别为 0、0、0、80），填充文字，效果如图 6-143 所示。选择"文字"工具 T，在文字"中"右侧单击鼠标左键插入光标，如图 6-144 所示。

图 6-143

图 6-144

（16）选择"文字 > 字形"命令，弹出"字形"面板，设置字体并选择需要的字形，如图 6-145 所示，双击鼠标左键插入字形，效果如图 6-146 所示。

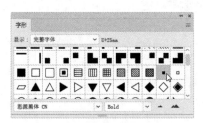

图 6-145

图 6-146

（17）用相同的方法在其他文字处插入相同的字形，效果如图 6-147 所示。陶艺展览海报制作完成，效果如图 6-148 所示。

图 6-147

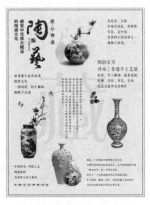

图 6-148

任务 6.4　设置段落格式

"段落"面板提供了文本对齐、段落缩进、段落间距及制表符等设置，可用于处理较长的文本。

选择"窗口 > 文字 > 段落"命令（组合键为 Alt+Ctrl+T），弹出"段落"面板，如图 6-149 所示。

6.4.1　文本对齐

文本对齐是指所有的文字在段落中按一定的标准有序地排列。Illustrator 2020 提供了7种文本对齐的方式,分别为左对齐▤、居中对齐▤、右对齐▤、两端对齐末行左对齐▤、两端对齐末行居中对齐▤、两端对齐末行右对齐▤和全部两端对齐▤。

选中要对齐的段落文本，单击"段落"面板中的各个对齐方式按钮，应用不同对齐方式的段落文本效果如图 6-150 所示。

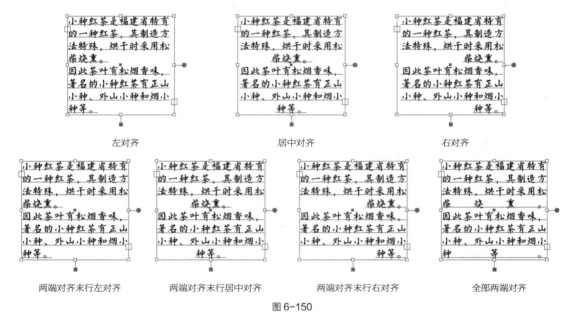

左对齐　　　　　　　　居中对齐　　　　　　　　右对齐

两端对齐末行左对齐　　两端对齐末行居中对齐　　两端对齐末行右对齐　　全部两端对齐

图 6-150

6.4.2　段落缩进

段落缩进是指在一个段落文本开始时需要空出的字符位置。选定的段落文本可以是文本块、区域文本或文本路径。段落缩进有 5 种方式："左缩进"▪▤、"右缩进"▤▪、"首行左缩进"▪▤、"段前间距"▪▤和"段后间距"▪▤。

选中段落文本，单击"左缩进"图标▪▤或"右缩进"图标▤▪，在缩进数值框内输入合适的数值。单击"左缩进"图标或"右缩进"图标右边的上下微调按钮↕，一次可以调整 1 pt。在缩进数值框内输入正值时，表示文本框和文本之间的距离拉开；输入负值时，表示文本框和文本之间的距离缩小。

单击"首行左缩进"图标▪▤，在第 1 行左缩进数值框内输入数值可以设置首行缩进后空出的字符位置。应用"段前间距"图标▪▤和"段后间距"图标▪▤，可以设置段落间的距离。

选中要缩进的段落文本，单击"段落"面板中的各个缩进方式按钮，应用不同缩进方式的段落文本效果如图 6-151 所示。

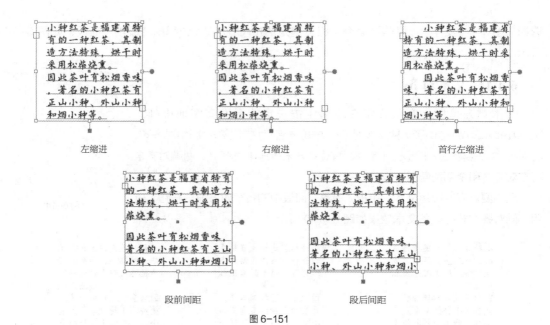

图 6-151

任务 6.5 分栏和链接文本

在 Illustrator 2020 中，大的段落文本经常采用分栏这种页面形式。分栏时，可自动创建链接文本，也可手动创建文本的链接。

6.5.1 创建文本分栏

在 Illustrator 2020 中，可以对一个选中的段落文本块进行分栏，不能对点文本或路径文本进行分栏，也不能对一个文本块中的部分文本进行分栏。

选中要进行分栏的文本块，如图 6-152 所示，选择"文字 > 区域文字选项"命令，弹出"区域文字选项"对话框，如图 6-153 所示。

图 6-152

图 6-153

在"行"选项组中的"数量"选项中输入行数，所有的行自动定义为相同的高度，建立文本分栏后可以改变各行的高度。"跨距"选项用于设置行的高度。

在"列"选项组中的"数量"选项中输入栏数，所有的栏自动定义为相同的宽度，建立文本分栏后可以改变各栏的宽度。"跨距"选项用于设置栏的宽度。

单击"文本排列"选项后的图标按钮 ，可以选择一种文本流在链接时的排列方式，每个图标上的方向箭头指明了文本流的方向。

将"区域文字选项"对话框如图 6-154 所示进行设定，单击"确定"按钮创建文本分栏，效果如图 6-155 所示。

图 6-154

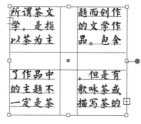

图 6-155

6.5.2　链接文本块

如果文本块出现文本溢出的现象，可以通过调整文本块的大小显示所有的文本，也可以将溢出的文本链接到另一个文本框中，还可以进行多个文本框的链接。点文本和路径文本不能被链接。

选择有文本溢出的文本块。在文本框的右下角出现了 图标，表示因文本框大小有文本溢出，绘制一个闭合路径或创建一个文本框，同时将文本块和闭合路径选中，如图 6-156 所示。

选择"文字 > 串接文本 > 创建"命令，左边文本框中溢出的文本会自动移到右边的闭合路径中，效果如图 6-157 所示。

图 6-156　　　　　　　　　　　　　　　　　图 6-157

如果右边的文本框中还有文本溢出，可以继续添加文本框来链接溢出的文本，方法同上。链接的多个文本框其实还是一个文本块。选择"文字 > 串接文本 > 释放所选文字"命令，可以解除各文本框之间的链接状态。

任务 6.6 图文混排

图文混排效果是版式设计中经常使用的一种效果，使用"文本绕排"命令可以制作出漂亮的图文混排效果。文本绕排对整个文本块起作用，对于文本块中的部分文本，以及点文本、路径文本都不能进行文本绕排。

扩展任务

在文本块上放置图形并调整好位置，同时选中文本块和图形，如图 6-158 所示。选择"对象 > 文本绕排 > 建立"命令，建立文本绕排，文本和图形结合在一起，效果如图 6-159 所示。要增加绕排的图形，可先将图形放置在文本块上，再选择"对象 > 文本绕排 > 建立"命令，文本绕排将会重新排列，效果如图 6-160 所示。

制作文字海报

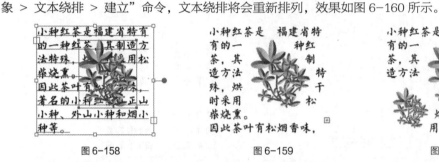

图 6-158   图 6-159   图 6-160

选中文本绕排对象，选择"对象 > 文本绕排 > 释放"命令，可以取消文本绕排。

提示

图形必须放置在文本块之上才能进行文本绕排。

项目实践——制作古琴展览广告

【实践知识要点】使用"置入"命令添加海报背景；使用"文字"工具、"字符"面板添加广告内容；使用"字形"命令插入字形符号；效果如图 6-161 所示。

【效果所在位置】云盘\Ch06\效果\制作古琴展览广告.ai。

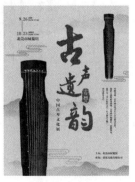

图 6-161

制作古琴展览
广告

课后习题——制作夏装促销海报

　　【习题知识要点】使用"置入"命令置入素材图片；使用"直线段"工具、"描边"面板绘制装饰线条；使用"钢笔"工具、"路径文字"工具制作路径文字；使用"文字"工具、"直排文字"工具和"字符"面板添加海报内容；效果如图 6-162 所示。

　　【效果所在位置】云盘\Ch06\效果\制作夏装促销海报.ai。

图 6-162

制作夏装促销
海报

项目 7
图表的编辑

项目引入

Illustrator 2020 不仅具有强大的绘图功能，而且还具有强大的图表处理功能。本项目将系统地介绍 Illustrator 2020 中提供的 9 种基本图表形式，通过学习使用图表工具，可以创建出各种不同类型的表格，以更好地表现复杂的数据。另外，自定义图表各部分的颜色，以及将创建的图案应用到图表中，能更加生动地表现数据内容。

项目目标

- 掌握图表的创建方法。
- 了解不同图表之间的转换技巧。
- 掌握图表的属性设置。
- 掌握自定义图表图案的方法。

技能目标

- 掌握"餐饮行业收入规模图表"的制作方法。
- 掌握"新汉服消费统计图表"的制作方法。

素质目标

- 培养通过探索不同的功能创作图表的能力。
- 培养对图表理论知识联系实际操作的能力。
- 培养审美眼光，能够学习和欣赏不同的图像效果。

任务 7.1 创建图表

Illustrator 2020 提供了 9 种不同的图表工具，利用这些工具可以创建不同类型的图表。

7.1.1 图表工具

单击工具箱中的"柱形图"工具 📊 并按住鼠标左键不放，将弹出图表工具组。工具组中包含的图表工具依次为"柱形图"工具 📊、"堆积柱形图"工具 📊、"条形图"工具 📊、"堆积条形图"工具 📊、"折线图"工具 📈、"面积图"工具 📉、"散点图"工具 📊、"饼图"工具 🥧、"雷达图"工具 ⊛，如图 7-1 所示。

7.1.2 柱形图

柱形图是较为常用的一种图表类型，它使用一些竖排的、高度可变的矩形柱来表示各种数据，矩形的高度与数据大小成正比。

创建柱形图的具体步骤如下。

选择"柱形图"工具 📊，在页面中拖曳鼠标绘制出一个矩形区域来设置图表大小，或在页面上任意位置单击鼠标，将弹出"图表"对话框，如图 7-2 所示，在"宽度"选项和"高度"选项的数值框中输入图表的宽度和高度数值。设定完成后，单击"确定"按钮，将自动在页面中建立图表，如图 7-3 所示，同时弹出"图表数据"对话框，如图 7-4 所示。

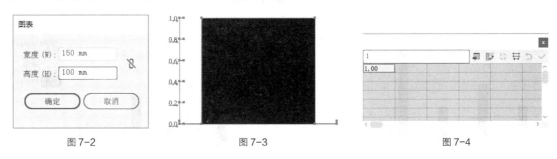

| 图 7-2 | 图 7-3 | 图 7-4 |

在"图表数据"对话框左上方的文本框中可以直接输入各种文本或数值，然后按 Tab 键或 Enter 键确认，文本或数值将会自动添加到"图表数据"对话框的单元格中。用鼠标单击可以选取各个单元格，输入要更改的文本或数据值后，再按 Enter 键确认。

在"图表数据"对话框右上方有一组按钮。单击"导入数据"按钮 🗐，可以从外部文件中输入数据信息。单击"换位行/列"按钮 ▥，可将横排和竖排的数据相互交换位置。单击"切换 X/Y 轴"按钮 ↻，将调换 x 轴和 y 轴的位置。单击"单元格样式"按钮 ▯，将弹出"单元格样式"对话框，可以设置单元格的样式。单击"恢复"按钮 ↺，可以在没有单击"应用"按钮 ✓ 以前使文本框中的数据恢复到前一个状态。单击"应用"按钮 ✓，确认输入的数值并生成图表。

单击"单元格样式"按钮 ▯，将弹出"单元格样式"对话框，如图 7-5 所示，在该对话框中可以设置小数位数和数字栏的宽度。可以在"小数位数"和"列宽度"选项的文本框中输入所需要的数值。

另外，将鼠标指针放置在各单元格相交处时，鼠标指针将会变成两条竖线和双向箭头的形状 ⭾，这时拖曳鼠标可调整数字栏的宽度。

双击"柱形图"工具 📊，将弹出"图表类型"对话框，如图7-6所示。柱形图表是默认的图表，其他参数也是采用默认设置，单击"确定"按钮。

在"图表数据"对话框的文本表格的第1格中单击，删除默认数值1。按照文本表格的组织方式输入数据。例如，观察家电行业第一季度销售额，如图7-7所示。

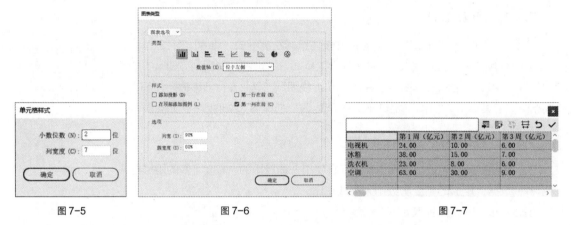

图 7-5	图 7-6	图 7-7

单击"应用"按钮 ✓，生成图表，所输入的数据被应用到图表上，柱形图效果如图7-8所示。从图中可以看到，柱形图是对每一行中的数据进行比较。

在"图表数据"对话框中单击"换位行/列"按钮 ▦，互换行、列数据得到新的柱形图，效果如图7-9所示。在"图表数据"对话框中单击"关闭"按钮 ✖，将对话框关闭。

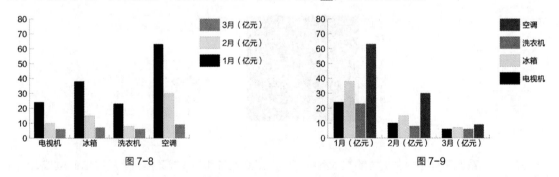

图 7-8	图 7-9

当需要对柱形图中的数据进行修改时，先选中要修改的图表，再选择"对象 > 图表 > 数据"命令，弹出"图表数据"对话框。在对话框中可以再修改数据，修改完成后，单击"应用"按钮 ✓，将修改后的数据应用到选定的图表中。

选中图表，用鼠标右键单击页面，在弹出的菜单中选择"类型"命令，弹出"图表类型"对话框，可以在对话框中选择其他的图表类型。

7.1.3 其他图表效果

1. 堆积柱形图

堆积柱形图与柱形图类似，只是它们的显示方式不同。柱形图显示为单一的数据比较，而堆积柱形图显示的是全部数据总和的比较。因此，在进行数据总量的比较时，多用堆积柱形图来表示，效果如图 7-10 所示。从图表中可以看出，堆积柱形图将每个人的数值总量进行比较，并且每一个人都用不同颜色的矩形来显示。

2. 条形图和堆积条形图

条形图与柱形图类似，只是柱形图是以垂直方向上的矩形显示图表中的各组数据，而条形图是以水平方向上的矩形来显示图表中的数据，效果如图 7-11 所示。

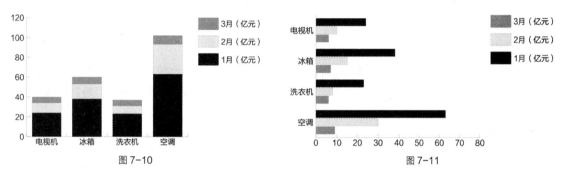

图 7-10   图 7-11

堆积条形图与堆积柱形图类似，但是堆积条形图是以水平方向的矩形条来显示数据总量的，堆积柱形图正好与之相反。堆积条形图效果如图 7-12 所示。

3. 折线图

折线图可以显示出某种事物随时间变化的发展趋势，很明显地表现出数据的变化走向。折线图也是一种比较常见的图表，给人以很直接明了的视觉效果。与创建柱形图的步骤相似，选择"折线图"工具 ，拖曳鼠标指针绘制出一个矩形区域，或在页面上任意位置单击鼠标，在弹出的"图表数据"对话框中输入相应的数据，最后单击"应用"按钮 ，折线图表效果如图 7-13 所示。

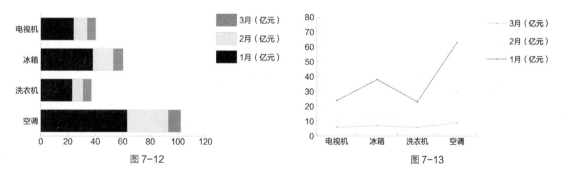

图 7-12   图 7-13

4. 面积图

面积图可以用来表示一组或多组数据。通过不同折线连接图表中所有的点，形成面积区域，并且折线内部可填充为不同的颜色。面积图表其实与折线图表类似，是一个填充了颜色的线段图表，效果如图 7-14 所示。

5. 散点图

散点图是一种比较特殊的数据图表。散点图的横坐标和纵坐标都是数据坐标，两组数据的交叉点形成了坐标点。因此，它的数据点由横坐标和纵坐标确定。图表中的数据点位置所创建的线能贯穿自身却无具体方向，如图 7-15 所示。散点图不适合用于太复杂的内容，它只适合显示图例的说明。

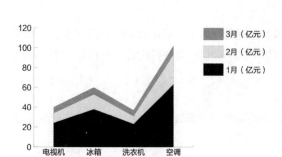

图 7-14

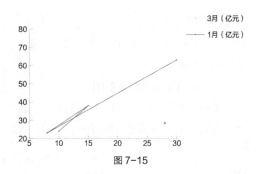

图 7-15

6. 饼图

饼图适用于一个整体中各组成部分的比较。该类图表应用的范围比较广。饼图的数据整体显示为一个圆，每组数据按照其在整体中所占的比例，以不同颜色的扇形区域显示出来。但是它不能准确地显示出各部分的具体数值，效果如图 7-16 所示。

7. 雷达图

雷达图是一种较为特殊的图表类型，它以一种环形的形式对图表中的各组数据进行比较，形成比较明显的数据对比。雷达图适合表现一些变换悬殊的数据，效果如图 7-17 所示。

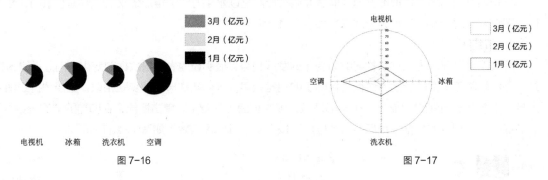

图 7-16

图 7-17

任务实践——制作餐饮行业收入规模图表

【任务学习目标】学习使用图表绘制工具、"图表类型"对话框制作餐饮行业收入规模图表。

【任务知识要点】使用"矩形"工具、"椭圆"工具、"剪切蒙版"命令制作图表底图；使用"柱形图"工具、"图表类型"对话框和"文字"工具制作柱形图表；使用"文字"工具、"字符"面板添加文字信息；餐饮行业收入规模图表效果如图 7-18 所示。

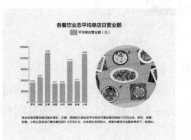

图 7-18

制作餐饮行业
收入规模图表

【效果所在位置】云盘\Ch07\效果\制作餐饮行业收入规模图表.ai。

（1）按 Ctrl+N 组合键，弹出"新建文档"对话框，设置文档的宽度为 254 mm，高度为 190 mm，取向为横向，出血为 3 mm，颜色模式为 CMYK 颜色，光栅效果为高（300 ppi），单击"创建"按钮，新建一个文档。

（2）选择"矩形"工具 ，绘制一个与页面大小相等的矩形，设置填充色为浅黄色（其 CMYK 的值分别为 2、2、19、0），填充图形，并设置描边色为无，效果如图 7-19 所示。

（3）选择"文件 > 置入"命令，弹出"置入"对话框，选择云盘中的"Ch07\素材\制作餐饮行业收入规模图表\01"文件，单击"置入"按钮，在页面中单击置入图片，单击属性栏中的"嵌入"按钮，嵌入图片。选择"选择"工具 ，拖曳图片到适当的位置，效果如图 7-20 所示。选择"椭圆"工具 ，按住 Shift 键的同时，在适当的位置绘制一个圆形，效果如图 7-21 所示。

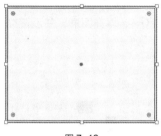

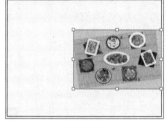

| 图 7-19 | 图 7-20 | 图 7-21 |

（4）选择"选择"工具 ，按住 Shift 键的同时，单击下方图片将其同时选取，如图 7-22 所示，按 Ctrl+7 组合键，建立剪切蒙版，效果如图 7-23 所示。

（5）选择"文字"工具 ，在页面中输入需要的文字，选择"选择"工具 ，在属性栏中选择合适的字体并设置文字大小，效果如图 7-24 所示。

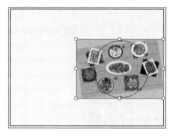

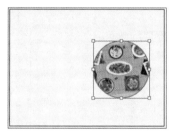

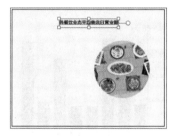

| 图 7-22 | 图 7-23 | 图 7-24 |

（6）选择"柱形图"工具 ，在页面中单击鼠标，弹出"图表"对话框，设置如图 7-25 所示，单击"确定"按钮，弹出"图表数据"对话框，单击"导入数据"按钮 ，弹出"导入图表数据"对话框，选择云盘中的"Ch07\素材\制作餐饮行业收入规模图表\数据信息"文件，单击"打开"按钮，导入需要的数据，效果如图 7-26 所示。

| 图 7-25 | 图 7-26 |

（7）导入完成后，单击"应用"按钮 ✓，再关闭
"图表数据"对话框，建立柱形图表，效果如图 7-27
所示。双击"柱形图"工具 ，弹出"图表类型"对
话框，设置如图 7-28 所示，单击"确定"按钮，效果
如图 7-29 所示。

（8）选择"选择"工具 ，在属性栏中选择合适
的字体并设置文字大小，效果如图 7-30 所示。选择"编
组选择"工具 ，按住 Shift 键的同时，依次单击选取

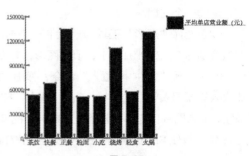

图 7-27

需要的矩形，设置填充色为桔黄色（其 CMYK 的值分别为 8、34、81、0），填充图形，并设置描边
色为无，效果如图 7-31 所示。

图 7-28

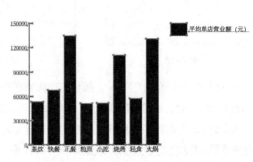

图 7-29

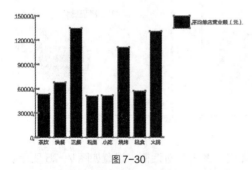

图 7-30

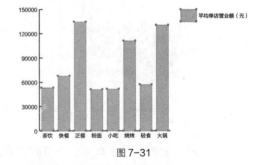

图 7-31

（9）使用"编组选择"工具 ，按住 Shift 键的同时，依次单击选取需要的刻度线，设置描边色
为深灰色（其 CMYK 的值分别为 0、0、0、80），填充描边，效果如图 7-32 所示。选取下方需要
的刻度线，按 Shift+Ctrl+] 组合键，将刻度线置于顶层，效果如图 7-33 所示。

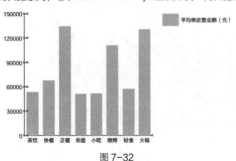

图 7-32

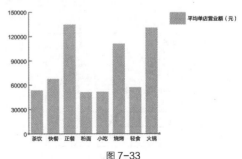

图 7-33

（10）选择"选择"工具▶，将柱形图表拖曳到页面中适当的位置，效果如图 7-34 所示。选择"编组选择"工具➤，按住 Shift 键的同时，选取需要的图形和文字，如图 7-35 所示，并拖曳图形和文字到适当的位置，效果如图 7-36 所示。选取右侧的文字，在属性栏中设置文字大小，效果如图 7-37 所示。

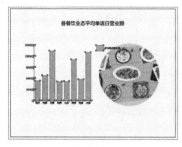

图 7-34

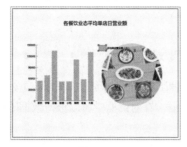

图 7-35

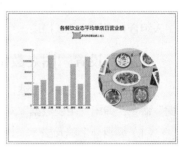

图 7-36

（11）选择"文字"工具**T**，在适当的位置分别输入需要的数据，选择"选择"工具▶，在属性栏中选择合适的字体并设置文字大小，效果如图 7-38 所示。

（12）选择"文字"工具**T**，在适当的位置输入需要的文字，选择"选择"工具▶，在属性栏中选择合适的字体并设置文字大小，效果如图 7-39 所示。

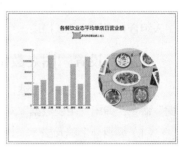

图 7-37

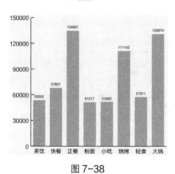

图 7-38

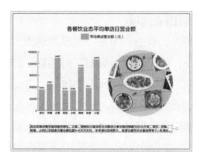

图 7-39

（13）按 Ctrl+T 组合键，弹出"字符"面板，将"设置行距"选项🅰设为 18 pt，其他选项的设置如图 7-40 所示；按 Enter 键确定操作，效果如图 7-41 所示。招聘求职领域月活跃人数图表制作完成，效果如图 7-42 所示。

图 7-40

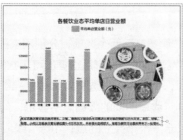

图 7-41

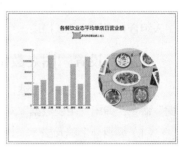

图 7-42

任务 7.2 设置图表

在 Illustrator 2020 中，可以重新调整各种类型图表的选项，以及更改某一组数据，还可以解除图表组合，应用填色或描边。

7.2.1 设置"图表数据"对话框

选中图表，单击鼠标右键，在弹出的菜单中选择"数据"命令，或直接选择"对象 > 图表 > 数据"命令，弹出"图表数据"对话框。在对话框中可以进行数据的修改。

（1）编辑一个单元格。

选取该单元格，在文本框中输入新的数据，按 Enter 键确认并下移到另一个单元格。

（2）删除数据。

选取数据单元格，删除文本框中的数据，按 Enter 键确认并下移到另一个单元格。

（3）删除多个数据。

选取要删除数据的多个单元格，选择"编辑 > 清除"命令，即可删除多个数据。

7.2.2 设置"图表类型"对话框

1. 设置图表选项

选中图表，双击"图表"工具或选择"对象 > 图表 > 类型"命令，弹出"图表类型"对话框，如图 7-43 所示。在"数值轴"选项的下拉列表中包括"位于左侧""位于右侧"和"位于两侧"选项，分别用来表示图表中坐标轴的位置，可根据需要选择（对饼形图表来说此选项不可用）。

"样式"选项组包括 4 个选项。勾选"添加投影"复选框，可以为图表添加一种阴影效果；勾选"在顶部添加图例"复选框，可以将图表中的图例说明放到图表的顶部；勾选"第一行在前"复选框，图表中的各个柱形或其他对象将会重叠地覆盖行，并按照从左到右的顺序排列；勾选"第一列在前"复选框，将使用默认的放置柱形的方式，即从左到右依次放置柱形。

图 7-43

"选项"选项组包括"列宽"和"簇宽度"两个选项，分别用来控制图表的横栏宽和组宽。横栏宽是指图表中每个柱形条的宽度，组宽是指所有柱形所占据的可用空间。

选择折线图、散点图和雷达图时，"选项"复选框组如图 7-44 所示。勾选"标记数据点"复选框，使数据点显示为正方形，否则直线段中间的数据点不显示；勾选"连接数据点"复选框，在每组数据点之间进行连线，否则只显示一个个孤立的点；勾选"线段边到边跨 X 轴"复选框，将线条从图表左边和右边伸出，它对分散图表无作用；勾选"绘制填充线"复选框，将激活其下方的"线宽"选项。

选择饼图时，"选项"选项组如图 7-45 所示。对于饼图，"图例"选项用于控制图例的显示，在其下拉列表中，"无图例"选项即表示不要图例；"标准图例"选项表示将图例放在图表的外围；"楔形图例"选项表示将图例插入相应的扇形中。"位置"选项用于控制饼图及扇形块的摆放位置，在其下拉列表中，"比例"选项用于按比例显示各个饼图的大小，"相等"选项用于使所有饼图的直径相等，"堆积"选项用于将所有的饼图叠加在一起。"排序"选项用于控制图表元素的排列顺序，在其下拉列表中："全部"选项用于将元素信息由大到小顺时针排列；"第一个"选项用于将最大值元素信息放在顺时针方向的第一个，其余按输入顺序排列；"无"选项用于按元素的输入顺序顺时针排列。

图 7-44

图 7-45

2. 设置数值轴

在"图表类型"对话框左上方选项的下拉列表中选择"数值轴"选项，切换到相应的对话框，如图 7-46 所示。

"刻度值"选项组：当勾选"忽略计算出的值"复选框时，下面的 3 个数值框被激活。"最小值"选项中的数值表示坐标轴的起始值，也就是图表原点的坐标值，它不能大于"最大值"选项的数值；"最大值"选项中的数值表示坐标轴的最大刻度值；"刻度"选项中的数值用来决定将坐标轴上下分为多少部分。

"刻度线"选项组："长度"选项的下拉列表中包括 3 项。选择"无"选项，表示不使用刻度标记；选择"短"选项，表示使用短的刻度标记；选择"全宽"选项，刻度线将贯穿整个图表，效果如图 7-47 所示。"绘制"选项数值框中的数值表示每一个坐标轴间隔的区分标记。

图 7-46

"添加标签"选项组："前缀"选项是指在数值前加符号，"后缀"选项是指在数值后加符号。在"后缀"选项的文本框中输入"亿元"后，图表效果如图 7-48 所示。

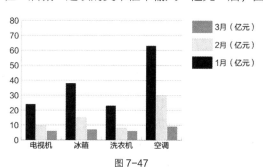

图 7-47

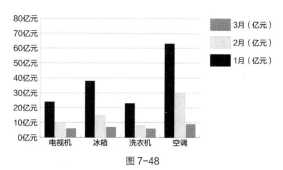

图 7-48

任务 7.3　自定义图表

扩展任务

制作娱乐直播
统计图表

除了提供图表的创建和编辑这些基本功能外，Illustrator 2020 还可以对图表中的局部进行编辑和修改，并可以自定义图表的图案，使图表中所表现的数据更加生动。

7.3.1　自定义图表图案

在页面中绘制图形，效果如图 7-49 所示。选中图形，选择"对象 > 图表 > 设计"命令，弹出"图表设计"对话框。单击"新建设计"按钮，在预览框中将会显示所绘制的图形，对话框中的"删除设计"按钮、"粘贴设计"按钮和"选择未使用的设计"按钮将被激活，如图 7-50 所示。

单击"重命名"按钮，弹出"图表设计"对话框，在对话框中输入自定义图案的名称，如图 7-51所示，单击"确定"按钮，完成命名。

图 7-49　　　　　　　　　图 7-50　　　　　　　　　图 7-51

在"图表设计"对话框中单击"粘贴设计"按钮，可以将图案粘贴到页面中，对其重新进行修改和编辑。编辑修改后的图案，还可以再将其重新定义。在对话框中编辑完成后，单击"确定"按钮，完成对一个图表图案的定义。

7.3.2　应用图表图案

用户可以将自定义的图案应用到图表中。选择要应用图案的图表，再选择"对象 > 图表 > 柱形图"命令，弹出"图表列"对话框。

在"图表列"对话框中，"列类型"选项包括 4 种缩放图案的类型："垂直缩放"选项表示根据数据的大小，对图表的自定义图案进行垂直方向上的放大或缩小，水平方向上保持不变；"一致缩放"选项表示图表将按照图案的比例并结合图表中数据的大小对图案进行放大或缩小；"重复堆叠"选项用于将图案以重复堆积的方式填满柱形；"局部缩放"选项与"垂直缩放"选项类似，但可以指定伸展或缩放的位置。"重复堆叠"选项要和"每个设计表示"选项、"对于分数"选项结合使用。"每个设计表示"选项表示每个图案代表几个单位，如果在数值框中输入 50，表示 1 个图案就代表 50 个单位；在"对于分数"选项的下拉列表中，"截断设计"选项表示不足一个图案时由图案的一部分来表示；"缩放设计"选项表示不足一个图案时，通过对最后那个图案成比例地压缩来表示。设置完成后，对话框如图 7-52 所示，单击"确定"按钮，将自定义的图案应用到图表中，如图 7-53 所示。

图 7-52

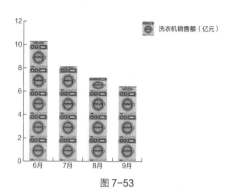

图 7-53

任务实践——制作新汉服消费统计图表

【任务学习目标】学习使用"条形图"工具、"设计"命令和"柱形图"命令制作统计图表。

【任务知识要点】使用"椭圆"工具、"剪刀"工具、"画笔库"命令绘制花朵；使用"条形图"工具建立条形图表；使用"设计"命令定义图案；使用"柱形图"命令制作图案图表；使用"直接选择"工具和"编组选择"工具编辑卡通图案；使用"文字"工具、"字符"面板添加标题及统计信息；新汉服消费统计图表效果如图 7-54 所示。

图 7-54

制作新汉服消费
统计图表

【效果所在位置】云盘\Ch07\效果\制作新汉服消费统计图表.ai。

（1）按 Ctrl+N 组合键，弹出"新建文档"对话框，设置文档的宽度为 285 mm，高度为 210 mm，取向为横向，出血为 3 mm，颜色模式为 CMYK 颜色，光栅效果为高（300 ppi），单击"创建"按钮，新建一个文档。

（2）选择"文字"工具 T，在页面中输入需要的文字，选择"选择"工具 ▶，在属性栏中选择合适的字体并设置文字大小，效果如图 7-55 所示。

（3）选择"椭圆"工具 ◯，在页面外单击鼠标左键，弹出"椭圆"对话框，选项的设置如图 7-56 所示，单击"确定"按钮，出现一个圆形，效果如图 7-57 所示。

（4）保持图形的选取状态。设置描边色为粉红色（其 CMYK 的值分别为 4、42、22、0），填充描边，并设置填充色为无，效果如图 7-58 所示。选择"剪刀"工具 ✂，在圆形上下两个锚点处分别单击鼠标左键，剪断路径，如图 7-59 所示。选择"选择"工具 ▶，用框选的方法将两条剪断的路径同时选取，如图 7-60 所示。

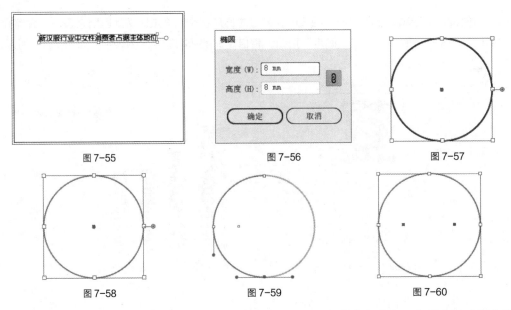

图 7-55　　　　　　　图 7-56　　　　　　　图 7-57

图 7-58　　　　　　　图 7-59　　　　　　　图 7-60

（5）选择"窗口 > 画笔库 > 装饰 > 典雅的卷曲和花形画笔组"命令，在弹出的"典雅的卷曲和花形画笔组"面板中，选择需要的画笔"丝带 2"，如图 7-61 所示，用画笔为路径描边，效果如图 7-62 所示。在属性栏中将"描边粗细"选项设为 0.75 pt；按 Enter 键确定操作，效果如图 7-63 所示。

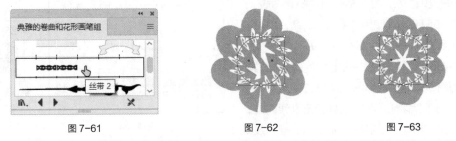

图 7-61　　　　　　　图 7-62　　　　　　　图 7-63

（6）选择"选择"工具 ▶，分别拖曳花瓣图形到页面中适当的位置，效果如图 7-64 所示。

🌸 新汉服行业中女性消费者占据主体地位 🌸

图 7-64

（7）选择"条形图"工具 📊，在页面中单击鼠标，弹出"图表"对话框，设置如图 7-65 所示；单击"确定"按钮，弹出"图表数据"对话框，输入需要的数据，如图 7-66 所示。输入完成后，单击"应用"按钮 ✓，关闭"图表数据"对话框，建立柱形图表，并将其拖曳到页面中适当的位置，效果如图 7-67 所示。

（8）选择"对象 > 图表 > 类型"命令，弹出"图表类型"对话框，选项的设置如图 7-68 所示；单击"图表选项"选项右侧的按钮 ﹀，在弹出的下拉列表中选择"数值轴"，切换到相应的对话框中进行设置，如图 7-69 所示；单击"数值轴"选项右侧的按钮 ﹀，在弹出的下拉列表中选择"类别轴"，切换到相应的对话框中进行设置，如图 7-70 所示；设置完成后，单击"确定"按钮，效果如图 7-71 所示。

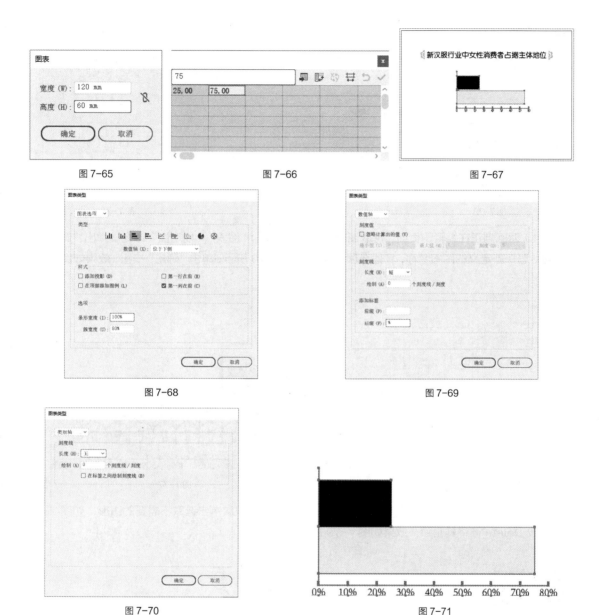

图 7-65   图 7-66   图 7-67

图 7-68   图 7-69

图 7-70   图 7-71

（9）按 Ctrl+O 组合键，打开云盘中的"Ch07\素材\制作新汉服消费统计图表\01"文件，选择"选择"工具▶，选取需要的图形，如图 7-72 所示。

（10）选择"对象 > 图表 > 设计"命令，弹出"图表设计"对话框，单击"新建设计"按钮，显示所选图形的预览，如图 7-73 所示；单击"重命名"按钮，在弹出的"图表设计"对话框中输入名称，如图 7-74 所示；单击"确定"按钮，返回到"图表设计"对话框，如图 7-75 所示；单击"确定"按钮，完成图表图案的定义。

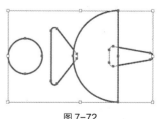

图 7-72

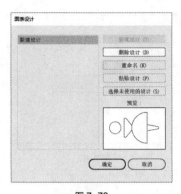

图 7-73　　　　　　　　　　　图 7-74　　　　　　　　　　　图 7-75

（11）返回到正在编辑的页面，选取图表，选择"对象 ＞ 图表 ＞ 柱形图"命令，弹出"图表列"对话框，选择新定义的图案名称，其他选项的设置如图 7-76 所示；单击"确定"按钮，效果如图 7-77 所示。

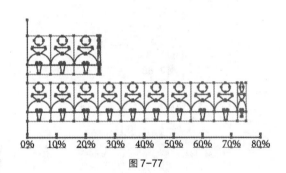

图 7-76　　　　　　　　　　　　　　　　　图 7-77

（12）选择"编组选择"工具 ，按住 Shift 键的同时，依次单击选取不需要的图形，如图 7-78 所示。按 Delete 键将其删除，效果如图 7-79 所示。

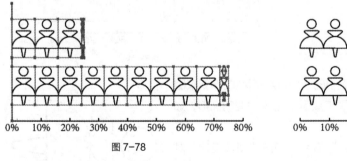

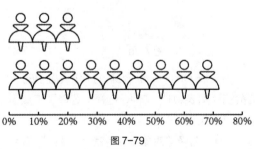

图 7-78　　　　　　　　　　　　　　　　　　图 7-79

（13）使用"编组选择"工具 ，按住 Shift 键的同时，依次单击选取需要的图形，如图 7-80 所示。设置填充色为桃红色（其 CMYK 的值分别为 0、75、36、0），填充图形，并设置描边色为无，效果如图 7-81 所示。

（14）使用"编组选择"工具 ，用框选的方法将刻度线同时选取，设置描边色为灰色（其 CMYK 的值分别为 0、0、0、60），填充描边，效果如图 7-82 所示。

（15）使用"编组选择"工具，用框选的方法将下方百分比同时选取，在属性栏中选择合适的字体并设置文字大小；设置填充色为灰色（其 CMYK 的值分别为 0、0、0、60），填充文字，效果如图 7-83 所示。

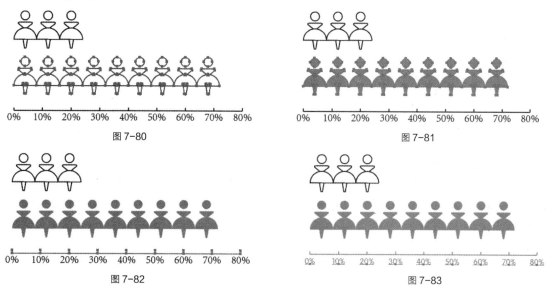

图 7-80

图 7-81

图 7-82

图 7-83

（16）使用"编组选择"工具，在上方选取不需要的半圆形，如图 7-84 所示，按 Delete 键将其删除，效果如图 7-85 所示。

图 7-84

图 7-85

（17）选择"直接选择"工具，用框选的方法选取需要的锚点，如图 7-86 所示，按住 Shift 键的同时，垂直向上拖曳锚点到适当的位置，如图 7-87 所示。

（18）使用"直接选择"工具，框选左侧的锚点，按住 Shift 键的同时水平向左拖曳锚点，如图 7-88 所示，到适当的位置停下，如图 7-89 所示。框选右侧的锚点，水平向右拖曳锚点到适当的位置，如图 7-90 所示。用相同的方法调整其他锚点，效果如图 7-91 所示。

（19）选择"编组选择"工具，用框选的方法选取需要的图形，设置填充色为蓝色（其 CMYK 的值分别为 65、21、0、0），填充图形，并设置描边色为无，效果如图 7-92 所示。

图 7-86　　　图 7-87　　　图 7-88　　　图 7-89　　　图 7-90　　　图 7-91　　　图 7-92

（20）用相同的方法调整其他图形，并填充相同的颜色，效果如图 7-93 所示。选择"文字"工具 T，在适当的位置分别输入需要的文字，选择"选择"工具 ▶，在属性栏中选择合适的字体并设置文字大小；单击"居中对齐"按钮 ≡，将文字居中对齐，如图 7-94 所示。

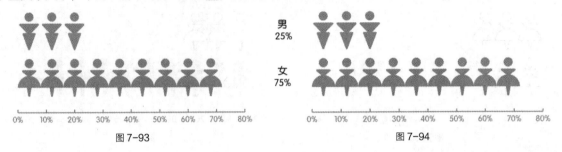

图 7-93   图 7-94

（21）选择"圆角矩形"工具 ▢，在页面中单击鼠标左键，弹出"圆角矩形"对话框，选项的设置如图 7-95 所示，单击"确定"按钮，出现一个圆角矩形。选择"选择"工具 ▶，拖曳圆角矩形到适当的位置，设置填充色为粉红色（其 CMYK 的值分别为 4、42、22、0），填充图形，并设置描边色为无，效果如图 7-96 所示。

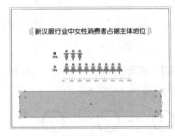

图 7-95   图 7-96

（22）按 Ctrl+C 组合键，复制图形，按 Ctrl+F 组合键，将复制的图形粘贴在前面。选择"选择"工具 ▶，按住 Alt 键的同时，向下拖曳圆角矩形上边中间的控制手柄到适当的位置，调整其大小，效果如图 7-97 所示。

（23）用相同的方法按住 Alt 键的同时，向右拖曳圆角矩形右侧中间的控制手柄到适当的位置，调整其大小，效果如图 7-98 所示。

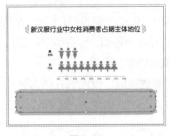
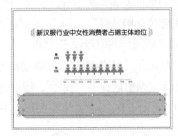

图 7-97   图 7-98

（24）选择"文字"工具 T，在适当的位置分别输入需要的文字，选择"选择"工具 ▶，在属性栏中选择合适的字体并设置文字大小；单击"左对齐"按钮 ≡，将文字左对齐，效果如图 7-99 所示。

（25）按 Ctrl+T 组合键，弹出"字符"面板，将"设置行距"选项 设为 24 pt，其他选项的设置如图 7-100 所示；按 Enter 键确定操作，效果如图 7-101 所示。新汉服消费统计图表制作完成。

图 7-99　　　　　　　图 7-100　　　　　　　图 7-101

项目实践——制作微度假旅游年龄分布图表

【实践知识要点】使用"文字"工具、"字符"面板添加标题及介绍文字；使用"矩形"工具、"变换"面板和"直排文字"工具制作分布模块；使用"饼图"工具建立饼图；效果如图 7-102 所示。

【效果所在位置】云盘\Ch07\效果\制作微度假旅游年龄分布图表.ai。

制作微度假旅游
年龄分布图表

图 7-102

课后习题——制作获得运动指导方式图表

【习题知识要点】使用"矩形"工具、"直线段"工具、"描边"面板、"文字"工具和"倾斜"工具制作标题文字；使用"条形图"工具建立条形图表；使用"编组选择"工具、"填充"工具更改图表颜色；效果如图 7-103 所示。

【效果所在位置】云盘\Ch07\效果\制作获得运动指导方式图表.ai。

制作获得运动
指导方式图表

图 7-103

项目 8
图层和蒙版的使用

■ **项目引入**

本项目将重点讲解 Illustrator 2020 中图层和蒙版的使用方法。掌握图层和蒙版的功能,可以帮助读者在图形设计中提高效率,快速、准确地设计和制作出精美的平面设计作品。

■ **项目目标**

- ✔ 了解"图层"面板。
- ✔ 掌握图层的基本操作方法。
- ✔ 掌握蒙版的创建和编辑方法。
- ✔ 掌握"透明度"面板的使用技巧。

■ **技能目标**

- ✔ 掌握"脐橙线下海报"的制作方法。
- ✔ 掌握"自驾游海报"的制作方法。

■ **素质目标**

- ✔ 培养使用图层和蒙版为图像增添新的视觉效果和创意的能力。
- ✔ 培养将图层和蒙版技巧相结合,创造出丰富且具有独特视觉效果的能力。
- ✔ 培养学习的主观能动性。

任务 8.1 图层的使用

在平面设计中,特别是包含复杂图形的设计中,需要在页面上创建多个对象,由于每个对象的大小不一致，小的对象可能隐藏在大的对象下面。因此，使用图层来管理对象，就可以很好地解决这个问题。图层就像一个文件夹，它可包含多个对象，也可以对图层进行多种编辑。

8.1.1 认识"图层"面板

打开一幅图像，选择"窗口 > 图层"命令，弹出"图层"面板，如图 8-1 所示。

图 8-1

在"图层"面板的右上方有两个系统按钮« × ，分别是"折叠为图标"按钮和"关闭"按钮。单击"折叠为图标"按钮，可以将"图层"面板折叠为图标；单击"关闭"按钮，可以关闭"图层"面板。

图层名称显示在当前图层中。默认状态下，在新建图层时，如果未指定名称，程序将以数字的递增为图层指定名称，如图层 1、图层 2 等，可以根据需要为图层重新命名。

单击图层名称前的三角形按钮 > ，可以展开或折叠图层。当按钮为 > 时，表示此图层中的内容处于未显示状态，单击此按钮就可以展开当前图层中所有的选项；当按钮为 ﹀ 时，表示显示了图层中的选项，单击此按钮，可以将图层折叠起来，这样可以节省"图层"面板的空间。

眼睛图标 ◉ 用于显示或隐藏图层；图层右上方的黑色三角形图标 ◣ ，表示当前正被编辑的图层；锁定图标 🔒 表示当前图层和透明区域被锁定，不能被编辑。

在"图层"面板的最下面有 6 个按钮，如图 8-2 所示，它们从左至右依次是：收集以导出、定位对象、建立/释放剪切蒙版、创建新子图层、创建新图层和删除所选图层。

图 8-2

"收集以导出"按钮 ⌐┘：单击此按钮，打开"资源导出"面板，可以导出当前图层的内容。

"定位对象"按钮 ◯ ：单击此按钮，可以选中所选对象所在的图层。

"建立/释放剪切蒙版"按钮 ▣ ：单击此按钮，将在当前图层上建立或释放一个蒙版。

"创建新子图层"按钮 ⅏ ：单击此按钮，可以为当前图层新建一个子图层。

"创建新图层"按钮 ⅏ ：单击此按钮，可以在当前图层上面新建一个图层。

"删除所选图层"按钮 🗑 ：即垃圾桶，可以将不想要的图层拖到此处删除。

单击"图层"面板右上方的图标 ☰ ，将弹出其下拉式菜单。

8.1.2 使用"图层"面板

使用"图层"面板可以选择或移动绘图页面中的对象，还可以切换对象的显示模式，更改对象的外观属性。

1. 选择对象

（1）使用"图层"面板中的目标图标。

在同一图层中的几个图形对象处于未选取状态，如图 8-3 所示。单击"图层"面板中要选择对象所在图层右侧的目标图标 ◯ ，目标图标变为 ◎ ，如图 8-4 所示。此时，图层中的对象被全部选中，效果如图 8-5 所示。

（2）结合快捷键并使用"图层"面板。

按住 Alt 键的同时，单击"图层"面板中的图层名称，此图层中的对象将被全部选中。

图 8-3

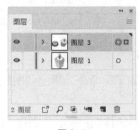

图 8-4

图 8-5

（3）使用"选择"菜单下的命令。

使用"选择"工具 ▶ 选中同一图层中的一个对象，如图 8-6 所示。选择"选择 > 对象 >同一图层上的所有对象"命令，此图层中的对象被全部选中，如图 8-7 所示。

2. 更改对象的外观属性

使用"图层"面板可以轻松地改变对象的外观。如果对一个图层应用一种特殊效果，则在该图层中的所有对象都将应用这种效果。如果将图层中的对象移动到此图层之外，对象将不再具有这种效果。因为效果仅仅作用于该图层，而不是对象。

选中一个想要改变对象外观属性的图层，如图 8-8 所示，选取图层中的全部对象，效果如图 8-9所示。

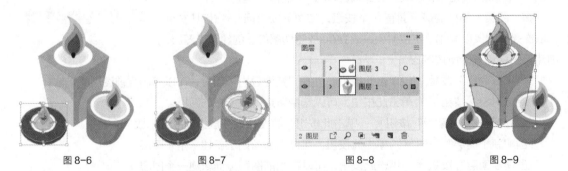

图 8-6   图 8-7   图 8-8   图 8-9

选择"效果 > 变形 > 旗形"命令，在弹出的"变形选项"对话框中进行设置，如图 8-10 所示，单击"确定"按钮，选中的图层中包括的对象全部变成旗形效果，如图 8-11 所示，也就改变了此图层中对象的外观属性。

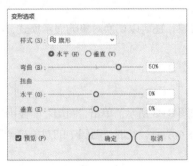

图 8-10

图 8-11

在"图层"面板中，图层的目标图标 ○ 也是变化的。当目标图标显示为 ◎ 时，表示当前图层在绘图页面上没有对象被选择，并且没有外观属性；当目标图标显示为◎时，表示当前图层在绘图页面上有对象被选择，且没有外观属性；当目标图标显示为◉时，表示当前图层在绘图页面上没有对象被选择，但有外观属性；当目标图标显示为◉时，表示当前图层在绘图页面上有对象被选择，也有外观属性。

选择具有外观属性的对象所在的图层，拖曳此图层的目标图标到需要应用的图层的目标图标上，就可以移动对象的外观属性。在拖曳的同时按住 Alt 键，可以复制图层中对象的外观属性。

选择具有外观属性的对象所在的图层，拖曳此图层的目标图标到"图层"面板底部的"删除所选图层"按钮 🗑 上，这时可以取消此图层中对象的外观属性。如果此图层中包括路径，将会保留路径的填充和描边填充。

3. 移动对象

在设计制作的过程中，有时需要调整各图层之间的顺序，而图层中对象的位置也会相应地发生变化。选择需要移动的图层，按住鼠标左键将该图层拖曳到需要的位置，释放鼠标，图层被移动。移动图层后，图层中的对象在绘图页面上的排列次序也会被移动。

选择想要移动的"图层 1"中的对象，如图 8-12 所示，再选择"图层"面板中需要放置对象的"图层 3"，如图 8-13 所示，选择"对象 > 排列 > 发送至当前图层"命令，可以将对象移动到当前选中的"图层 3"中，效果如图 8-14 所示。

图 8-12   图 8-13   图 8-14

单击"图层 3"右边的方形图标▪，按住鼠标左键不放，将该图标▪拖曳到"图层 1"中，如图 8-15 所示，可以将对象移动到"图层 1"中，效果如图 8-16 所示。

图 8-15   图 8-16

任务 8.2 图像蒙版

将一个对象制作为蒙版后，对象的内部变得完全透明，这样就可以显示下面的被蒙版对象，同时也可以遮挡住不需要显示或打印的部分。

扩展任务

制作脐橙线下海报

8.2.1 制作图像蒙版

（1）使用"建立"命令制作。

打开素材图片，如图 8-17 所示。选择"椭圆"工具 ◎，在图像上绘制一个椭圆形作为蒙版，如图 8-18 所示。

图 8-17

图 8-18

使用"选择"工具 ▶，同时选中图像和椭圆形，如图 8-19 所示（作为蒙版的图形必须在图像的上面）。选择"对象 > 剪切蒙版 > 建立"命令（组合键为 Ctrl+7），制作出蒙版效果，如图 8-20 所示。图像在椭圆形蒙版外面的部分被隐藏，取消选取状态，蒙版效果如图 8-21 所示。

图 8-19

图 8-20

图 8-21

（2）使用鼠标右键的弹出式命令制作蒙版。

使用"选择"工具 ▶，选中图像和椭圆形，在选中的对象上单击鼠标右键，在弹出的菜单中选择"建立剪切蒙版"命令，制作出蒙版效果。

（3）用"图层"面板中的命令制作蒙版。

使用"选择"工具 ▶，选中图像和椭圆形，单击"图层"面板右上方的图标 ☰，在弹出的菜单中选择"建立剪切蒙版"命令，制作出蒙版效果。

8.2.2 编辑图像蒙版

制作蒙版后，还可以对蒙版进行编辑，如查看蒙版、锁定蒙版、添加对象到蒙版和删除被蒙版的对象等操作。

1. 查看蒙版

使用"选择"工具 ▶，选中蒙版图像，如图 8-22 所示。单击"图层"面板右上方的图标 ☰，在弹出的菜单中选择"定位对象"命令，"图层"面板如图 8-23 所示，可以在"图层"面板中查看蒙版状态，也可以编辑蒙版。

2. 锁定蒙版

使用"选择"工具 ▶，选中需要锁定的蒙版图像，如图 8-24 所示。选择"对象 > 锁定 > 所选对象"命令，可以锁定蒙版图像，效果如图 8-25 所示。

图 8-22   图 8-23   图 8-24   图 8-25

3. 添加对象到蒙版

选中要添加的对象，如图 8-26 所示。选择"编辑 > 剪切"命令，剪切该对象。使用"直接选择"工具 ▷，选中被蒙版图形中的对象，如图 8-27 所示。选择"编辑 > 贴在前面、贴在后面"命令，就可以将要添加的对象粘贴到相应的蒙版图形的前面或后面，并成为图形的一部分，贴在前面的效果如图 8-28 所示。

图 8-26   图 8-27   图 8-28

4. 删除被蒙版的对象

选中被蒙版的对象，选择"编辑 > 清除"命令或按 Delete 键，即可删除被蒙版的对象。

也可以在"图层"面板中选中被蒙版对象所在图层，再单击"图层"面板下方的"删除所选图层"按钮 🗑，也可删除被蒙版的对象。

任务实践——制作脐橙线下海报

【任务学习目标】学习使用图形工具、"置入"命令和"剪切蒙版"命令制作脐橙线下海报。

【任务知识要点】使用"矩形"工具、"钢笔"工具、"置入"命令和"建立剪切蒙版"命令制作海报底图；使用"文字"工具、"字符"面板添加宣传文字；脐橙线下海报效果如图 8-29 所示。

【效果所在位置】云盘\Ch08\效果\制作脐橙线下海报.ai。

（1）按 Ctrl+N 组合键，弹出"新建文档"对话框，设

制作脐橙线下
海报

图 8-29

置文档的宽度为 150 mm，高度为 223 mm，取向为竖向，颜色模式为 CMYK 颜色，光栅效果为高
（300 ppi），单击"创建"按钮，新建一个文档。

（2）选择"矩形"工具 ▣，绘制一个与页面大小相等的矩形。设置填充色为浅绿色（其 CMYK
的值分别为 15、4、16、0），填充图形，并设置描边色为无，效果如图 8-30 所示。

（3）选择"钢笔"工具 ✐，在适当的位置绘制一个不规则图形，如图 8-31 所示。设置填充色为
橙色（其 CMYK 的值分别为 0、60、77、0），填充图形，并设置描边色为无，效果如图 8-32 所示。

图 8-30

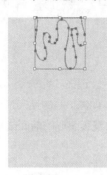
图 8-31

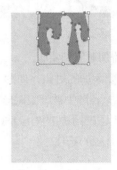
图 8-32

（4）选择"钢笔"工具 ✐，在适当的位置分别绘制不规则图形，如图 8-33 所示。选择"选择"
工具 ▶，按住 Shift 键的同时，依次单击将绘制的图形同时选取，填充图形为黑色，并设置描边色为
无，效果如图 8-34 所示。

图 8-33

图 8-34

（5）用相同的方法绘制其他图形，并填充相应的颜色，效果如图 8-35 所示。选择"选择"工具 ▶，
按住 Shift 键的同时，依次单击将所绘制的图形同时选取，按 Ctrl+G 组合键，将其编组，如图 8-36
所示。

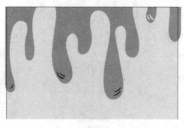
图 8-35

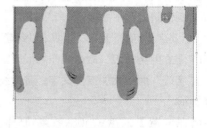
图 8-36

（6）选择"文件 > 置入"命令，弹出"置入"对话框，选择云盘中的"Ch08\素材\制作脐橙线
下海报\01"文件，单击"置入"按钮，将图片置入页面中。单击属性栏中的"嵌入"按钮，嵌入图

片。选择"选择"工具 ▶，拖曳图片到适当的位置，效果如图 8-37 所示。选取下方的背景矩形，按 Ctrl+C 组合键，复制图形，按 Shift+Ctrl+V 组合键，就地粘贴图形，如图 8-38 所示。

（7）选择"选择"工具 ▶，按住 Shift 键的同时，依次单击将所绘制的图形同时选取，如图 8-39 所示。按 Ctrl+7 组合键，建立剪切蒙版，效果如图 8-40 所示。

图 8-37　　　　　　　　图 8-38　　　　　　　　图 8-39　　　　　　　　图 8-40

（8）选择"文字"工具 T，在适当的位置输入需要的文字，选择"选择"工具 ▶，在属性栏中选择合适的字体并设置文字大小，效果如图 8-41 所示。设置填充色和描边色均为绿色（其 CMYK 的值分别为 91、55、100、28），填充文字，效果如图 8-42 所示。

（9）按 Ctrl+T 组合键，弹出"字符"面板，将"设置所选字符的字距调整"选项 VA 设为-60，其他选项的设置如图 8-43 所示；按 Enter 键确定操作，效果如图 8-44 所示。

图 8-41　　　　　　　　图 8-42　　　　　　　　图 8-43　　　　　　　　图 8-44

（10）选择"文字"工具 T，在适当的位置分别输入需要的文字，选择"选择"工具 ▶，在属性栏中分别选择合适的字体并设置文字大小，效果如图 8-45 所示。将输入的文字同时选取，设置填充色均为橙色（其 CMYK 的值分别为 6、52、93、0），填充文字，效果如图 8-46 所示。

图 8-45　　　　　　　　　　　　　　　　　　图 8-46

（11）选取文字"果香浓郁"，在"字符"面板中，将"设置所选字符的字距调整"选项<VA>设为200，其他选项的设置如图 8-47 所示；按 Enter 键确定操作，效果如图 8-48 所示。

图 8-47   图 8-48

（12）选择"矩形"工具▢，在适当的位置绘制一个矩形，设置填充色为橙色（其 CMYK 的值分别为 6、52、93、0），填充图形，并设置描边色为无，效果如图 8-49 所示。

（13）选择"窗口 > 变换"命令，弹出"变换"面板，在"矩形属性"选项组中，将"圆角半径"选项设为 1 mm，如图 8-50 所示，按 Enter 键确定操作，效果如图 8-51 所示。

图 8-49   图 8-50   图 8-51

（14）选择"椭圆"工具◯，按住 Shift 键的同时，在适当的位置绘制一个圆形，设置填充色为橙色（其 CMYK 的值分别为 6、52、93、0），填充图形，并设置描边色为无，效果如图 8-52 所示。

（15）选择"选择"工具▶，按住 Alt+Shift 组合键的同时，水平向右拖曳圆形到适当的位置，复制圆形，效果如图 8-53 所示。

图 8-52   图 8-53

（16）选择"文字"工具T，在适当的位置输入需要的文字，选择"选择"工具▶，在属性栏中选择合适的字体并设置文字大小，填充文字为白色，效果如图 8-54 所示。在"字符"面板中，将"设置所选字符的字距调整"选项<VA>设为 540，其他选项的设置如图 8-55 所示；按 Enter 键确定操作，效果如图 8-56 所示。

（17）按 Ctrl+O 组合键，打开云盘中的"Ch08\素材\制作脐橙线下海报\02"文件，选择"选择"

工具 ▶，选取需要的图形，按 Ctrl+C 组合键，复制图形。选择正在编辑的页面，按 Ctrl+V 组合键，将复制的图形粘贴到页面中，并拖曳到适当的位置，效果如图 8-57 所示。脐橙线下海报制作完成，效果如图 8-58 所示。

图 8-54

图 8-55

图 8-56

图 8-57

图 8-58

任务 8.3　文本蒙版

在 Illustrator 2020 中可以将文本制作为蒙版。根据设计需要来制作文本蒙版，可以使文本产生丰富的效果。

8.3.1　制作文本蒙版

（1）使用"对象"命令制作文本蒙版。

使用"矩形"工具 ▢，绘制一个矩形，在"色板"面板中选择需要的图案样式，如图 8-59 所示，矩形被填充上此样式，效果如图 8-60 所示。

图 8-59

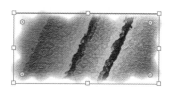

图 8-60

选择"文字"工具 T，在矩形上输入文字，使用"选择"工具 ▶，选中文字和矩形，如图 8-61

所示。选择"对象 > 剪切蒙版 > 建立"命令（组合键为 Ctrl+7），制作出蒙版效果，如图 8-62 所示。

图 8-61

图 8-62

（2）使用鼠标右键的弹出式菜单命令制作文本蒙版。

使用"选择"工具 ▶，选中图像和文字，在选中的对象上单击鼠标右键，在弹出的菜单中选择"建立剪切蒙版"命令，制作出蒙版效果。

（3）使用"图层"面板中的命令制作蒙版。

使用"选择"工具 ▶，选中图像和文字。单击"图层"面板右上方的图标 ☰，在弹出的菜单中选择"建立剪切蒙版"命令，制作出蒙版效果。

8.3.2　编辑文本蒙版

使用"选择"工具 ▶，选取被蒙版的文本，如图 8-63 所示。选择"文字 > 创建轮廓"命令，将文本转换为路径，路径上出现了许多锚点，效果如图 8-64 所示。

使用"直接选择"工具 ▷，选取路径上的锚点，就可以编辑修改被蒙版的文本，如图 8-65 所示。

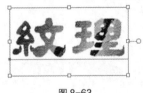

图 8-63

图 8-64

图 8-65

任务 8.4 "透明度"面板

在"透明度"面板中可以为对象添加透明度，还可以设置透明度的混合模式。

8.4.1　认识"透明度"面板

扩展任务

制作音乐节海报

透明度是 Illustrator 中对象的一个重要外观属性。Illustrator 2020 的透明度设置中绘图页面上的对象有完全透明、半透明和不透明 3 种状态。在"透明度"面板中，可以给对象添加不透明度，还可以改变混合模式，从而制作出新的效果。

选择"窗口 > 透明度"命令（组合键为 Shift+Ctrl+F10），弹出"透明度"面板，如图 8-66 所示。单击面板右上方的图标 ☰，在弹出的菜单中选择"显示缩览图"命令，可以将"透明度"面板中的缩览图显示出来，如图 8-67 所示。在弹出的菜单中选择"显示选项"命令，可以将"透明度"面板中的选项显示出来，如图 8-68 所示。

图 8-66 图 8-67 图 8-68

1. "透明度"面板的表面属性

在"透明度"面板中,当前选中对象的缩览图出现在其中。当将"不透明度"选项设置为不同的数值时,效果如图 8-69 所示(默认状态下,对象是完全不透明的)。

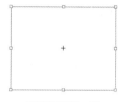

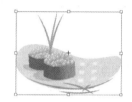

不透明度值为 0 时 不透明度值为 50 时 不透明度值为 100 时

图 8-69

选择"隔离混合"选项:可以使不透明度设置只影响当前组合或图层中的其他对象。

选择"挖空组"选项:可以使不透明度设置不影响当前组合或图层中的其他对象,但背景对象仍然受影响。

选择"不透明度和蒙版用来定义挖空形状"选项:可以使用不透明度蒙版来定义对象的不透明度所产生的效果。

选中"图层"面板中要改变不透明度的图层,用鼠标单击图层右侧的图标 ○,将其定义为目标图层,在"透明度"面板的"不透明度"选项中调整不透明度的数值,此时的调整会影响到整个图层不透明度的设置,包括此图层中已有的对象和将来绘制的任何对象。

2. "透明度"面板的下拉式命令

单击"透明度"面板右上方的图标 ≡,弹出其下拉菜单,如图 8-70 所示。

图 8-70

"建立不透明蒙版"命令用于将蒙版的不透明度设置应用到它所覆盖的所有对象中。

在绘图页面中选中两个对象,如图 8-71 所示,选择"建立不透明蒙版"命令,"透明度"面板的显示效果如图 8-72 所示,制作不透明蒙版的效果如图 8-73 所示。

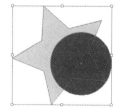

图 8-71 图 8-72 图 8-73

选择"释放不透明蒙版"命令，制作的不透明蒙版将被释放，对象恢复原来的效果。选中制作的不透明蒙版，选择"停用不透明蒙版"命令，不透明蒙版被禁用，"透明度"面板的变化如图 8-74 所示。

选中制作的不透明蒙版，选择"取消链接不透明蒙版"命令，蒙版对象和被蒙版对象之间的链接关系被取消。"透明度"面板中，蒙版对象和被蒙版对象缩览图之间的"指示不透明蒙版链接到图稿"按钮 转换为"单击可将不透明蒙版链接到图稿"按钮，如图 8-75 所示。

图 8-74　　　　　　　　　　　　　　图 8-75

选中制作的不透明蒙版，勾选"透明度"面板中的"剪切"复选框，如图 8-76 所示，不透明蒙版的变化效果如图 8-77 所示。勾选"透明度"面板中的"反相蒙版"复选框，如图 8-78 所示，不透明蒙版的变化效果如图 8-79 所示。

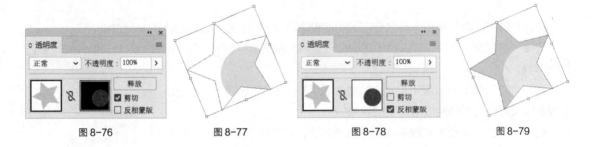

图 8-76　　　　　　图 8-77　　　　　　图 8-78　　　　　　图 8-79

8.4.2 "透明度"面板中的混合模式

在"透明度"面板中提供了 16 种混合模式，如图 8-80 所示。打开一张图像，如图 8-81 所示。在图像上选择需要的图形，如图 8-82 所示。

图 8-80　　　　　　　　图 8-81　　　　　　　　图 8-82

分别选择不同的混合模式，可以观察图像的不同变化，效果如图 8-83 所示。

图 8-83

任务实践——制作自驾游海报

【任务学习目标】学习使用"透明度"面板制作海报背景。

【任务知识要点】使用"矩形"工具、"钢笔"工具和"旋转"工具制作海报背景；使用"透明度"面板调整图片的混合模式和不透明度；自驾游海报效果如图 8-84 所示。

【效果所在位置】云盘\Ch08\效果\制作自驾游海报.ai。

（1）按 Ctrl+N 组合键，弹出"新建文档"对话框，设置文档的宽度为 600 px，高度为 800 px，取向为竖向，颜色模式为 RGB 颜色，光栅效果为屏幕（72 ppi），单击"创建"按钮，新建一个文档。

（2）选择"矩形"工具 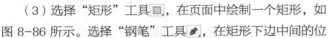，绘制一个与页面大小相等的矩形。设置填充色为浅黄色（其 RGB 的值分别为 255、211、133），填充图形，并设置描边色为无，效果如图 8-85 所示。

制作自驾游海报

图 8-84

（3）选择"矩形"工具 ，在页面中绘制一个矩形，如图 8-86 所示。选择"钢笔"工具 ，在矩形下边中间的位置单击鼠标左键，添加一个锚点，如图 8-87 所示。分别在左右两侧不需要的锚点上单击鼠标左键，删除锚点，效果如图 8-88 所示。

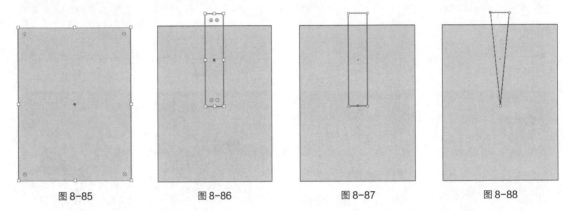

图 8-85   图 8-86   图 8-87   图 8-88

（4）选择"选择"工具 ，选取图形，选择"旋转"工具 ，按住 Alt 键的同时，在三角形底部锚点上单击，如图 8-89 所示，弹出"旋转"对话框，选项的设置如图 8-90 所示；单击"复制"按钮，旋转并复制图形，效果如图 8-91 所示。

图 8-89   图 8-90   图 8-91

（5）连续按 Ctrl+D 组合键，复制出多个三角形，效果如图 8-92 所示。选择"选择"工具 ，按住 Shift 键的同时，依次单击复制的三角形将其同时选取，按 Ctrl+G 组合键，将其编组，如图 8-93 所示。

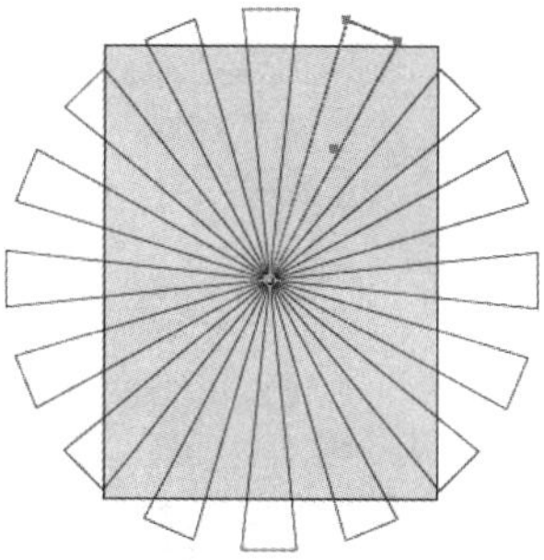

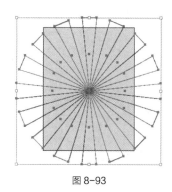

图 8-92

图 8-93

（6）填充图形为白色，并设置描边色为无，效果如图 8-94 所示。选择"窗口 > 透明度"命令，弹出"透明度"面板，将混合模式设为"柔光"，其他选项的设置如图 8-95 所示；按 Enter 键确定操作，效果如图 8-96 所示。

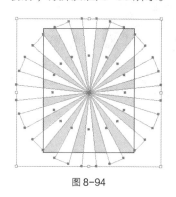

图 8-94

图 8-95

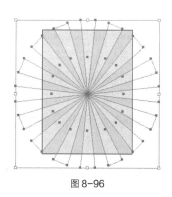

图 8-96

（7）选择"选择"工具 ▶ ，选取下方浅黄色矩形，按 Ctrl+C 组合键，复制矩形，按 Shift+Ctrl+V 组合键，就地粘贴矩形，如图 8-97 所示。按住 Shift 键的同时，单击下方白色编组图形将其同时选取，如图 8-98 所示，按 Ctrl+7 组合键，建立剪切蒙版，效果如图 8-99 所示。

图 8-97

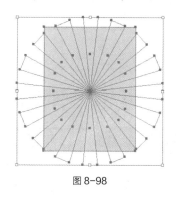

图 8-98

图 8-99

（8）按 Ctrl+O 组合键，打开云盘中的"Ch08\素材\制作自驾游海报\01"文件，选择"选择"工具 ▶ ，选取需要的图形，按 Ctrl+C 组合键，复制图形。选择正在编辑的页面，按 Ctrl+V 组合键，将其粘贴到页面中，并拖曳复制的图形到适当的位置，效果如图 8-100 所示。自驾游海报制作完成，效果如图 8-101 所示。

图 8-100

图 8-101

项目实践——制作时尚杂志封面

【实践知识要点】使用"置入"命令、"矩形"工具和"剪切蒙版"命令制作杂志背景；使用"椭圆"工具、"直线段"工具、"文字"工具和"填充"工具添加杂志名称和栏目信息；效果如图 8-102 所示。

【效果所在位置】云盘\Ch08\效果\制作时尚杂志封面.ai。

图 8-102

制作时尚杂志
封面

课后习题——制作礼券

【习题知识要点】使用"置入"命令置入底图；使用"椭圆"工具、"缩放"命令、"渐变"工具和"圆角矩形"工具制作装饰图形；使用"矩形"工具、"剪切蒙版"命令制作图片的剪切蒙版效果；使用"文字"工具、"字符"面板和"段落"面板添加内页文字；效果如图 8-103 所示。

【效果所在位置】云盘\Ch08\效果\制作礼券.ai。

制作礼券-正面

制作礼券-背面

图 8-103

项目 9
使用混合与封套效果

项目引入

本项目将重点讲解混合与封套效果的制作方法。使用混合命令可以产生颜色和形状的混合，生成中间对象的逐级变形。封套命令是 Illustrator 2020 中很实用的一个命令，通过它可以用图形对象轮廓来约束其他对象的行为。

项目目标

✔ 熟练掌握混合效果的创建方法。
✔ 掌握封套变形命令的使用技巧。

技能目标

✔ 掌握"艺术设计展海报"的制作方法。
✔ 掌握"音乐节海报"的制作方法。

素质目标

✔ 培养在使用混合和封套效果的过程中创造出独特效果的创造性思维能力。
✔ 培养在创造复杂的混合和封套效果时的耐心和毅力。
✔ 培养对不同对象之间关系的观察和理解能力。

任务 9.1 混合效果的使用

通过混合命令可以创建一系列处于两个自由形状之间的路径，也就是一系列样式递变的过渡图形。该命令可以在两个或两个以上的图形对象之间使用。

扩展任务

制作设计作品展
海报

9.1.1　创建与释放混合对象

选择混合命令可以对整个图形、部分路径或控制点进行混合。混合对象后，中间各级路径上的点的数量、位置及点之间线段的性质取决于起始对象和终点对象上点的数目，同时还取决于在每个路径上指定的特定点。

混合命令试图匹配起始对象和终点对象上的所有点，并在每对相邻的点间画条线段。起始对象和终点对象最好包含相同数目的控制点。如果两个对象含有不同数目的控制点，Illustrator 将在中间级中增加或减少控制点。

1. 创建混合对象

（1）应用混合工具创建混合对象。

选择"选择"工具 ▶，选取要进行混合的两个对象，如图 9-1 所示。选择"混合"工具 ，用鼠标单击要混合的起始图像，如图 9-2 所示。在另一个要混合的图像上单击，将它设置为目标图像，如图 9-3 所示，绘制出的混合图像效果如图 9-4 所示。

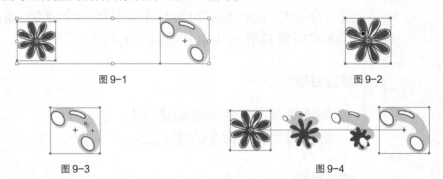

图 9-1　　　　　　　　　　　　　　　　　　图 9-2

图 9-3　　　　　　　　　　　　　　图 9-4

（2）应用命令创建混合对象。

选择"选择"工具 ▶，选取要进行混合的对象。选择"对象 > 混合 > 建立"命令（组合键为 Alt+Ctrl+B），绘制出混合图像。

2. 创建混合路径

选择"选择"工具 ▶，选取要进行混合的对象，如图 9-5 所示。选择"混合"工具 ，用鼠标单击要混合的起始路径上的某一节点，光标变为实心，如图 9-6 所示。用鼠标单击另一个要混合的目标路径上的某一节点，将它设置为目标路径，如图 9-7 所示。绘制出混合路径，效果如图 9-8 所示。

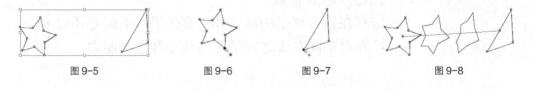

图 9-5　　　　　　　　图 9-6　　　　　　　　图 9-7　　　　　　　　图 9-8

提示

在起始路径和目标路径上单击的节点不同，所得出的混合效果也不同。

3. 继续混合其他对象

选择"混合"工具 ，用鼠标单击混合路径中最后一个混合对象路径上的节点，如图 9-9 所示。

单击想要添加的其他对象路径上的节点，如图 9-10 所示。继续混合对象后的效果如图 9-11 所示。

图 9-9　　　　　　　　　　　　　　　图 9-10

图 9-11

4. 释放混合对象

选择"选择"工具 ▶，选取一组混合对象，如图 9-12 所示。选择"对象 > 混合 > 释放"命令（组合键为 Alt+Shift+Ctrl+B），释放混合对象，效果如图 9-13 所示。

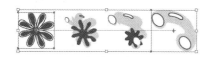
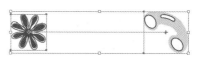

图 9-12　　　　　　　　　　　　　　图 9-13

5. 使用"混合选项"对话框

选择"选择"工具 ▶，选取要进行混合的对象，如图 9-14 所示。选择"对象 > 混合 > 混合选项"命令，弹出"混合选项"对话框，在对话框中"间距"选项的下拉列表中选择"平滑颜色"，可以使混合的颜色保持平滑，如图 9-15 所示。在对话框中"间距"选项的下拉列表中选择"指定的步数"，可以设置混合对象的步骤数，如图 9-16 所示。在对话框中"间距"选项的下拉列表中选择"指定的距离"选项，可以设置混合对象间的距离，如图 9-17 所示。

图 9-14　　　　　　　　　　　　　　图 9-15

图 9-16　　　　　　　　　　　　　　图 9-17

在对话框的"取向"选项组中有"对齐页面"和"对齐路径"两个选项可供选择，如图 9-18 所示。设置每个选项后，单击"确定"按钮。选择"对象 > 混合 > 建立"命令，将对象混合，效果如图 9-19 所示。

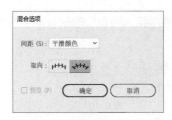

图 9-18

图 9-19

9.1.2　编辑混合路径

在制作混合图形之前，需要修改混合选项的设置，否则系统将采用默认的设置建立混合图形。

混合得到的图形由混合路径相连接，自动创建的混合路径默认是直线，如图 9-20 所示，可以编辑这条混合路径。编辑混合路径可以添加、减少控制点，以及扭曲混合路径，也可将直角控制点转换为曲线控制点。

图 9-20

选择"对象 > 混合 > 混合选项"命令，弹出"混合选项"对话框，在"间距"选项组中包括 3 个选项，如图 9-21 所示。

"平滑颜色"选项：用于按进行混合的两个图形的颜色和形状来确定混合的步数，为默认的选项，效果如图 9-22 所示。

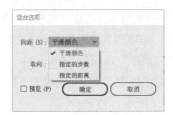

图 9-21

图 9-22

"指定的步数"选项：用于控制混合的步数。当"指定的步数"选项设置为 2 时，效果如图 9-23 所示。当"指定的步数"选项设置为 7 时，效果如图 9-24 所示。

图 9-23

图 9-24

"指定的距离"选项：用于控制每一步混合的距离。当"指定的距离"选项设置为 25 时，效果如图 9-25 所示。当"指定的距离"选项设置为 2 时，效果如图 9-26 所示。

图 9-25

图 9-26

如果想要将混合图形与存在的路径结合，同时选取混合图形和外部路径，选择"对象 > 混合 > 替换混合轴"命令，可以替换混合图形中的混合路径，混合前后的效果对比如图 9-27 和图 9-28 所示。

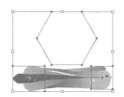
图 9-27

图 9-28

9.1.3 操作混合对象

1. 改变混合图像的重叠顺序

选取混合图像，选择"对象 > 混合 > 反向堆叠"命令，混合图像的重叠顺序将被改变，改变前后的效果对比如图 9-29 和图 9-30 所示。

图 9-29

图 9-30

2. 打散混合图像

选取混合图像，选择"对象 > 混合 > 扩展"命令，混合图像将被打散，打散前后的效果对比如图 9-31 和图 9-32 所示。

图 9-31

图 9-32

任务实践——制作艺术设计展海报

【任务学习目标】学习使用"混合"工具制作文字混合效果。

【任务知识要点】使用"矩形"工具、"渐变"工具绘制背景；使用"文字"工具、"渐变"工具、"混合"工具制作文字混合效果；艺术设计展海报效果如图 9-33 所示。

【效果所在位置】云盘\Ch09\效果\制作艺术设计展海报.ai。

图 9-33

制作艺术设计展
海报

（1）按 Ctrl+N 组合键，弹出"新建文档"对话框，设置文档的宽度为 600 px，高度为 800 px，取向为竖向，颜色模式为 RGB 颜色，光栅效果为屏幕（72 ppi），单击"创建"按钮，新建一个文档。

（2）选择"矩形"工具 ，绘制一个与页面大小相等的矩形。双击"渐变"工具 ，弹出"渐变"面板，选中"线性渐变"按钮 ，在色带上设置两个渐变滑块，分别将渐变滑块的位置设为 0、100，并设置 RGB 的值分别为 0（0、64、151）、100（154、124、181），其他选项的设置如图 9-34 所示，图形被填充为渐变色，并设置描边色为无，效果如图 9-35 所示。

（3）选择"文字"工具 ，在页面中输入需要的文字，选择"选择"工具 ，在属性栏中选择合适的字体并设置文字大小，效果如图 9-36 所示。选择"文字 > 创建轮廓"命令，将文字转换为轮廓，效果如图 9-37 所示。

图 9-34

图 9-35

图 9-36

图 9-37

（4）双击"渐变"工具 ，弹出"渐变"面板，选中"线性渐变"按钮 ，在色带上设置 3 个渐变滑块，分别将渐变滑块的位置设为 0、50、100，并设置 RGB 的值分别为 0（168、44、255）、50（255、128、225）、100（66、176、253），其他选项的设置如图 9-38 所示，文字被填充为渐变色，效果如图 9-39 所示。按 Shift+X 组合键，互换填色和描边，效果如图 9-40 所示。

（5）选择"选择"工具 ，按 Ctrl+C 组合键，复制文字，按 Ctrl+F 组合键，将复制的文字粘贴在前面。微调复制的文字到适当的位置，效果如图 9-41 所示。按 Ctrl+C 组合键，复制文字（此复制文字备用）。按住 Shift 键的同时，单击原渐变文字将其同时选取，如图 9-42 所示。

图 9-38

图 9-39

图 9-40

图 9-41

图 9-42

（6）双击"混合"工具 ，在弹出的"混合选项"对话框中进行设置，如图 9-43 所示，单击"确定"按钮；按 Alt+Ctrl+B 组合键，生成混合，取消选取状态，效果如图 9-44 所示。

（7）选择"选择"工具 ▶，按 Shift+Ctrl+V 组合键，就地粘贴（备用）文字，如图 9-45 所示。按 Shift+X 组合键，互换填色和描边，效果如图 9-46 所示。

图 9-43　　　　　　图 9-44　　　　　图 9-45　　　　图 9-46

（8）双击"渐变"工具 ▦，弹出"渐变"面板，选中"线性渐变"按钮 ▦，在色带上设置两个渐变滑块，分别将渐变滑块的位置设为 0、100，并设置 RGB 的值分别为 0（0、64、151）、100（154、124、181），其他选项的设置如图 9-47 所示，文字被填充为渐变色，效果如图 9-48 所示。

（9）选择"选择"工具 ▶，按 Ctrl+C 组合键，复制文字，按 Ctrl+F 组合键，将复制的文字粘贴在前面。微调复制的文字到适当的位置，填充文字为白色，效果如图 9-49 所示。

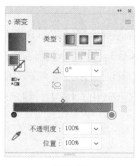

图 9-47　　　　　　　　图 9-48　　　　　　图 9-49

（10）按 Ctrl+O 组合键，打开云盘中的"Ch09\素材\制作艺术设计展海报\01"文件，选择"选择"工具 ▶，选取需要的图形，按 Ctrl+C 组合键，复制图形。选择正在编辑的页面，按 Ctrl+V 组合键，将其粘贴到页面中，并拖曳复制的图形到适当的位置，效果如图 9-50 所示。

（11）连续按 Ctrl+ [组合键，将图形向后移至适当的位置，效果如图 9-51 所示。艺术设计展海报制作完成，效果如图 9-52 所示。

图 9-50　　　　　　　图 9-51　　　　　　图 9-52

任务 9.2 封套效果的使用

Illustrator 2020 中提供了不同形状的封套类型，利用不同的封套类型可以改变选定对象的形状。封套不仅可以应用到选定的图形中，还可以应用于路径、复合路径、文本对象、网格、混合或导入的位图当中。当对一个对象使用封套时，对象就像被放入到一个特定的容器中，封套使对象的本身发生相应的变化。同时，对于应用了封套的对象，还可以对其进行修改、删除等操作。

扩展任务

制作锯齿状文字效果

9.2.1 创建封套

当需要使用封套来改变对象的形状时，可以应用程序所预设的封套图形，或者使用网格工具调整对象，还可以使用自定义图形作为封套。但是，该图形必须处于所有对象的最上层。

（1）从应用程序预设的形状创建封套。

选中对象，选择"对象 > 封套扭曲 > 用变形建立"命令（组合键为 Alt+Shift+Ctrl+W），弹出"变形选项"对话框，如图 9-53 所示。

在"样式"选项的下拉列表中提供了 15 种封套类型，可根据需要选择，如图 9-54 所示。

"水平"选项和"垂直"选项用来设置指定封套类型的放置位置。选定一个选项，在"弯曲"选项中设置对象的弯曲程度，可以设置应用封套类型在水平或垂直方向上的比例。勾选"预览"复选框，预览设置的封套效果，单击"确定"按钮，将设置好的封套应用到选定的对象中，图形应用封套前后的对比效果如图 9-55 所示。

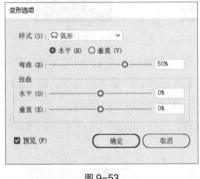

图 9-53

图 9-54

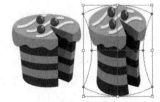

图 9-55

（2）使用网格建立封套。

选中对象，选择"对象 > 封套扭曲 > 用网格建立"命令（组合键为 Alt+Ctrl+M），弹出"封套网格"对话框。在"行数"选项和"列数"选项的数值框中，可以根据需要输入网格的行数和列数，如图 9-56 所示，单击"确定"按钮，设置完成的网格封套将应用到选定的对象中，如图 9-57 所示。

设置完成的网格封套还可以通过"网格"工具 进行编辑。选择"网格"工具 ，单击网格封套对象，即可增加对象上的网格数，如图 9-58 所示。按住 Alt 键的同时，单击对象上的网格点和网格线，可以减少网格封套的行数和列数。用"网格"工具 拖曳网格点可以改变对象的形状，如图 9-59 所示。

图 9-56　　　　　　　图 9-57　　　　　图 9-58　　　　　图 9-59

（3）使用路径建立封套。

同时选中对象和想要用来作为封套的路径（这时封套路径必须处于所有对象的最上层），如图 9-60
所示。选择"对象 > 封套扭曲 > 用顶层对象建立"命令（组合键为 Alt+Ctrl+C），使用路径创建的
封套效果如图 9-61 所示。选择"直接选择"工具 可以拖曳封套上的锚点进行编辑。

图 9-60　　　　　　　　　　　　图 9-61

选择"对象 > 封套扭曲 > 编辑内容"命令（组合键为 Shift+Ctrl+V），可以修改封套中的
内容。

9.2.2　设置封套属性

可以对封套进行设置，使封套更好地符合图形绘制的要求。

选择一个封套对象，选择"对象 > 封套扭曲 > 封套选项"命令，
弹出"封套选项"对话框，如图 9-62 所示。

勾选"消除锯齿"复选框，可以在使用封套变形的时候防止锯齿
的产生，保持图形的清晰度。在编辑非直角封套时，可以选择"剪切
蒙版"和"透明度"两种方式保护图形。"保真度"选项用于设置对
象适合封套的保真度。当勾选"扭曲外观"复选框后，下方的两个选
项将被激活。它可使对象具有外观属性，如应用了特殊效果，对象也
将随之发生扭曲变形。"扭曲线性渐变填充"和"扭曲图案填充"复
选框，分别用于扭曲对象的直线渐变填充和图案填充。

图 9-62

任务实践——制作音乐节海报

【任务学习目标】学习使用绘图工具和"封套扭曲"命令制作音乐节海报。

【任务知识要点】使用"添加锚点"工具和"锚点"工具添加并编辑锚点；使用"极坐标网格"
工具、"渐变"工具、"用网格建立"命令和"直接选择"工具制作装饰图形；使用"矩形"工具、

"用变形建立"命令制作琴键；音乐节海报效果如图 9-63 所示。

制作音乐节海报

图 9-63

【效果所在位置】云盘\Ch09\效果\制作音乐节海报.ai。

（1）按 Ctrl+N 组合键，弹出"新建文档"对话框，设置文档的宽度为 1 080 px，高度为 1 440 px，取向为竖向，颜色模式为 RGB 颜色，光栅效果为屏幕（72 ppi），单击"创建"按钮，新建一个文档。

（2）选择"矩形"工具 ▢，绘制一个与页面大小相等的矩形。设置填充色为肤色（其 RGB 的值分别为 250、233、217），填充图形，并设置描边色为无，效果如图 9-64 所示。

（3）使用"矩形"工具 ▢，在适当的位置再绘制一个矩形，设置填充色为蓝色（其 RGB 的值分别为 47、50、139），填充图形，并设置描边色为无，效果如图 9-65 所示。

（4）选择"添加锚点"工具 ✎，在矩形上边适当的位置单击鼠标左键，添加一个锚点，如图 9-66 所示。选择"直接选择"工具 ▷，按住 Shift 键的同时，单击右侧的锚点将其同时选取，并向下拖曳选中的锚点到适当的位置，如图 9-67 所示。

图 9-64   图 9-65   图 9-66   图 9-67

（5）选择"添加锚点"工具 ✎，在斜边适当的位置单击鼠标左键，添加一个锚点，如图 9-68 所示。选择"锚点"工具 ⊾，单击并拖曳锚点的控制手柄，将所选锚点转换为平滑锚点，效果如图 9-69 所示。拖曳下方的控制手柄到适当的位置，调整其弧度，效果如图 9-70 所示。

（6）选择"极坐标网格"工具 ◉，在页面中单击鼠标左键，弹出"极坐标网格工具选项"对话框，设置如图 9-71 所示，单击"确定"按钮，出现一个极坐标网格。选择"选择"工具 ▸，拖曳极坐标网格到适当的位置，效果如图 9-72 所示。

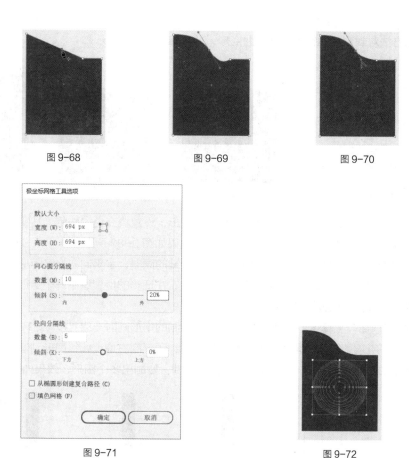

图 9-68 　　　　　　　　　图 9-69 　　　　　　　　　图 9-70

图 9-71 　　　　　　　　　　　　　　　　　图 9-72

（7）在属性栏中将"描边粗细"选项设置为 3 pt，按 Enter 键确定操作，效果如图 9-73 所示。双击"渐变"工具，弹出"渐变"面板，选中"线性渐变"按钮，在色带上设置 4 个渐变滑块，分别将渐变滑块的位置设为 0、33、70、100，并设置 RGB 的值分别为 0（68、71、153）、33（88、65、150）、70（124、62、147）、100（186、56、147），其他选项的设置如图 9-74 所示，图形描边被填充为渐变色，效果如图 9-75 所示。

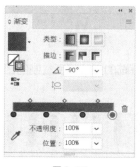

图 9-73 　　　　　　　　　图 9-74 　　　　　　　　　图 9-75

（8）选择"对象 > 封套扭曲 > 用网格建立"命令，弹出"封套网格"对话框，选项的设置如图 9-76 所示，单击"确定"按钮，建立网格封套，效果如图 9-77 所示。

（9）选择"直接选择"工具，选中并拖曳封套上需要的锚点到适当的位置，效果如图 9-78 所示。用相同的方法对封套其他锚点进行扭曲变形，效果如图 9-79 所示。

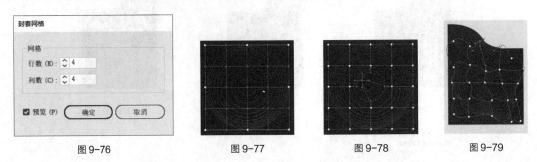

图 9-76   图 9-77   图 9-78   图 9-79

（10）选择"矩形"工具▣，在页面外绘制一个矩形，设置填充色为肤色（其 RGB 的值分别为 250、233、217），填充图形，并设置描边色为无，效果如图 9-80 所示。

（11）选择"选择"工具▶，按住 Alt+Shift 组合键的同时，水平向右拖曳矩形到适当的位置，复制矩形，效果如图 9-81 所示。选择"矩形"工具▣，在适当的位置绘制一个矩形，填充图形为黑色，并设置描边色为无，效果如图 9-82 所示。

（12）选择"选择"工具▶，用框选的方法将所绘制的矩形同时选取，按 Ctrl+G 组合键，将其编组，如图 9-83 所示。按住 Alt+Shift 组合键的同时，水平向右拖曳编组图形到适当的位置，复制编组图形，效果如图 9-84 所示。连续按 Ctrl+D 组合键，复制出多个图形，效果如图 9-85 所示。

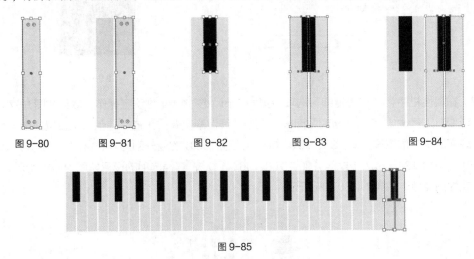

图 9-80   图 9-81   图 9-82   图 9-83   图 9-84

图 9-85

（13）选择"选择"工具▶，用框选的方法将所复制的图形同时选取，按 Ctrl+G 组合键，将其编组，如图 9-86 所示。

图 9-86

（14）双击"镜像"工具▷◁，弹出"镜像"对话框，选项的设置如图 9-87 所示；单击"复制"按钮，镜像并复制图形，效果如图 9-88 所示。

图 9-87

图 9-88

（15）选择"选择"工具 ，按住 Shift 键的同时，垂直向下拖曳复制的图形到适当的位置，效果如图 9-89 所示。

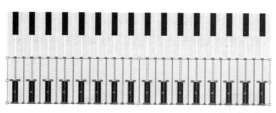

图 9-89

（16）选择"选择"工具 ，按住 Shift 键的同时，单击原编组图形将其同时选取，如图 9-90 所示。

图 9-90

（17）选择"对象 > 封套扭曲 > 用变形建立"命令，弹出"变形选项"对话框，选项的设置如图 9-91 所示，单击"确定"按钮，建立鱼形封套，效果如图 9-92 所示。

图 9-91

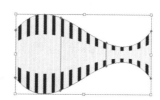

图 9-92

（18）选择"对象 > 封套扭曲 > 扩展"命令，打散封套图形，如图 9-93 所示。按 Shift+Ctrl+G

组合键，取消图形编组。选取下方的鱼形封套，如图 9-94 所示，按 Delete 键将其删除，如图 9-95 所示。

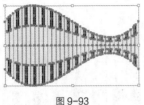

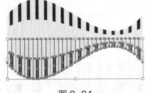

图 9-93　　　　　　　　　　图 9-94　　　　　　　　　　图 9-95

（19）选择"选择"工具 ▶，选取上方的鱼形封套，并将其拖曳到页面中适当的位置，效果如图 9-96 所示。选择"矩形"工具 ▢，在适当的位置绘制一个矩形，设置描边色为蓝色（其 RGB 的值分别为 47、50、139），填充描边，效果如图 9-97 所示。

（20）按 Ctrl+O 组合键，打开云盘中的"Ch09\素材\制作音乐节海报\01"文件，选择"选择"工具 ▶，选取需要的图形，按 Ctrl+C 组合键，复制图形。选择正在编辑的页面，按 Ctrl+V 组合键，将其粘贴到页面中，并拖曳复制的图形到适当的位置，效果如图 9-98 所示。音乐节海报制作完成，效果如图 9-99 所示。

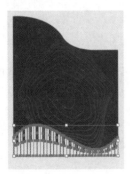

图 9-96　　　　　　图 9-97　　　　　　图 9-98　　　　　　图 9-99

项目实践——制作火焰贴纸

【实践知识要点】使用"星形"工具、"圆角"命令绘制多角星形；使用"椭圆"工具、"描边"面板制作虚线；使用"钢笔"工具、"混合"工具制作火焰；效果如图 9-100 所示。

【效果所在位置】云盘\Ch09\效果\制作火焰贴纸.ai。

图 9-100

制作火焰贴纸

课后习题——制作促销海报

【习题知识要点】使用"文字"工具、"封套扭曲"命令、"渐变"工具和"高斯模糊"命令添加并编辑标题文字；使用"文字"工具、"字符"面板添加宣传性文字；使用"圆角矩形"工具、"描边"命令绘制虚线框；效果如图 9-101 所示。

【效果所在位置】云盘\Ch09\效果\制作促销海报.ai。

图 9-101

制作促销海报

项目 10
效果的使用

项目引入

本项目将主要讲解 Illustrator 2020 强大的效果功能。通过本项目的学习，读者可以掌握效果的使用方法，并把变化丰富的图形图像效果应用到实际中。

项目目标

- ✔ 了解 Illustrator 2020 中的效果菜单。
- ✔ 掌握重复应用效果命令的方法。
- ✔ 掌握 Illustrator 效果的使用方法。
- ✔ 掌握 Photoshop 效果的使用方法。
- ✔ 掌握 "图形样式" 面板的使用方法。
- ✔ 掌握 "外观" 面板的使用技巧。

技能目标

- ✔ 掌握 "矛盾空间效果 Logo" 的制作方法。
- ✔ 掌握 "国画展览海报" 的制作方法。

素质目标

- ✔ 学习通过探索不同的效果来创造独特图像的能力。
- ✔ 培养对图像进行不同特效操作的实际应用能力。
- ✔ 培养从其他人的反馈中学习和成长的能力。

任务 10.1 效果简介

在 Illustrator 2020 中，使用效果命令可以快速地处理图像，通过对图像的变形和变色来使其更加精美。所有的效果命令都放置在"效果"菜单下，如图 10-1 所示。

"效果"菜单包括 4 个部分。第 1 部分是重复应用上一个效果的命令，第 2 部分是文档栅格效果设置，第 3 部分是 Illustrator 矢量效果命令，第 4 部分是 Photoshop 栅格效果命令，可以将它们应用于矢量图形或位图图像。

图 10-1

任务 10.2　重复应用效果命令

"效果"菜单的第 1 部分有两个命令，分别是"应用上一个效果"命令和"上一个效果"命令。当没有使用过任何效果时，这两个命令均为灰色不可用状态，如图 10-2 所示。当使用过效果后，这两个命令将显示为上次所使用过的效果命令。例如，如果上次使用过"效果 > 扭曲和变换 > 扭转"命令，那么菜单将显示图 10-3 所示的命令。

图 10-2　　　　　　　　　　　　　　　　图 10-3

选择"应用上一个效果"命令可以直接使用上次效果操作所设置好的数值，把效果添加到图像上。打开文件，如图 10-4 所示，使用"效果 > 扭曲和变换 > 扭转"命令，设置扭曲度为 40°，效果如图 10-5 所示。选择"应用扭转"命令，可以保持第 1 次设置的数值不变，使图像再次扭曲 40°，如图 10-6 所示。

在上例中，如果选择"扭转"命令，将弹出"扭转"对话框，可以重新输入新的数值，如图 10-7 所示，单击"确定"按钮，得到的效果如图 10-8 所示。

图 10-4　　　　图 10-5　　　　图 10-6　　　　　　　图 10-7　　　　　　　图 10-8

任务 10.3 Illustrator 效果

Illustrator 效果为矢量效果，可以同时应用于矢量图和位图对象，它包括 10 个效果组，有些效果组又包括多个效果。

10.3.1 "3D" 效果组

"3D" 效果组可以将开放路径、封闭路径或位图对象转换为可以旋转、打光和投影的三维对象，包括凸出和斜角、绕转和旋转选项。如图 10-9 所示。"3D"效果组中的效果如图 10-10 所示。

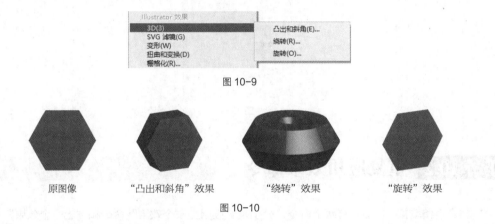

图 10-9

原图像　　　"凸出和斜角"效果　　　"绕转"效果　　　"旋转"效果

图 10-10

10.3.2 "变形" 效果组

"变形" 效果组使对象扭曲或变形，可作用的对象有路径、文本、网格、混合和栅格图像，如图 10-11 所示。

图 10-11

"变形" 效果组中的效果如图 10-12 所示。

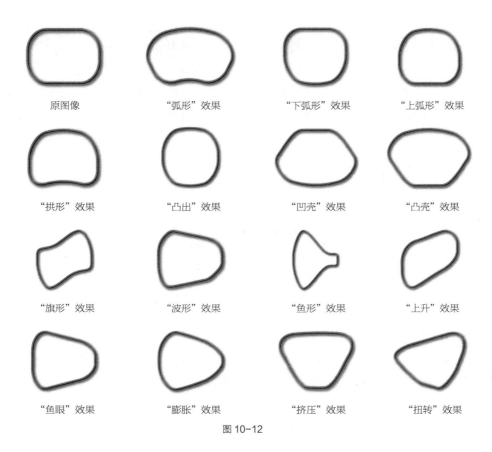

原图像　　　　"弧形"效果　　　　"下弧形"效果　　　　"上弧形"效果

"拱形"效果　　　　"凸出"效果　　　　"凹壳"效果　　　　"凸壳"效果

"旗形"效果　　　　"波形"效果　　　　"鱼形"效果　　　　"上升"效果

"鱼眼"效果　　　　"膨胀"效果　　　　"挤压"效果　　　　"扭转"效果

图 10-12

10.3.3　"扭曲和变换"效果组

"扭曲和变换"效果组可以使图像产生各种扭曲变形的效果，它包括 7 个效果命令，如图 10-13 所示。

图 10-13

"扭曲和变换"效果组中的效果如图 10-14 所示。

原图像　　　　　"变换"效果　　　　　"扭拧"效果　　　　　"扭转"效果

图 10-14

"收缩和膨胀"效果　　"波纹效果"效果　　"粗糙化"效果　　"自由扭曲"效果

图 10-14（续）

10.3.4　"风格化"效果组

"风格化"效果组可以增强对象的外观效果，如图 10-15 所示。

图 10-15

1. "内发光"命令

可以在对象的内部创建发光的外观效果。选中要添加内发光效果的对象，如图 10-16 所示，选择"效果 > 风格化 > 内发光"命令，在弹出的"内发光"对话框中设置数值，如图 10-17 所示，单击"确定"按钮，对象的内发光效果如图 10-18 所示。

图 10-16　　　　　图 10-17　　　　　图 10-18

2. "圆角"命令

可以为对象添加圆角效果。选中要添加圆角效果的对象，如图 10-19 所示，选择"效果 > 风格化 > 圆角"命令，在弹出的"圆角"对话框中设置数值，如图 10-20 所示，单击"确定"按钮，对象的效果如图 10-21 所示。

图 10-19　　　　　图 10-20　　　　　图 10-21

3. "外发光"命令

可以在对象的外部创建发光的外观效果。选中要添加外发光效果的对象，如图 10-22 所示，选择

"效果 > 风格化 > 外发光"命令，在弹出的"外发光"对话框中设置数值，如图 10-23 所示，单击"确定"按钮，对象的外发光效果如图 10-24 所示。

图 10-22   图 10-23   图 10-24

4. "投影"命令

为对象添加投影。选中要添加投影的对象，如图 10-25 所示，选择"效果 > 风格化 > 投影"命令，在弹出的"投影"对话框中设置数值，如图 10-26 所示，单击"确定"按钮，对象的投影效果如图 10-27 所示。

图 10-25   图 10-26   图 10-27

5. "涂抹"命令

使用该命令可以为对象添加预设或自定的涂抹线条效果。选中要添加涂抹效果的对象，如图 10-28 所示，选择"效果 > 风格化 > 涂抹"命令，在弹出的"涂抹选项"对话框中设置数值，如图 10-29 所示，单击"确定"按钮，对象的效果如图 10-30 所示。

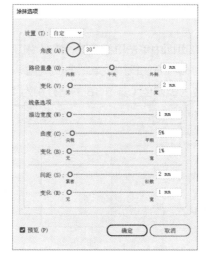

图 10-28   图 10-29   图 10-30

6. "羽化"命令

将对象的边缘从实心颜色逐渐过渡为无色。选中要羽化的对象，如图 10-31 所示，选择"效果 ＞ 风格化 ＞ 羽化"命令，在弹出的"羽化"对话框中设置数值，如图 10-32 所示，单击"确定"按钮，对象的效果如图 10-33 所示。

图 10-31　　　　　　　　　图 10-32　　　　　　　　　图 10-33

任务实践——制作矛盾空间效果 Logo

【任务学习目标】学习使用"矩形"工具和"3D"命令制作矛盾空间效果 Logo。

【任务知识要点】使用"矩形"工具、"凸出和斜角"命令、"路径查找器"命令和"渐变"工具制作矛盾空间效果 Logo；使用"文字"工具输入 Logo 文字；矛盾空间效果 Logo 如图 10-34 所示。

【效果所在位置】云盘\Ch10\效果\制作矛盾空间效果 Logo.ai。

制作矛盾空间
效果 Logo

图 10-34

（1）按 Ctrl+N 组合键，弹出"新建文档"对话框，设置文档的宽度为 800 px，高度为 600 px，取向为横向，颜色模式为 RGB 颜色，光栅效果为屏幕（72 ppi），单击"创建"按钮，新建一个文档。

（2）选择"矩形"工具 ，在页面中单击鼠标左键，弹出"矩形"对话框，选项的设置如图 10-35 所示，单击"确定"按钮，出现一个正方形。选择"选择"工具 ，拖曳正方形到适当的位置，效果如图 10-36 所示。设置填充色为浅蓝色（其 RGB 的值分别为 109、213、250），填充图形，并设置描边色为无，效果如图 10-37 所示。

图 10-35　　　　　　　　　图 10-36　　　　　　　　　图 10-37

（3）选择"效果 ＞ 3D ＞ 凸出和斜角"命令，弹出"3D 凸出和斜角选项"对话框，设置如图 10-38

所示，单击"确定"按钮，效果如图 10-39 所示。选择"对象 > 扩展外观"命令，扩展图形外观，效果如图 10-40 所示。

图 10-38   图 10-39   图 10-40

（4）选择"直接选择"工具 ▷，用框选的方法将长方体下方需要的锚点同时选取，如图 10-41 所示，并向下拖曳锚点到适当的位置，效果如图 10-42 所示。

（5）选择"选择"工具 ▶，按住 Alt+Shift 组合键的同时，水平向右拖曳图形到适当的位置，复制图形，效果如图 10-43 所示。

（6）选择"直接选择"工具 ▷，用框选的方法将右侧长方体下方需要的锚点同时选取，如图 10-44 所示，并向上拖曳锚点到适当的位置，效果如图 10-45 所示。

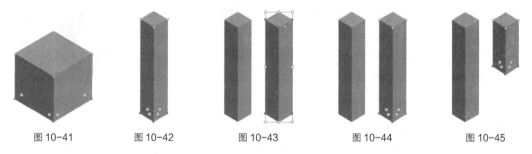

图 10-41   图 10-42   图 10-43   图 10-44   图 10-45

（7）选择"选择"工具 ▶，用框选的方法将两个长方体同时选取，如图 10-46 所示，再次单击左侧长方体将其作为参照对象，如图 10-47 所示，在属性栏中单击"垂直居中对齐"按钮 ﬀ，对齐效果如图 10-48 所示。

图 10-46   图 10-47   图 10-48

（8）选择"选择"工具 ▶，选取右侧的长方体，如图 10-49 所示，按住 Alt 键的同时，向左上角拖曳图形到适当的位置，复制图形，效果如图 10-50 所示。

（9）选择"窗口 > 变换"命令，弹出"变换"面板，将"旋转"选项设为 60°，如图 10-51 所示，按 Enter 键确定操作；拖曳旋转后的长方体到适当的位置，效果如图 10-52 所示。

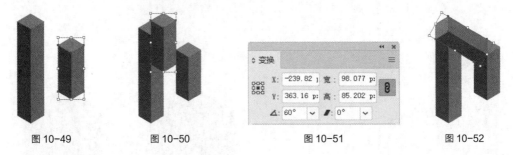

图 10-49   图 10-50   图 10-51   图 10-52

（10）双击"镜像"工具，弹出"镜像"对话框，选项的设置如图 10-53 所示；单击"复制"按钮，镜像并复制图形，效果如图 10-54 所示。选择"选择"工具，按住 Shift 键的同时，垂直向下拖曳复制的图形到适当的位置，效果如图 10-55 所示。

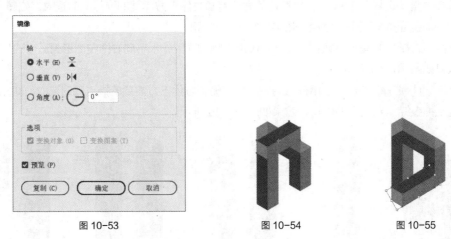

图 10-53   图 10-54   图 10-55

（11）选择"选择"工具，用框选的方法将所绘制的图形同时选取，连续 3 次按 Shift+Ctrl+G 组合键，取消图形编组，如图 10-56 所示。选取左侧需要的图形，如图 10-57 所示，按 Shift+Ctrl+] 组合键，将其置于顶层，效果如图 10-58 所示。用相同的方法调整其他图形顺序，效果如图 10-59 所示。

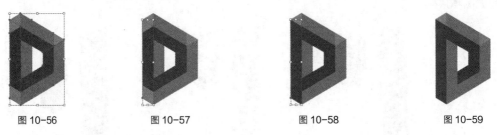

图 10-56   图 10-57   图 10-58   图 10-59

（12）选取上方需要的图形，如图 10-60 所示。选择"吸管"工具，将吸管图标放置在右侧需要的图形上，如图 10-61 所示，单击鼠标左键吸取属性，如图 10-62 所示。选择"选择"工具，按 Shift+Ctrl+]组合键，将其置于顶层，效果如图 10-63 所示。

图 10-60   图 10-61   图 10-62   图 10-63

（13）放大显示视图。选择"直接选择"工具 ▷，分别调整转角处的每个锚点，使其每个角或边对齐，效果如图 10-64 所示。选择"选择"工具 ▶，用框选的方法将所绘制的图形同时选取，如图 10-65 所示。选择"窗口 > 路径查找器"命令，弹出"路径查找器"面板，单击"分割"按钮 ▣，如图 10-66 所示，生成新对象，效果如图 10-67 所示。按 Shift+Ctrl+G 组合键，取消图形编组。

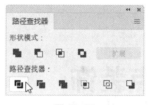

图 10-64   图 10-65   图 10-66   图 10-67

（14）选择"选择"工具 ▶，按住 Shift 键的同时，依次单击选取需要的图形，如图 10-68 所示。在"路径查找器"面板中，单击"联集"按钮 ▣，如图 10-69 所示，生成新的对象，效果如图 10-70 所示。

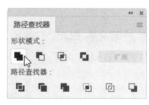

图 10-68   图 10-69   图 10-70

（15）双击"渐变"工具 ▣，弹出"渐变"面板，选中"线性渐变"按钮 ▣，在色带上设置 3 个渐变滑块，分别将渐变滑块的位置设为 0、36、100，并设置 RGB 的值分别为 0（41、105、176）、36（41、128、185）、100（109、213、250），其他选项的设置如图 10-71 所示，图形被填充为渐变色，效果如图 10-72 所示。用相同的方法合并其他形状，并填充相应的渐变色，效果如图 10-73 所示。

图 10-71   图 10-72   图 10-73

（16）选择"选择"工具▶，用框选的方法将所绘制的图形全部选取，按 Ctrl+G 组合键，将其编组，如图 10-74 所示。

（17）选择"文字"工具 T，在页面中分别输入需要的文字，选择"选择"工具▶，在属性栏中分别选择合适的字体并设置文字大小，效果如图 10-75 所示。

图 10-74

图 10-75

（18）选取下方英文文字，按 Alt+ →组合键，适当调整文字间距，效果如图 10-76 所示。矛盾空间效果 Logo 制作完成，如图 10-77 所示。

图 10-76

图 10-77

扩展任务

制作学术讲座海报

任务 10.4　Photoshop 效果

Photoshop 效果为栅格效果，也就是用来生成像素的效果，可以同时应用于矢量图或位图。它包括一个效果画廊和 9 个效果组，有些效果组又包括多个效果。

10.4.1　"像素化"效果组

"像素化"效果组用于将图像中颜色相似的像素合并起来，产生特殊的效果，如图 10-78 所示。

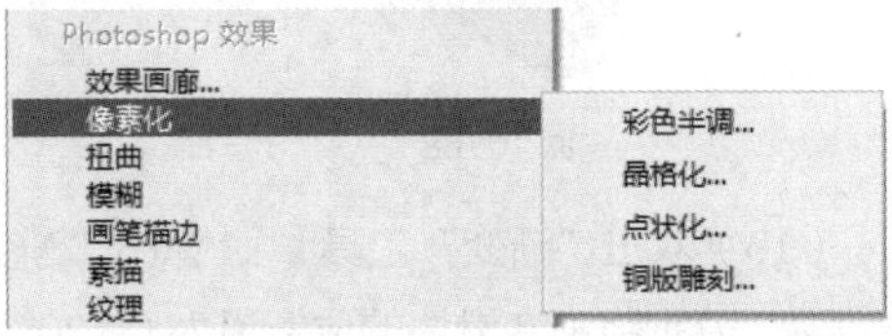

"像素化"效果组中的效果如图 10-79 所示。

图 10-78

原图像

"彩色半调"效果

"晶格化"效果

"点状化"效果

"铜版雕刻"效果

图 10-79

10.4.2 "扭曲"效果组

"扭曲"效果组用于对像素进行移动或插值来使图像达到扭曲效果，如图 10-80 所示。

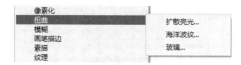

图 10-80

"扭曲"效果组中的效果如图 10-81 所示。

原图像   "扩散亮光"效果   "海洋波纹"效果   "玻璃"效果

图 10-81

10.4.3 "模糊"效果组

"模糊"效果组用于削弱相邻像素之间的对比度，使图像达到柔化的效果，如图 10-82 所示。

图 10-82

1. "径向模糊"命令

"径向模糊"命令用于使图像产生旋转或运动的效果，模糊的中心位置可以任意调整。

选中图像，如图 10-83 所示。选择"效果 > 模糊 > 径向模糊"命令，在弹出的"径向模糊"对话框中进行设置，如图 10-84 所示，单击"确定"按钮，图像效果如图 10-85 所示。

 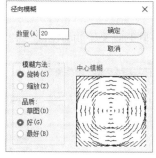 

图 10-83   图 10-84   图 10-85

2. "特殊模糊"命令

"特殊模糊"命令用于使图像背景产生模糊效果，可以用来制作柔化效果。

选中图像，如图 10-86 所示。选择"效果 > 模糊 > 特殊模糊"命令，在弹出的"特殊模糊"对话框中进行设置，如图 10-87 所示，单击"确定"按钮，图像效果如图 10-88 所示。

图 10-86 　　　　　　　　图 10-87 　　　　　　　　图 10-88

3. "高斯模糊"命令

"高斯模糊"命令用于使图像变得柔和，可以用来制作倒影或投影。

选中图像，如图 10-89 所示。选择"效果 > 模糊 > 高斯模糊"命令，在弹出的"高斯模糊"对话框中进行设置，如图 10-90 所示，单击"确定"按钮，图像效果如图 10-91 所示。

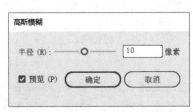

图 10-89 　　　　　　　　图 10-90 　　　　　　　　图 10-91

10.4.4 "画笔描边"效果组

"画笔描边"效果组用于通过不同的画笔和油墨设置产生类似绘画的效果，如图 10-92 所示。

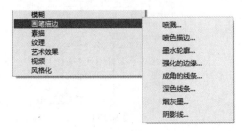

图 10-92

"画笔描边"效果组中的各效果如图 10-93 所示。

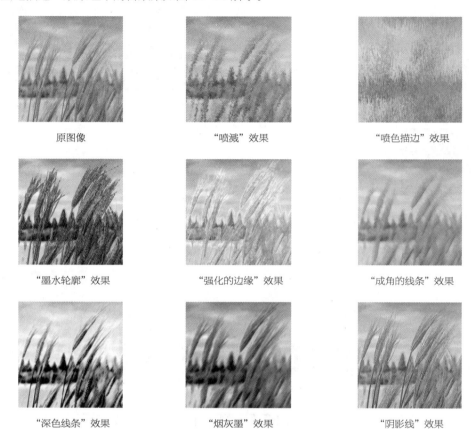

图 10-93

10.4.5 "素描"效果组

"素描"效果组用于模拟现实中的素描、速写等美术方法对图像进行处理,如图 10-94 所示。

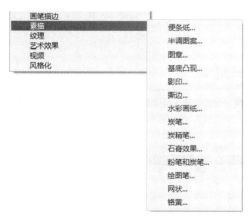

图 10-94

"素描"效果组中的各效果如图 10-95 所示。

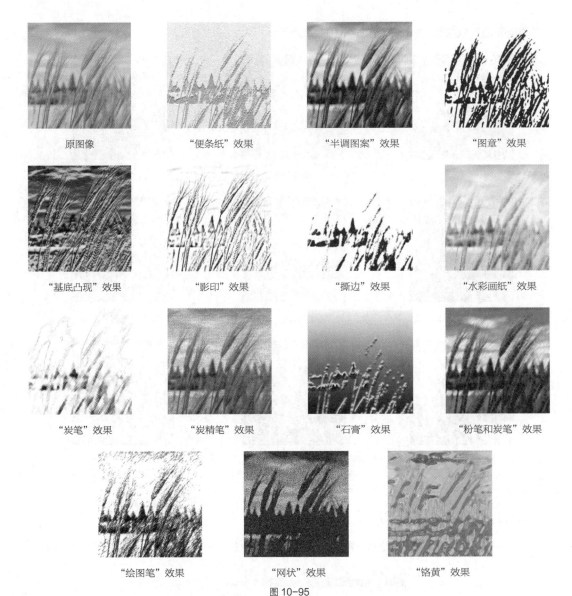

图 10-95

10.4.6 "纹理"效果组

"纹理"效果组用于使图像产生各种纹理效果，还可以利用前景色在空白的图像上制作纹理图，如图 10-96 所示。

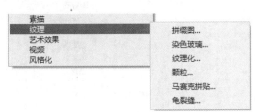

图 10-96

"纹理"效果组中的各效果如图 10-97 所示。

原图像

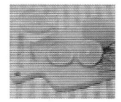
"拼缀图"效果

"染色玻璃"效果

"纹理化"效果

"颗粒"效果

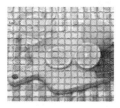
"马赛克拼贴"效果

"龟裂缝"效果

图 10-97

10.4.7　"艺术效果"效果组

"艺术效果"效果组用于模拟不同的艺术派别，使用不同的工具和介质为图像创造出不同的艺术效果，如图 10-98 所示。

图 10-98

"艺术效果"效果组中的各效果如图 10-99 所示。

原图像

"塑料包装"效果

"壁画"效果

"干画笔"效果

图 10-99

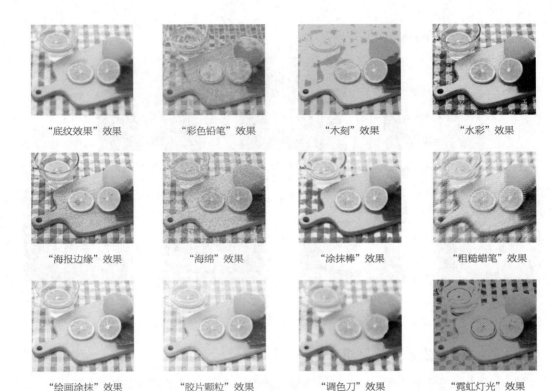

"底纹效果"效果 　　"彩色铅笔"效果 　　"木刻"效果 　　"水彩"效果

"海报边缘"效果 　　"海绵"效果 　　"涂抹棒"效果 　　"粗糙蜡笔"效果

"绘画涂抹"效果 　　"胶片颗粒"效果 　　"调色刀"效果 　　"霓虹灯光"效果

图 10-99（续）

10.4.8 "风格化"效果组

"风格化"效果组中只有 1 个效果，就是"照亮边缘"效果，如图 10-100 所示。

"照亮边缘"效果用于把图像中的低对比度区域变为黑色，高对比度区域变为白色，从而使图像上不同颜色的交界处产生发光效果。

选择"选择"工具 ▶，选中图像，如图 10-101 所示，选择"效果 > 风格化 > 照亮边缘"命令，在弹出的"照亮边缘"对话框中进行设置，如图 10-102 所示，单击"确定"按钮，图像效果如图 10-103 所示。

图 10-100

图 10-101

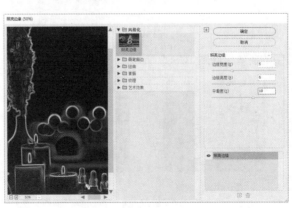

图 10-102

图 10-103

任务实践——制作国画展览海报

【任务学习目标】学习使用"文字"工具、"模糊"命令制作国画展览海报。

【任务知识要点】使用"文字"工具、"创建轮廓"命令、"复合路径"命令和"删除锚点"工具添加并编辑标题文字;使用"高斯模糊"命令为文字笔画添加模糊效果;国画展览海报效果如图 10-104 所示。

【效果所在位置】云盘\Ch10\效果\制作国画展览海报.ai。

制作国画展览
海报

图 10-104

(1)按 Ctrl+O 组合键,打开云盘中的"Ch10\素材\制作国画展览海报\01"文件,如图 10-105 所示。选择"文字"工具 T,在页面中输入需要的文字,选择"选择"工具 ▶,在属性栏中选择合适的字体并设置文字大小,效果如图 10-106 所示。

(2)选择"文字 > 创建轮廓"命令,将文字转换为轮廓,效果如图 10-107 所示。按 Shift+Ctrl+G 组合键,取消文字编组。按 Alt+Shift+Ctrl+8 组合键,释放复合路径,效果如图 10-108 所示。

图 10-105   图 10-106   图 10-107   图 10-108

(3)选择"选择"工具 ▶,按住 Shift 键的同时,依次单击将"玉"字所有笔画同时选取,如图 10-109 所示。按 Delete 键,将其删除,效果如图 10-110 所示。

(4)选择"文字"工具 T,在适当的位置输入需要的文字,选择"选择"工具 ▶,在属性栏中选择合适的字体并设置文字大小,效果如图 10-111 所示。

(5)选择"文字 > 创建轮廓"命令,将文字转换为轮廓,效果如图 10-112 所示。按 Shift+Ctrl+G 组合键,取消文字编组。按 Alt+Shift+Ctrl+8 组合键,释放复合路径,效果如图 10-113 所示。

(6)选择"选择"工具 ▶,按住 Shift 键的同时,选取不需要的笔画,如图 10-114 所示。按 Delete 键,将其删除,效果如图 10-115 所示。

图 10-109

图 10-110

图 10-111

图 10-112

图 10-113

图 10-114

图 10-115

（7）选择"删除锚点"工具 ，分别在"玉"字不需要的锚点上单击鼠标左键，删除锚点，效果如图 10-116 所示。选择"选择"工具 ，选取需要的笔画，如图 10-117 所示。

（8）选择"效果 ＞ 模糊 ＞ 高斯模糊"命令，在弹出的"高斯模糊"对话框中进行设置，如图 10-118 所示；单击"确定"按钮，图像效果如图 10-119 所示。

图 10-116

图 10-117

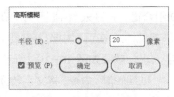
图 10-118

图 10-119

（9）选择"文字"工具 ，在适当的位置输入需要的文字，选择"选择"工具 ，在属性栏中选择合适的字体并设置文字大小。设置填充色为红色（其 RGB 的值分别为 179、52、48），填充文字，效果如图 10-120 所示。用相同的方法制作文字"画""展"和"览"，效果如图 10-121 所示。

（10）按 Ctrl+O 组合键，打开云盘中的"Ch10\素材\制作国画展览海报\02"文件，选择"选择"工具 ，选取需要的图形，按 Ctrl+C 组合键，复制图形。选择正在编辑的页面，按 Ctrl+V 组合键，将其粘贴到页面中，并拖曳复制的图形到适当的位置，效果如图 10-122 所示。国画展览海报制作完成，效果如图 10-123 所示。

图 10-120

图 10-121

图 10-122

图 10-123

任务 10.5　样式

Illustrator 2020 提供了多种样式库供用户选择和使用。下面具体介绍各种样式的使用方法。

10.5.1　"图形样式"面板

选择"窗口 > 图形样式"命令，弹出"图形样式"面板。在默认状态下，"图形样式"面板如图 10-124 所示。在"图形样式"面板中，系统提供了多种预置的样式。在制作图像的过程中，不但可以任意调用面板中的样式，还可以创建、保存、管理样式。在"图形样式"面板的下方，"断开图形样式链接"按钮 用于断开样式与图形之间的链接；"新建图形样式"按钮 用于建立新的样式；"删除图形样式"按钮 用于删除不需要的样式。

Illustrator 2020 提供了丰富的样式库，可以根据需要调出样式库。选择"窗口 > 图形样式库"命令，弹出其子菜单，如图 10-125 所示，可以调出不同的样式库，如图 10-126 所示。

　　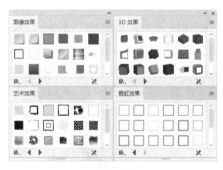

图 10-124　　　　　图 10-125　　　　　　图 10-126

 提示

Illustrator 2020 中的样式有 CMYK 颜色模式和 RGB 颜色模式两种类型。

10.5.2　使用样式

选中要添加样式的图形，如图 10-127 所示。在"图形样式"面板中单击要添加的样式，如图 10-128 所示。图形被添加样式后的效果如图 10-129 所示。

图 10-127　　　　　图 10-128　　　　　　图 10-129

定义图形的外观后，可以将其保存。选中要保存外观的图形，如图 10-130 所示。单击"图形样式"面板中的"新建图形样式"按钮 ，样式被保存到样式库，如图 10-131 所示。

用鼠标将图形直接拖曳到"图形样式"面板中也可以保存图形的样式，如图 10-132 所示。

图 10-130

图 10-131

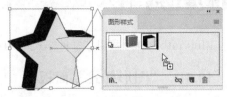
图 10-132

当把"图形样式"面板中的样式添加到图形上时，Illustrator 2020 将在图形和选定的样式之间创建一种链接关系。也就是说，如果"图形样式"面板中的样式发生了变化，那么被添加了该样式的图形也会随之变化。单击"图形样式"面板中的"断开图形样式链接"按钮 ，可断开链接关系。

任务 10.6 "外观"面板

在 Illustrator 2020 的"外观"面板中，可以查看当前对象或图层的外观属性，其中包括应用到对象上的效果、描边颜色、描边粗细、填色、不透明度等。

选择"窗口 > 外观"命令，弹出"外观"面板。选中一个对象，如图 10-133 所示，在"外观"面板中将显示该对象的各项外观属性，如图 10-134 所示。

图 10-133

图 10-134

"外观"面板可分为两个部分。

第 1 部分为显示当前选择，可以显示当前路径或图层的缩略图。

第 2 部分为当前路径或图层的全部外观属性列表。它包括应用到当前路径上的效果、描边颜色、描边粗细、填色和不透明度等。如果同时选中的多个对象具有不同的外观属性，如图 10-135 所示，"外观"面板将无法一一显示，只能提示当前选择为混合外观，如图 10-136 所示。

图 10-135

图 10-136

在"外观"面板中，各项外观属性是有层叠顺序的。在列举选取区的效果属性时，后应用的效果位于先应用的效果之上。拖曳代表各项外观属性的列表项，可以重新排列外观属性的层叠顺序，从而影响到对象的外观。例如，当图像的描边属性在填色属性之上时，图像效果如图 10-137 所示。在"外观"面板中将描边属性拖曳到填色属性的下方，如图 10-138 所示。改变层叠顺序后图像效果如图 10-139 所示。

在创建新对象时，Illustrator 2020 将把当前设置的外观属性自动添加到新对象上。

图 10-137

图 10-138

图 10-139

项目实践——制作儿童鞋详情页主图

【实践知识要点】使用"矩形"工具和"直接选择"工具制作底图；使用"置入"命令置入素材图片；使用"投影"命令为商品图片添加投影效果；使用"文字"工具添加主图信息；效果如图 10-140 所示。

【效果所在位置】云盘\Ch10\效果\制作儿童鞋详情页主图.ai。

图 10-140

制作儿童鞋详情页主图

课后习题——制作餐饮食品招贴

【习题知识要点】使用"置入"命令置入图片；使用"文字"工具、填充工具和"涂抹"命令添加并编辑标题文字；使用"文字"工具、"字符"面板添加其他相关信息；效果如图 10-141 所示。

【效果所在位置】云盘\Ch10\效果\制作餐饮食品招贴.ai。

图 10-141

制作餐饮食品
招贴

下篇

案例实训篇

项目 11
图标设计

项目引入

图标设计是 UI 设计中重要的组成部分，可以帮助用户更好地理解产品的功能，是营造产品用户体验的关键一环。本项目以多个图标设计为例，讲解图标的设计方法和制作技巧。

项目目标

- ✔ 了解图标的概念。
- ✔ 掌握图标的类型和设计风格。

技能目标

- ✔ 掌握"扁平风格旅行箱图标"的绘制方法。
- ✔ 掌握"拟物风格时钟图标"的绘制方法。

素质目标

- ✔ 培养对图标的设计创意能力。
- ✔ 培养对图标的审美与鉴赏能力。

相关知识——图标设计概述

图标设计作为 UI 设计中重要的组成部分，旨在创建具有视觉吸引力和易于识别的小型图形符号，以代表特定的概念、功能、应用程序或品牌，是营造产品用户体验的关键一环。图标的应用范围很广，包括软件界面、硬件设备及公共场合等。从狭义上讲，图标则多应用于计算机软件方面。其中，桌面图标是软件标识，界面中的图标是功能标识。

1. 图标的概念

图标（ICON）是具有明确指代含义的图形。通过将某个词语或概念设计成形象易辨的图形，进而降低用户的理解成本、提高设计的整体美观度，如图 11-1 所示。图标通常和文本相互搭配使用，两者相互支撑，共同起到传递其中所要表达的内容、信息及意义的作用。

图 11-1

2. 图标的类型

◎ **产品图标**

产品图标是体现产品品牌调性和特性的图标，如图 11-2 所示。该类图标通常出现在电脑桌面、手机桌面及 App 应用市场等综合场景。

图 11-2

◎ **功能图标**

功能图标是图形化的符号，具有明确功能，如图 11-3 所示。该类图标通常出现在界面中的导航栏及标签栏等需要用户进行操作的界面模块。

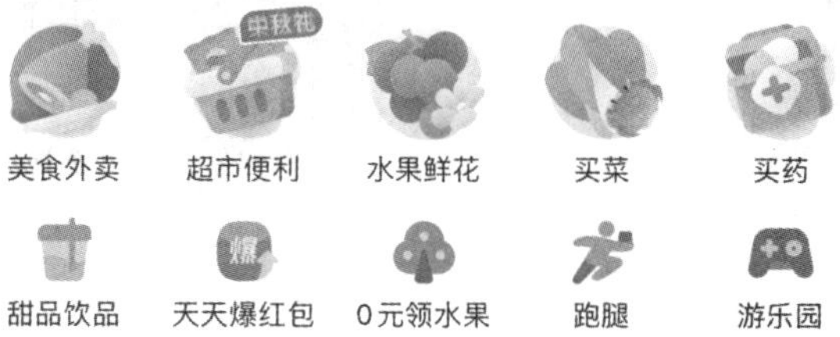

图 11-3

◎ **装饰图标**

装饰图标用于提升渲染气氛，更多的是承担视觉性作用，如图 11-4 所示。该类图标通常出现在引导页、空状态、弹窗、404 页等页面进行内容点缀。

3. 图标的设计风格

◎ **拟物风格**

拟物风格的图标贴近现实，带有渐变、高光、阴影等效果，如图 11-5 所示。iOS6 时代拟物风格到达了流行的巅峰，现常用于工具类、游戏类应用图标。

图 11-4

图 11-5

◎ **扁平风格**

扁平风格图标与拟物风格图标相反，很少有渐变、高光、阴影等效果，如图 11-6 所示。自 2013 年 IOS7 推出扁平风格后，该风格成为设计的主流趋势，现被广泛运用。

图 11-6

◎ **3D 风格**

3D 风格的图标立体有层次，由若干个几何多边体构成，如图 11-7 所示。其制作软件通常为 3D Max 和 C4D，常用于游戏中。

图 11-7

◎ **2.5D 风格**

2.5D 风格的图标由物体的正面、光面和暗面三面组成，模拟 3D，如图 11-8 所示。常用于引导页、空状态、弹窗。

图 11-8

任务 11.1　绘制扁平风格旅行箱图标

11.1.1　任务分析

本任务是为电商 App 设计旅行箱图标。设计要求以时尚为基本点，根据 App 的功能及应用场景等因素设计一款扁平风格图标。

在设计绘制过程中，图标主体的设计规范标准，视觉统一；细节的处理，赋予图标适度的情感；整体设计表意准确，能够快速传达准确的信息，令用户快速实现目标的同时更能体验交互的喜悦。

本任务将使用"首选项"对话框设置键盘增量、单位和网格线间隔；使用"打开"命令打开网格系统；使用"矩形"工具、"变换"面板、"剪刀"工具、"圆角矩形"工具和"椭圆"工具绘制旅行箱箱体及滚轮；使用"轮廓化描边"命令、"路径查找器"命令合并旅行箱箱体。

11.1.2　任务效果

本任务的设计流程如图 11-9 所示。

绘制旅行箱箱体　　　　制作旅行箱滚轮　　　　最终效果

图 11-9

11.1.3　任务制作

1. 绘制旅行箱箱体

（1）按 Ctrl+N 组合键，弹出"新建文档"对话框，设置文档的宽度和高度均为 48 px，方向为纵向，颜色模式为 RGB 颜色，光栅效果为屏幕（72 ppi），单击"创建"按钮，新建一个文档。

绘制扁平风格
旅行箱图标 1

（2）选择"编辑 > 首选项 > 常规"命令，弹出"首选项"对话框，将"键盘增量"选项设为 1 px，如图 11-10 所示。选择"单位"选项，切换到相应面板中进行设置，如图 11-11 所示。

图 11-10

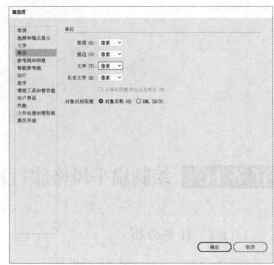

图 11-11

（3）选择"参考线和网格"选项，切换到相应的面板，将"网格线间隔"选项设为 1 px，"次分隔线"选项设为 1，如图 11-12 所示，设置完成后，单击"确定"按钮。

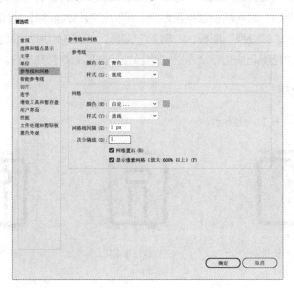

图 11-12

（4）选择"视图 > 显示网格"命令，显示网格。选择"视图 > 对齐网格"命令，对齐网格。选择"视图 > 对齐像素"命令，对齐像素。

（5）按 Ctrl+O 组合键，弹出"打开"对话框，选择云盘中的"Ch11\素材\扁平风格旅行箱图标设计\01"文件，单击"打开"按钮，打开文件，如图 11-13 所示。选择"选择"工具 ▶，选取需要的网格系统，按 Ctrl+C 组合键，复制网格系统。选择正在编辑的页面，按 Ctrl+V 组合键，将其粘贴到页面中，并拖曳复制的网格系统到适当的位置，效果如图 11-14 所示。按 Ctrl+2 组合键，锁定所选对象。

（6）选择"矩形"工具▣，在页面中单击鼠标左键，弹出"矩形"对话框，选项的设置如图 11-15 所示。单击"确定"按钮，出现一个矩形，设置描边色为黑色，并设置填充色为无，如图 11-16 所示。在属性栏中将"描边粗细"选项设为 2 px；按 Enter 键确定操作，效果如图 11-17 所示。

图 11-13　　　　图 11-14　　　　　　图 11-15　　　　　图 11-16　　　　　图 11-17

（7）选择"窗口 > 变换"命令，弹出"变换"面板，将"X"选项设为 24 px，将"Y"选项设为 6.5 px，并在"矩形属性："选项组中，将"圆角半径"选项设为 2 px 和 0 px，其他选项的设置如图 11-18 所示。按 Enter 键确定操作，效果如图 11-19 所示。

（8）选择"剪刀"工具✂，分别单击矩形左下角与右下角的锚点，剪切路径，如图 11-20 所示。选择"选择"工具▶，单击选取上方半圆形，如图 11-21 所示。按 Delete 键将其删除，效果如图 11-22 所示。

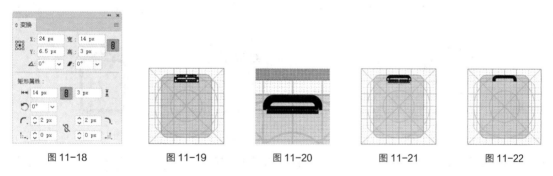

图 11-18　　　　图 11-19　　　　　图 11-20　　　　　图 11-21　　　　　图 11-22

（9）选择"圆角矩形"工具▢，在页面中单击鼠标左键，弹出"圆角矩形"对话框，选项的设置如图 11-23 所示。单击"确定"按钮，出现一个圆角矩形。设置描边色为黑色，填充描边，并设置填充色为无，效果如图 11-24 所示。

图 11-23

图 11-24

（10）在"变换"面板中，将"X"选项设为 24 px，将"Y"选项设为 25 px，其他选项的设置如图 11-25 所示。按 Enter 键确定操作，效果如图 11-26 所示。

（11）选择"选择"工具▶，单击选取圆角矩形，按 Alt 键的同时，向右下方拖曳圆角矩形到适当的位置，如图 11-27 所示。设置填充色为黄色（其 RGB 的值分别为 255、218、0），并设置描边色为无，效果如图 11-28 所示。

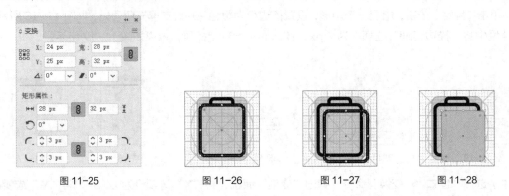

图 11-25   图 11-26   图 11-27   图 11-28

（12）在"变换"面板中，将"X"选项设为 26 px，将"Y"选项设为 27 px，其他选项的设置如图 11-29 所示；按 Enter 键确定操作，效果如图 11-30 所示。按 Ctrl + [组合键，将图形后移一层，效果如图 11-31 所示。

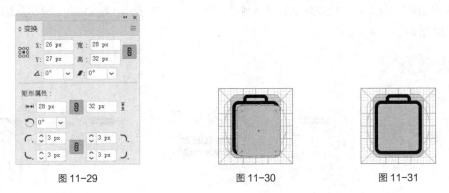

图 11-29   图 11-30   图 11-31

（13）选择"圆角矩形"工具▢，在页面中单击鼠标左键，弹出"圆角矩形"对话框，选项的设置如图 11-32 所示。单击"确定"按钮，出现一个圆角矩形。填充图形为白色，并设置描边色为黑色，效果如图 11-33 所示。在属性栏中将"描边粗细"选项设为 2 px，按 Enter 键确定操作，效果如图 11-34 所示。

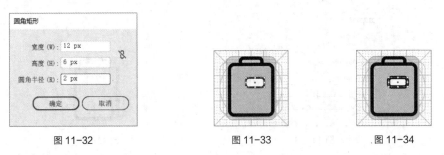

图 11-32   图 11-33   图 11-34

（14）在"变换"面板中，将"X"选项设为 24 px，将"Y"选项设为 17 px，其他选项的设置如图 11-35 所示；按 Enter 键确定操作，效果如图 11-36 所示。

图 11-35

图 11-36

2. 绘制旅行箱滚轮

（1）选择"直线段"工具 ✎，在页面中单击鼠标左键，弹出"直线段工具选项"对话框，选项的设置如图 11-37 所示。单击"确定"按钮，出现一条竖线，效果如图 11-38 所示。

（2）选择"窗口 > 描边"命令，弹出"描边"面板，将"端点"选项设为圆头端点，其他选项的设置如图 11-39 所示，效果如图 11-40 所示。

绘制扁平风格
旅行箱图标 2

图 11-37

图 11-38

图 11-39

图 11-40

（3）在"变换"面板中，将"X"选项设为 20 px，将"Y"选项设为 30 px，其他选项的设置如图 11-41 所示。按 Enter 键确定操作，效果如图 11-42 所示。

（4）按 Ctrl+C 组合键，复制直线，按 Ctrl+F 组合键，将复制的直线粘贴在前面，在"属性"面板中，分别将"X"和"Y"选项设为 28 px 和 30 px，如图 11-43 所示。按 Enter 键确定操作，效果如图 11-44 所示。

图 11-41

图 11-42

图 11-43

图 11-44

（5）选择"椭圆"工具 ◯，在页面中单击鼠标左键，弹出"椭圆"对话框，选项的设置如图 11-45 所示。单击"确定"按钮，出现一个圆形，填充图形为黑色，并设置描边色为无，如图 11-46 所示。

（6）选择"剪刀"工具 ✂，分别单击圆形左侧与右侧的锚点，剪切路径，如图 11-47 所示。选择"选择"工具 ▶，单击选取上方半圆形，如图 11-48 所示。按 Delete 键将其删除，效果如图 11-49 所示。

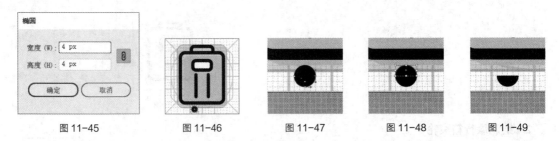

| 图 11-45 | 图 11-46 | 图 11-47 | 图 11-48 | 图 11-49 |

（7）在"变换"面板中，将"X"选项设为 17 px，将"Y"选项设为 43 px，其他选项的设置如图 11-50 所示。按 Enter 键确定操作，效果如图 11-51 所示。

（8）按 Ctrl+C 组合键，复制半圆形，按 Ctrl+F 组合键，将复制的半圆形粘贴在前面，在"属性"面板中，分别将"X"和"Y"选项设为 31 px 和 43 px，如图 11-52 所示。按 Enter 键确定操作，效果如图 11-53 所示。

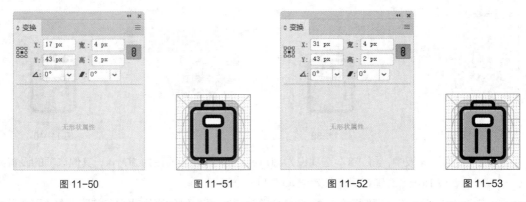

| 图 11-50 | 图 11-51 | 图 11-52 | 图 11-53 |

（9）选择"选择"工具 ▶，用框选的方法将图标同时选取，如图 11-54 所示。按住 Shift 键的同时，单击网格系统将其选取取消，效果如图 11-55 所示。

（10）选择"对象 > 路径 > 轮廓化描边"命令，创建对象的描边轮廓，效果如图 11-56 所示。选择"选择"工具 ▶，按住 Shift 键的同时，依次单击需要的图形将其同时选取，如图 11-57 所示。

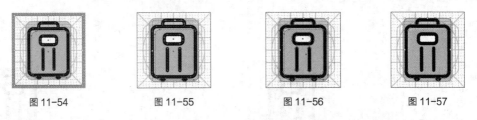

| 图 11-54 | 图 11-55 | 图 11-56 | 图 11-57 |

（11）选择"窗口 > 路径查找器"命令，弹出"路径查找器"面板，单击"联集"按钮 ▣，如图 11-58 所示；生成新的对象，效果如图 11-59 所示。扁平风格旅行箱图标绘制完成，效果如图 11-60 所示。

图 11-58

图 11-59

图 11-60

任务 11.2　绘制拟物风格时钟图标

11.2.1　任务分析

本任务是为旅游出行 App 制作时钟图标，该 App 是综合性旅行服务平台，可以随时随地向用户提供集酒店预订、旅游度假及兼职资讯在内的全方位旅行服务。图标旨在帮助用户记录不同的行程，以便随时提醒用户避免错过行程。要求设计应符合 App 的定位和场景需求。

在设计绘制过程中，使用纯色背景突出主体，微拟物的图标整体饱满、形象突出，具有光影效果，易抓住读者的视线。图标设计表意准确，能够快速传达出准确的信息，整体设计简洁美观、细节精巧，在展现出图标主题的同时，增加活泼性，让人印象深刻。

本任务将使用"椭圆"工具、"路径查找器"命令和"投影"命令绘制表盘；使用"圆角矩形"工具、"矩形"工具、"剪切蒙版"命令、"椭圆"工具、"渐变"工具和"投影"命令绘制指针和刻度；使用"钢笔"工具和"渐变"工具制作投影。

11.2.2　任务效果

本任务的设计流程如图 11-61 所示。

绘制时钟表盘和指针

绘制时钟表芯和刻度

图 11-61

最终效果

11.2.3　任务制作

绘制拟物风格时钟图标

项目实践 1——绘制扁平风格家电图标

【实践知识要点】使用"圆角矩形"工具、"描边"面板、"椭圆"工具、"矩形"工具和"变换"面板绘制洗衣机外形和功能按钮；使用"椭圆"工具、"直线段"工具和"描边"面板绘制洗衣机滚筒；效果如图 11-62 所示。

【效果所在位置】云盘\Ch15\效果\绘制扁平风格家电图标.ai。

图 11-62

绘制扁平风格
家电图标

项目实践 2——绘制拟物风格相机图标

【实践知识要点】使用"椭圆"工具、"渐变"工具和"缩放"命令绘制变焦镜头；使用"投影"命令为图形添加投影效果；使用"不透明度"选项制作叠加效果；效果如图 11-63 所示。

【效果所在位置】云盘\Ch15\效果\绘制拟物风格相机图标.ai。

图 11-63

绘制拟物
风格相机图标

课后习题 1——绘制扁平风格画板图标

【习题知识要点】使用"钢笔"工具、"椭圆"工具、"渐变"工具、"投影"命令和"高斯模糊"命令绘制颜料盘；使用"钢笔"工具、"矩形"工具、"变换"面板、"不透明度"选项和"投影"命令绘制画笔；使用"钢笔"工具和"渐变"工具制作投影；效果如图 11-64 所示。

【效果所在位置】云盘\Ch15\效果\绘制扁平风格画板图标.ai。

图 11-64

绘制扁平风格
画板图标

课后习题 2——绘制扁平风格记事本图标

【习题知识要点】使用"椭圆"工具、"投影"命令、"矩形"工具、"圆角矩形"工具、"直线段"工具和"变换"面板绘制记事本；使用"矩形"工具、"变换"面板、"多边形"工具、"不透明度"选项和"投影"命令绘制铅笔；使用"钢笔"工具和"渐变"工具制作投影；效果如图 11-65 所示。

【效果所在位置】云盘\Ch15\效果\绘制扁平风格记事本图标.ai。

图 11-65

绘制扁平风格
记事本图标

12

项目 12
插画设计

项目引入

随着信息化时代的到来，插画设计作为视觉信息传达的重要手段之一，已经广泛应用到现代艺术设计领域。由于电脑软件技术的发展，插画的设计更加趋于多样化，并随着现代艺术思潮的发展而不断创新。本项目以多个主题插画设计为例，讲解插画的设计方法和制作技巧。

项目目标

- ✔ 了解插画的概念。
- ✔ 了解插画的应用领域和分类。

技能目标

- ✔ 掌握"厨房家居插画"的绘制方法。
- ✔ 掌握"布老虎插画"的绘制方法。

素质目标

- ✔ 培养对插画的设计创意能力。
- ✔ 培养对插画的审美与鉴赏能力。

相关知识——插画设计概述

插画设计，就是一种通过图像和视觉元素来解释和传递信息的艺术形式。插画的表现形式一般以手绘、数字绘制或混合媒体制作为主。广告、杂志、说明书、海报、书籍、包装等平面作品中，凡是用于解释说明的图画都可以称之为插画。

1. 插画的概念

插画以宣传主题内容的意义为目的，通过将主题内容进行视觉化的图画效果表现，营造出主题突出、明确，感染力、生动性强的艺术视觉效果。常见的插画如图 12-1 所示。

图 12-1

2. 插画的应用领域

插画被广泛应用于现代艺术设计的多个领域，包括互联网、媒体、出版、文化艺术、广告展览、公共事业、影视游戏等，如图 12-2 所示。

图 12-2

3. 插画的分类

插画的种类繁多，可以分为出版物插图、商业宣传插画、卡通吉祥物插图、影视与游戏美术设计插画、艺术创作类插画，如图 12-3 所示。

图 12-3

任务 12.1 绘制厨房家居插画

12.1.1 任务分析

安心 App 是一家居家用品零售企业，贩售平整式包装的家具、配件、浴室和厨房用品。平台中的家具以现代、实用、百搭的风格为主。该 App 主要针对崇尚简约的时尚中青年群体。本任务是要为其引导页绘制插画。要求绘制以厨房家居为主题的插画，在插画绘制上要通过简洁的绘画语言表现出 App 的特色。

在设计绘制过程中，通过低明度色调营造出沉静内敛、具有包容性的特点，起到衬托厨房温馨安逸的效果。扁平的视觉风格使画面具有简洁、现代化的特点，符合品牌特色。明确的功能导向性通过厨房场景和布局来展现，以便用户理解家具的用途，增加了品牌的独特魅力。

本任务将使用"矩形"工具、"变换"面板、"描边"面板、"直线段"工具、"颜色"面板绘制橱柜；使用"矩形"工具、"椭圆"工具、"直线段"工具绘制蒸烤箱；使用"矩形"工具、"直线段"工具、"描边"面板、"钢笔"工具绘制消毒柜和门板。

12.1.2 任务效果

本任务的设计流程如图 12-4 所示。

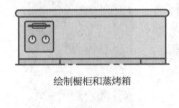

绘制橱柜和蒸烤箱

绘制消毒柜和门板

最终效果

应用场景

图 12-4

12.1.3 任务制作

（1）按 Ctrl+N 组合键，弹出"新建文档"对话框，设置文档的宽度和高度均为 600 px，取向为竖向，颜色模式为 RGB 颜色，光栅效果为屏幕（72 ppi），单击"创建"按钮，新建一个文档。

绘制厨房家居插画

（2）选择"矩形"工具 ▣，在页面中绘制一个矩形，如图 12-5 所示。选择"窗口 > 描边"命令，弹出"描边"面板，单击"端点"选项中的"圆头端点"按钮 ⊂，其他选项的设置如图 12-6 所示；按 Enter 键，效果如图 12-7 所示。

图 12-5　　　　　　　　　　图 12-6　　　　　　　　　　图 12-7

（3）保持图形的选取状态。设置描边色为灰蓝色（其 RGB 的值分别为 84、108、125），填充描边，效果如图 12-8 所示。设置填充色为浅黄色（其 RGB 的值分别为 250、227、175），填充图形，效果如图 12-9 所示。

图 12-8　　　　　　　　　　　　　　　图 12-9

（4）选择"矩形"工具 ▣，在适当的位置绘制一个矩形，如图 12-10 所示。选择"窗口 > 变换"命令，弹出"变换"面板，在"矩形属性："选项组中，将"圆角半径"选项均设为 10 px，如图 12-11 所示，按 Enter 键确定操作，效果如图 12-12 所示。

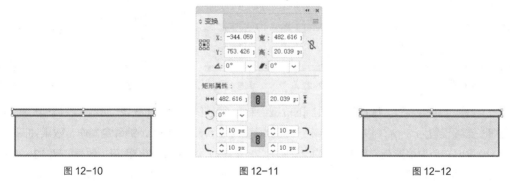

图 12-10　　　　　　　　　　图 12-11　　　　　　　　　　图 12-12

（5）选择"矩形"工具 ▣，在适当的位置绘制一个矩形，如图 12-13 所示。设置填充色为浅蓝色（其 RGB 的值分别为 210、217、220），填充图形，效果如图 12-14 所示。

（6）选择"选择"工具 ▶，按住 Alt+Shift 组合键的同时，水平向右拖曳矩形到适当的位置，复制矩形，效果如图 12-15 所示。水平向右拖曳复制矩形左边中间的控制手柄到适当的位置，调整其大小，效果如图 12-16 所示。

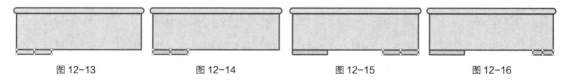

图 12-13　　　　　　图 12-14　　　　　　图 12-15　　　　　　图 12-16

（7）选择"矩形"工具▢，在适当的位置绘制一个矩形，如图 12-17 所示。设置描边色为无，效果如图 12-18 所示。

（8）选择"直线段"工具╱，按住 Shift 键的同时，在适当的位置绘制一条直线，如图 12-19 所示。在"描边"面板中，单击"端点"选项中的"圆头端点"按钮 ╒，其他选项的设置如图 12-20 所示；按 Enter 键，效果如图 12-21 所示。

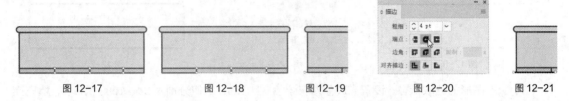

图 12-17　　　　　图 12-18　　　　　图 12-19　　　　　图 12-20　　　　　图 12-21

（9）保持直线的选取状态。设置描边色为灰蓝色（其 RGB 的值分别为 84、108、125），填充描边，效果如图 12-22 所示。用相同的方法分别绘制其他直线，效果如图 12-23 所示。

（10）选择"矩形"工具▢，在适当的位置绘制一个矩形，如图 12-24 所示。在"变换"面板的"矩形属性："选项组中，将"圆角半径"选项均设为 5 px，如图 12-25 所示，按 Enter 键确定操作，效果如图 12-26 所示。设置填充色为天蓝色（其 RGB 的值分别为 118、227、248），填充图形，效果如图 12-27 所示。

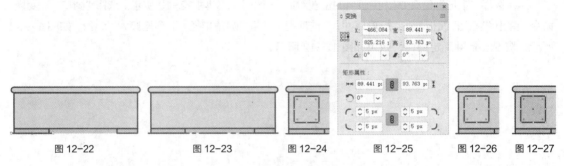

图 12-22　　　　　图 12-23　　　　　图 12-24　　　　　图 12-25　　　　　图 12-26　　图 12-27

（11）选择"矩形"工具▢，在适当的位置绘制一个矩形，如图 12-28 所示。在属性栏中将"描边粗细"选项设置为 3 pt，将"圆角半径"选项均设为 4 px，按 Enter 键确定操作，效果如图 12-29 所示。设置填充色为淡紫色（其 RGB 的值分别为 230、230、243），填充图形，效果如图 12-30 所示。

（12）选择"椭圆"工具⬭，按住 Shift 键的同时，在适当的位置绘制一个圆形，效果如图 12-31 所示。选择"直线段"工具╱，按住 Shift 键的同时，在适当的位置分别绘制横线和竖线，效果如图 12-32 所示。

图 12-28　　　　　图 12-29　　　　　图 12-30　　　　　图 12-31　　　　　图 12-32

（13）选择"选择"工具▸，选取上方绘制的直线，在属性栏中将"描边粗细"选项设置为 7 pt，按 Enter 键确定操作，效果如图 12-33 所示。

（14）使用"选择"工具▶，按住 Shift 键的同时，选取需要的圆形和竖线，如图 12-34 所示。按住 Alt+Shift 组合键的同时，水平向右拖曳圆形和竖线到适当的位置，复制圆形和竖线，效果如图 12-35 所示。

（15）用相同的方法绘制消毒柜和门板，效果如图 12-36 所示。

图 12-33　　　　　图 12-34　　　　　图 12-35　　　　　　　图 12-36

（16）选择"选择"工具▶，按住 Shift 键的同时，选取需要的矩形和竖线，如图 12-37 所示。双击"镜像"工具▷◁，弹出"镜像"对话框，选项的设置如图 12-38 所示；单击"复制"按钮，镜像并复制图形，效果如图 12-39 所示。

图 12-37　　　　　　　　　图 12-38　　　　　　　　　图 12-39

（17）选择"选择"工具▶，按住 Shift 键的同时，水平向右拖曳复制的图形到适当的位置，效果如图 12-40 所示。按住 Shift 键的同时，选取需要的矩形和直线，按 Ctrl+G 组合键，编组图形，如图 12-41 所示。

（18）按住 Alt+Shift 组合键的同时，垂直向下拖曳编组图形到适当的位置，复制编组图形，效果如图 12-42 所示。按住 Shift 键的同时，单击原编组图形将其同时选取，如图 12-43 所示。

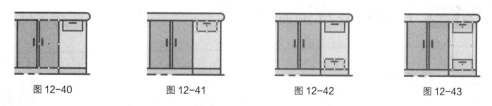

图 12-40　　　　　　图 12-41　　　　　　图 12-42　　　　　　图 12-43

（19）双击"混合"工具🖿，在弹出的"混合选项"对话框中进行设置，如图 12-44 所示，单击"确定"按钮；按 Alt+Ctrl+B 组合键，生成混合，效果如图 12-45 所示。

（20）按 Ctrl+O 组合键，打开云盘中的"Ch12\素材\绘制厨房家居插画\01"文件，选择"选择"工具▶，选取需要的图形，按 Ctrl+C 组合键，复制图形。选择正在编辑的页面，按 Ctrl+V 组合键，将其粘贴到页面中，并拖曳复制的图形到适当的位置，效果如图 12-46 所示。

（21）选择"椭圆"工具 ◯，按住 Shift 键的同时，在适当的位置绘制一个圆形，设置填充色为浅紫色（其 RGB 的值分别为 246、245、255），填充图形，并设置描边色为无，如图 12-47 所示。按 Shift+Ctrl+[组合键，将圆形置于底层，效果如图 12-48 所示。

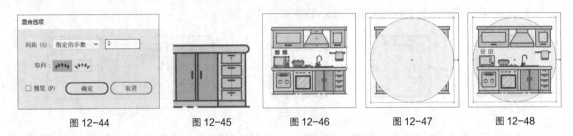

图 12-44　　　　　图 12-45　　　　图 12-46　　　　图 12-47　　　　图 12-48

（22）选择"选择"工具 ▶，用框选的方法将所绘制的图形全部选取，按 Ctrl+C 组合键，复制选中的图形。按 Ctrl+O 组合键，打开云盘中的"Ch12\素材\绘制厨房家居插画\02"文件，如图 12-49所示。按 Ctrl+V 组合键，将其粘贴到页面中，并拖曳复制的图形到适当的位置，调整其大小，效果如图 12-50 所示。厨房家居插画场景应用完成，效果如图 12-51 所示。

图 12-49　　　　　　　　　图 12-50　　　　　　　　　图 12-51

任务 12.2　绘制布老虎插画

12.2.1　任务分析

扩展任务

绘制布老虎插画

中国拥有丰富多彩的传统民间艺术，每个地区都有独特的表现形式和风格。布老虎是其中一种民间手工艺品，通常为用布料制作成的虎形玩具，有着浓厚的民间文化背景。本任务是设计制作传统民间艺术布老虎营销 H5 页面插画，要求在设计上要表现出传统艺术的特点和工艺之美。

在设计绘制过程中，插画的背景使用暖色调，能够很好地和前方的主体互补。插画中的老虎形象既具有卡通化的可爱感，又不失老虎的威严。细腻的线条和精巧的构图，传达出古典美感。画面整体呈现出古朴、高雅的氛围，体现出中国传统民间艺术的魅力和精髓。设计风格具有特色，能够引起人们的兴趣。

本任务将使用"钢笔"工具、"椭圆"工具、"路径查找器"面板绘制老虎头部；使用"椭圆"工具、"直接选择"工具、"将所选锚点转换为尖角"按钮、"变换"命令绘制老虎耳朵；使用"钢笔"工具、"文字"工具、"弧形"命令、"螺旋线"工具、"变换"命令、"镜像"工具绘制老虎额头；使用"椭圆"工具、"圆角矩形"工具、"直接选择"工具、"路径查找器"面板、"直线段"工具、"旋转"工具绘制老虎眼睛；使用"圆角矩形"工具、"弧形"命令、"星形"工具、"钢笔"工具、"剪切蒙版"命令绘制老虎嘴巴。

12.2.2　任务效果

本任务的设计流程如图 12-52 所示。

绘制老虎头部　　绘制老虎五官　　最终效果　　应用场景

图 12-52

12.2.3　任务制作

绘制布老虎插画

项目实践1——绘制卡通鹦鹉插画

【实践知识要点】使用"矩形"工具、"圆角矩形"工具、"椭圆"工具、"旋转"工具、"路径查找器"面板和填充工具绘制卡通鹦鹉插画；效果如图 12-53 所示。

【效果所在位置】云盘\Ch12\效果\绘制卡通鹦鹉插画\卡通鹦鹉插画.ai、卡通鹦鹉插画-应用场景-网页缺省页.ai。

绘制卡通鹦鹉
插画

图 12-53

项目实践 2——绘制旅行插画

【实践知识要点】使用"矩形"工具、"变换"面板、"钢笔"工具、"直线段"工具和"颜色"面板绘制插画背景；使用"椭圆"工具、"复合路径"命令、"矩形"工具、"直接选择"工具、"直线段"工具和"旋转"工具绘制水车；效果如图 12-54 所示。

【效果所在位置】云盘\Ch12\效果\绘制旅行插画\旅行插画.ai、旅行插画－应用场景－网页 Banner.ai。

绘制旅行插画

图 12-54

课后习题 1——绘制丹顶鹤插画

【习题知识要点】使用"椭圆"工具、"钢笔"工具、"路径查找器"面板、"渐变"工具、"直接选择"工具和"高斯模糊"命令绘制丹顶鹤身体；使用"钢笔"工具、"描边"面板、"宽度"工具、"混合"工具绘制丹顶鹤羽毛；效果如图 12-55 所示。

【效果所在位置】云盘\Ch12\效果\绘制丹顶鹤插画\丹顶鹤插画.ai、丹顶鹤插画－应用场景－海报.ai。

绘制丹顶鹤插画

图 12-55

课后习题 2——绘制花园插画

【习题知识要点】使用"矩形"工具、"椭圆"工具、"路径查找器"面板、"透明度"面板绘制插画背景；使用"矩形"工具、"添加锚点"工具、"直接选择"工具和"椭圆"工具绘制篱笆和房子；效果如图 12-56 所示。

【效果所在位置】云盘\Ch12\效果\绘制花园插画\花园插画.ai、花园插画-应用场景-日历.ai。

绘制花园插画

图 12-56

项目 13
海报设计

项目引入

海报设计是视觉设计最主要的表现形式之一，涵盖了图形、文字、版面、色彩等设计元素，其主题内容广泛、表现形式丰富、审美效果出色。本项目以各种不同主题的海报为例，讲解海报的设计方法和制作技巧。

项目目标

- ✔ 了解海报的概念。
- ✔ 掌握海报的分类和设计原则。

技能目标

- ✔ 掌握"店庆海报"的制作方法。
- ✔ 掌握"咖啡厅海报"的制作方法。

素质目标

- ✔ 培养对海报的设计创意能力。
- ✔ 培养对海报的审美与鉴赏能力。

相关知识——海报设计概述

海报设计具备创意性和艺术性，通过对图像、文本的排版起到传达信息、触发情感、宣传活动等作用。海报通常用于宣传、广告、演出、展览等场合，分布在街道、影剧院、展览会、商业闹区、车站、码头、公园等公共场所，用来完成一定的宣传任务。

1. 海报的概念

海报也称"招贴"，是广告的表现形式之一，用来完成一定的信息传播任务。海报不仅以印刷品的形式张贴在公共场合，而且以数字化的形式在数字媒体上展示，如图 13-1 所示。

图 13-1

2. 海报的分类

海报按其用途不同大致可以分为商业海报、文化海报和公益海报等，如图 13-2 所示。

图 13-2

3. 海报的设计原则

海报设计应该遵循一定的设计原则，包括强烈的视觉表现、精准的信息传播、独特的设计个性、悦目的美学效果，如图 13-3 所示。

图 13-3

任务 13.1 制作店庆海报

13.1.1 任务分析

本任务是为商场店庆设计制作宣传海报。海报的主要内容包括活动时间、打折品牌等。要求充分运用色彩、图片和文字表现出活动的主题和优惠力度，从而达到宣传的目的。

在设计制作过程中，主体以红包的形式突出店庆优惠的主题，设计以红色为主，加以金色点缀营造出热闹的氛围。通过宣传语的设计点明中心，突出主题，同时与画面搭配和谐舒适。

本任务将使用"文字"工具、"字符"面板、"倾斜"工具和"变换"面板添加并编辑宣传语；使用"投影"命令为文字添加阴影效果；使用"直线段"工具、"钢笔"工具和"椭圆"工具添加装饰图形和活动详情；使用"椭圆"工具和"符号库"命令添加箭头符号。

13.1.2 任务效果

本任务的设计流程如图 13-4 所示。

添加宣传语

添加活动详情

最终效果

图 13-4

13.1.3 任务制作

1. 添加宣传语

（1）按 Ctrl+N 组合键，弹出"新建文档"对话框，设置文档的宽度为 210 mm，高度为 285 mm，取向为纵向，出血为 3 mm，颜色模式为 CMYK 颜色，单击"创建"按钮，新建一个文档。

（2）选择"文件 > 置入"命令，弹出"置入"对话框，选择云盘中的"Ch13 > 素材 > 制作店庆海报 > 01"文件，单击"置入"按钮，在页面中单击置入图片，单击属性栏中的"嵌入"按钮，嵌入图片。选择"选择"工具 ，拖曳图片到适当的位置，效果如图 13-5 所示。按 Ctrl+2 组合键，锁定所选对象。

制作店庆海报 1

（3）选择"文字"工具 T ，在页面中输入需要的文字，选择"选择"工具 ，在属性栏中选择合适的字体并设置文字大小，填充文字为白色，效果如图 13-6 所示。

图 13-5　　　　　　　　　　　　　　　图 13-6

（4）按 Ctrl+T 组合键，弹出"字符"面板，将"设置行距"选项 设为 64 pt，其他选项的设置如图 13-7 所示；按 Enter 键确定操作，效果如图 13-8 所示。

图 13-7　　　　　　　　　　　　　　　图 13-8

（5）选择"文字"工具 T，选取文字"惊喜好礼送"，在属性栏中设置文字大小，效果如图 13-9 所示。选取文字"惊喜好礼"，设置填充色为橘黄色（其 CMYK 的值分别为 8、22、77、0），填充文字，效果如图 13-10 所示。

图 13-9　　　　　　　　　　　　　　　图 13-10

（6）选择"文字"工具 T，在文字"好"左侧单击鼠标左键，插入光标，如图 13-11 所示。按 Alt+Ctrl+T 组合键，弹出"段落"面板，将"左缩进"选项 设为 90 pt，其他选项的设置如图 13-12 所示；按 Enter 键确定操作，效果如图 13-13 所示。

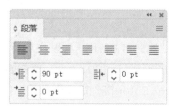

图 13-11　　　　　　　　图 13-12　　　　　　　　图 13-13

（7）双击"倾斜"工具 ，弹出"倾斜"对话框，选项的设置如图 13-14 所示；单击"确定"按钮，倾斜文字，效果如图 13-15 所示。

图 13-14   图 13-15

（8）选择"窗口 > 变换"命令，弹出"变换"面板，将"旋转"选项 设为 6°，如图 13-16 所示；按 Enter 键确定操作，效果如图 13-17 所示。按 Ctrl+C 组合键，复制文字（此文字备用）。

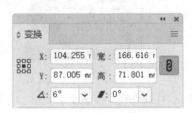

图 13-16   图 13-17

（9）选择"效果 > 风格化 > 投影"命令，在弹出的"投影"对话框中进行设置，如图 13-18 所示；单击"确定"按钮，效果如图 13-19 所示。

图 13-18   图 13-19

（10）按 Ctrl+B 组合键，将复制的文字（备用）粘贴在后面。设置文字填充色为无，并设置描边色为暗红色（其 CMYK 的值分别为 37、95、100、3），填充描边，如图 13-20 所示。在属性栏中将"描边粗细"选项设置为 16 pt，按 Enter 键确定操作，效果如图 13-21 所示。

图 13-20   图 13-21

（11）选择"文件 > 置入"命令，弹出"置入"对话框，选择云盘中的"Ch13 > 素材 > 制作店庆海报 > 02"文件，单击"置入"按钮，在页面中单击置入图片，单击属性栏中的"嵌入"按钮，嵌入图片。选择"选择"工具 ▶，拖曳图片到适当的位置，效果如图 13-22 所示。

（12）选择"文字"工具 T，在适当的位置输入需要的文字，选择"选择"工具 ▶，在属性栏中选择合适的字体并设置文字大小，效果如图 13-23 所示。在属性栏中单击"居中对齐"按钮 ≡，微调文字到适当的位置，效果如图 13-24 所示。

图 13-22   图 13-23   图 13-24

（13）保持文字的选取状态。设置填充色为暗红色（其 CMYK 的值分别为 37、95、100、3），填充文字，效果如图 13-25 所示。选择"文字"工具 T，选取文字"活动时间"，在属性栏中设置文字大小，效果如图 13-26 所示。

（14）选择"选择"工具 ▶，选取文字，拖曳文字右上角的控制手柄，旋转文字到适当的位置，效果如图 13-27 所示。

图 13-25   图 13-26   图 13-27

2. 添加活动详情

（1）选择"文字"工具 T，在适当的位置输入需要的文字，选择"选择"工具 ▶，在属性栏中选择合适的字体并设置文字大小，单击"左对齐"按钮 ≡，微调文字到适当的位置，效果如图 13-28 所示。设置填充色为橘黄色（其 CMYK 的值分别为 8、22、77、0），填充文字，效果如图 13-29 所示。

制作店庆海报 2

（2）选择"直线段"工具 ✎，按住 Shift 键的同时，在适当的位置绘制一条直线，如图 13-30 所示，设置描边色为深红色（其 CMYK 的值分别为 45、97、100、14），填充描边，效果如图 13-31 所示。

图 13-28   图 13-29

图 13-30   图 13-31

（3）选择"椭圆"工具 ，按住 Shift 键的同时，在适当的位置绘制一个圆形，设置填充色为深红色（其 CMYK 的值分别为 45、97、100、14），填充图形，并设置描边色为无，效果如图 13-32 所示。

（4）选择"选择"工具 ，按住 Alt+Shift 组合键的同时，水平向右拖曳圆形到适当的位置，复制圆形，效果如图 13-33 所示。连续按 Ctrl+D 组合键，复制出多个圆形，效果如图 13-34 所示。

图 13-32   图 13-33   图 13-34

（5）选择"钢笔"工具 ，在适当的位置绘制一个不规则图形，如图 13-35 所示。设置填充色为土黄色（其 CMYK 的值分别为 4、68、91、0），填充图形，并设置描边色为无，效果如图 13-36 所示。

（6）选择"文字"工具 ，在适当的位置输入需要的文字，选择"选择"工具 ，在属性栏中选择合适的字体并设置文字大小，填充文字为白色，效果如图 13-37 所示。

图 13-35   图 13-36   图 13-37

（7）选择"文字"工具 ，在适当的位置输入需要的文字，选择"选择"工具 ，在属性栏中选择合适的字体并设置文字大小，效果如图 13-38 所示。在属性栏中单击"居中对齐"按钮 ，微调文字到适当的位置，效果如图 13-39 所示。

图 13-38   图 13-39

（8）在"字符"面板中，将"设置行距"选项 设为 24 pt，其他选项的设置如图 13-40 所示；按 Enter 键确定操作，效果如图 13-41 所示。

图 13-40

图 13-41

（9）选择"文字"工具 T，在适当的位置输入需要的文字，选择"选择"工具 ▶，在属性栏中选择合适的字体并设置文字大小，单击"左对齐"按钮 ≡，微调文字到适当的位置，填充文字为白色，效果如图 13-42 所示。选择"文字"工具 T，选取文字"送"，在属性栏中设置文字大小，效果如图 13-43 所示。

图 13-42

图 13-43

（10）保持文字的选取状态。设置填充色为橘黄色（其 CMYK 的值分别为 8、22、77、0），填充文字，效果如图 13-44 所示。选取数字"5"，在属性栏中选择合适的字体并设置文字大小，效果如图 13-45 所示。

图 13-44

图 13-45

（11）选择"椭圆"工具 ◯，按住 Shift 键的同时，在适当的位置绘制一个圆形，如图 13-46 所示。设置描边色为橘黄色（其 CMYK 的值分别为 8、22、77、0），填充描边，效果如图 13-47 所示。

图 13-46

图 13-47

（12）选择"钢笔"工具 ✎，在适当的位置绘制一个不规则图形，设置填充色为橘黄色（其 CMYK 的值分别为 8、22、77、0），填充图形，并设置描边色为无，效果如图 13-48 所示。

（13）选择"选择"工具 ▶，按住 Alt+Shift 组合键的同时，水平向左拖曳图形到适当的位置，复制图形，效果如图 13-49 所示。

（14）按住 Shift 键的同时，拖曳左下角的控制手柄到适当的位置，等比例缩小图形，效果如图 13-50 所示。用框选的方法将绘制的图形同时选取，按 Ctrl+G 组合键，将其编组，如图 13-51 所示。

图 13-48

图 13-49

图 13-50

图 13-51

（15）选择"选择"工具 ▶，按住 Alt 键的同时，向右拖曳编组图形到适当的位置，复制图形，效果如图 13-52 所示。在"变换"面板中，将"旋转"选项设为 180°，如图 13-53 所示；按 Enter 键确定操作，效果如图 13-54 所示。

图 13-52　　　　　　　　　　　图 13-53　　　　　　　　图 13-54

（16）用相同的方法制作其他图形和文字，效果如图 13-55 所示。选择"文字"工具 T，在适当的位置输入需要的文字，选择"选择"工具 ▶，在属性栏中选择合适的字体并设置文字大小，填充文字为白色，效果如图 13-56 所示。

图 13-55　　　　　　　　　　　图 13-56

（17）选择"椭圆"工具 ◯，按住 Shift 键的同时，在适当的位置绘制一个圆形，设置填充色为橘黄色（其 CMYK 的值分别为 8、22、77、0），填充图形，并设置描边色为无，效果如图 13-57 所示。

（18）选择"窗口 > 符号库 > 箭头"命令，在弹出的面板中选取需要的符号，如图 13-58 所示，选择"选择"工具 ▶，拖曳符号到页面中适当的位置，并调整其大小，效果如图 13-59 所示。

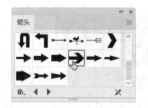

图 13-57　　　　　　　　　　　图 13-58　　　　　　　　图 13-59

（19）在属性栏中单击"断开链接"按钮，断开符号链接，效果如图 13-60 所示。按 Shift+Ctrl+G 组合键，取消符号编组。选中多余的矩形框，如图 13-61 所示，按 Delete 键，将其删除。

图 13-60　　　　　　　　　　　图 13-61

（20）选取箭头图形，设置填充色为暗红色（其 CMYK 的值分别为 24、90、84、0），填充图形，效果如图 13-62 所示。店庆海报制作完成，效果如图 13-63 所示。

图 13-62   图 13-63

任务 13.2 制作咖啡厅海报

13.2.1 任务分析

扩展任务

本任务是为即将开业的咖啡厅制作宣传海报。在海报设计上，要求通过图片和
文字的艺术设计，表现出咖啡厅的品质和风格特点，能够快速吸引消费者的关注。

在设计制作过程中，深色调的设计与咖啡厅意境呼应，传递出了咖啡醇香浓厚
的特点。通过对海报语的艺术编排点明主题。灵活的设计和文字编排既起到了装饰作用又展现出咖啡
厅的相关信息。

制作咖啡厅海报

本任务将使用"矩形"工具、"钢笔"工具、"旋转"工具和"透明度"面板制作背景效果；使
用"文字"工具、"字符"面板、"复制"命令和填充工具添加标题文字；使用"文字"工具、"字
符"面板、"段落"面板和"椭圆"工具添加其他相关信息；使用"矩形"工具、"倾斜"工具绘制
装饰图形。

13.2.2 任务效果

本任务的设计流程如图 13-64 所示。

制作标牌图形   添加广告信息   最终效果

图 13-64

13.2.3 任务制作

制作咖啡厅海报 1   制作咖啡厅海报 2

项目实践 1——制作音乐会海报

【实践知识要点】使用"直排文字"工具、"文字"工具、"字符"面板添加主题文字及参会内容；使用"字形"命令插入需要的字形；使用"置入"命令添加素材图片；使用"矩形"工具、"旋转"工具、"直线段"工具绘制装饰图形；效果如图 13-65 所示。

【效果所在位置】云盘\Ch13\效果\制作音乐会海报.ai。

制作音乐会海报

图 13-65

项目实践 2——制作茶叶海报

【实践知识要点】使用"文字"工具、"字符"面板添加宣传性文字；使用"字形"命令插入需要的字形；使用"椭圆"工具、"钢笔"工具、"描边"面板、"镜像"工具绘制装饰图形；使用"置入"命令、"圆角矩形"工具、"建立剪切蒙版"命令制作产品展示图片；效果如图 13-66 所示。

【效果所在位置】云盘\Ch13\效果\制作茶叶海报.ai。

图 13-66

制作茶叶海报 1

制作茶叶海报 2

课后习题 1——制作文物博览会海报

【习题知识要点】使用"文字"工具、"置入"命令、"剪切蒙版"命令制作文字剪切蒙版效果；使用"椭圆"工具、"直线段"工具绘制装饰图形；使用"文字"工具、"字符"面板、"段落"面板添加介绍性文字；效果如图 13-67 所示。

【效果所在位置】云盘\Ch13\效果\制作文物博览会海报.ai。

图 13-67

制作文物博览会
海报 1

制作文物博览会
海报 2

课后习题 2——制作阅读平台推广海报

【习题知识要点】使用"置入"命令、"不透明度"选项添加海报背景；使用"直排文字"工具、"字符"面板、"创建轮廓"命令、"矩形"工具和"路径查找器"面板添加并编辑标题文字；使用"直接选择"工具、"删除锚点"工具调整文字；使用"直线段"工具、"描边"面板绘制装饰线条；效果如图 13-68 所示。

【效果所在位置】云盘\Ch13\效果\制作阅读平台推广海报.ai。

图 13-68

制作阅读平台
推广海报

项目 14
Banner 设计

项目引入

Banner 是帮助提高品牌转化的重要表现形式，直接影响到用户是否购买产品或参加活动，因此 Banner 设计对于产品及 UI 乃至运营至关重要。本项目以多种题材的 Banner 广告为例，讲解 Banner 广告的设计方法和制作技巧。

项目目标

- ✔ 了解 Banner 的概念。
- ✔ 掌握 Banner 的设计风格和版式构图。

技能目标

- ✔ 掌握"美妆类 App 主页 Banner"的制作方法。
- ✔ 掌握"箱包类 App 主页 Banner"的制作方法。

素质目标

- ✔ 培养对 Banner 的设计创意能力。
- ✔ 培养对 Banner 的审美与鉴赏能力。

相关知识——Banner 设计概述

Banner 又称为横幅，即为特定目的或活动制作具有吸引力和信息传达能力的广告，用来宣传展示相关活动或产品，提高品牌转化。这些横幅广告设计风格多样，版式构图丰富，通常用于网站、社交媒体、电子邮件营销、展览、会议等场合，以吸引目标受众的注意力并传达特定信息。

1. Banner 的概念

Banner 是网络广告最常用的形式，用来宣传展示相关活动或产品，提高品牌转化，常用于 Web

界面、App 界面或户外展示等，如图 14-1 所示。

图 14-1

2. Banner 的设计风格

　　Banner 的设计表现风格丰富多样，有中国风格、极简风格、插画风格、写实风格、2.5D 风格、三维风格等，如图 14-2 所示。

图 14-2

3. Banner 的版式构图

　　Banner 的版式构图比较丰富，常用的有左右构图、上下构图、左中右构图、上中下构图、对角线构图、十字形构图和包围形构图，如图 14-3 所示。

图 14-3

图 14-3（续）

任务 14.1　制作美妆类 App 主页 Banner

14.1.1　任务分析

本任务是为某化妆品牌设计制作的防晒乳销售广告。在广告设计上要求能够体现出产品清爽不油腻和超强隔离紫外线的特点。

在设计制作过程中，通过蓝天、大海和沙滩图片展示出海边度假轻松、欢快的氛围，给人舒适感。海滩上的海星和贝壳为画面增添了更多的趣味，展现出放松心情、安心享受日光浴的产品特色。宣传文字在画面的中心，醒目突出，让人印象深刻。

本任务将使用"矩形"工具、"不透明度"选项制作半透明效果；使用"文字"工具、"字符"面板添加宣传性文字；使用"字形"命令插入字形；使用"圆角矩形"工具、"直线段"工具绘制装饰图形。

14.1.2　任务效果

本任务的设计流程如图 14-4 所示。

制作美妆类 App
主页 Banner

制作 Banner 底图

添加产品介绍文字

最终效果

图 14-4

14.1.3　任务制作

（1）按 Ctrl+N 组合键，弹出"新建文档"对话框，设置文档的宽度为 1 920 px，高度为 700 px，取向为横向，颜色模式为 RGB，单击"创建"按钮，新建一个文档。

（2）选择"文件 > 置入"命令，弹出"置入"对话框，选择云盘中的"Ch14\素材\制作美妆类App 主页 Banner\01"文件，单击"置入"按钮，在页面中单击置入图片，单击属性栏中的"嵌入"按钮，嵌入图片。选择"选择"工具 ▶，拖曳图片到适当的位置，效果如图 14-5 所示。按 Ctrl+2组合键，锁定所选对象。

（3）选择"矩形"工具 ▢，在页面中绘制一个矩形，填充图形为白色，并设置描边色为无，效果如图 14-6 所示。

（4）在属性栏中将"不透明度"选项设为 50%，按 Enter 键确定操作，效果如图 14-7 所示。选择"文字"工具 T，在页面中分别输入需要的文字，选择"选择"工具 ▶，在属性栏中分别选择合适的字体并设置文字大小，效果如图 14-8 所示。

（5）将输入的文字同时选取，设置填充色为海蓝色（其 RGB 的值分别为 0、96、141），填充文字，效果如图 14-9 所示。选取文字"温碧柔"，按 Ctrl+T 组合键，弹出"字符"控制面板，将"水平缩放"选项 T 设为 108%，其他选项的设置如图 14-10 所示；按 Enter 键确定操作，效果如图 14-11所示。

图 14-5

图 14-6

图 14-7

图 14-8

图 14-9

图 14-10

图 14-11

（6）选择"文字"工具 T，选取文字"防晒乳"，设置填充色为海蓝色（其 RGB 的值分别为 255、102、0），填充文字，效果如图 14-12 所示。

（7）选择"文字"工具 T，在适当的位置分别输入需要的文字，选择"选择"工具 ▶，在属性栏中分别选择合适的字体并设置文字大小，效果如图 14-13 所示。将输入的文字同时选取，设置填充色为海蓝色（其 RGB 的值分别为 0、96、141），填充文字，效果如图 14-14 所示。

图 14-12

图 14-13

图 14-14

（8）选取文字"防晒……无油"，在"字符"控制面板中，将"设置所选字符的字距调整"选项 Ⅷ 设为 540，其他选项的设置如图 14-15 所示；按 Enter 键确定操作，效果如图 14-16 所示。选择

"文字"工具 T，在文字"离"右侧单击鼠标左键插入光标，如图 14-17 所示。

图 14-15　　　　　　　　　图 14-16　　　　　　　　图 14-17

（9）选择"文字 > 字形"命令，弹出"字形"控制面板，设置字体并选择需要的字形，如图 14-18 所示，双击鼠标左键插入字形，效果如图 14-19 所示。用相同的方法在适当的位置分别插入相同的字形，效果如图 14-20 所示。

图 14-18　　　　　　　　　图 14-19　　　　　　　　图 14-20

（10）选择"直线段"工具 ╱，按住 Shift 键的同时，在适当的位置绘制一条直线，设置描边色为海蓝色（其 RGB 的值分别为 0、96、141），填充描边，效果如图 14-21 所示。

（11）选择"选择"工具 ▶，按住 Alt+Shift 组合键的同时，垂直向下拖曳直线到适当的位置，复制直线，效果如图 14-22 所示。

（12）选择"圆角矩形"工具 ▢，在页面中单击鼠标左键，弹出"圆角矩形"对话框，选项的设置如图 14-23 所示，单击"确定"按钮，出现一个圆角矩形。选择"选择"工具 ▶，拖曳圆角矩形到适当的位置，设置填充色为黄色（其 RGB 的值分别为 255、191、0），填充图形，并设置描边色为无，效果如图 14-24 所示。

图 14-21　　　　　　　图 14-22　　　　　　　图 14-23　　　　　　　图 14-24

（13）双击"比例缩放"工具 ▣，弹出"比例缩放"对话框，选项的设置如图 14-25 所示；单击"复制"按钮，缩放并复制图形，效果如图 14-26 所示。

（14）选择"选择"工具 ▶，按住 Shift 键的同时，水平向左拖曳复制的图形到适当的位置，效果如图 14-27 所示。设置填充色为海蓝色（其 RGB 的值分别为 0、96、141），填充图形，效果如

图 14-28 所示。

（15）选择"文字"工具 T，在适当的位置输入需要的文字，选择"选择"工具 ▶，在属性栏中选择合适的字体并设置文字大小，填充文字为白色，效果如图 14-29 所示。

（16）选择"文字"工具 T，选取文字"买两瓶赠一瓶"，设置填充色为海蓝色（其 RGB 的值分别为 255、102、0），填充文字，效果如图 14-30 所示。

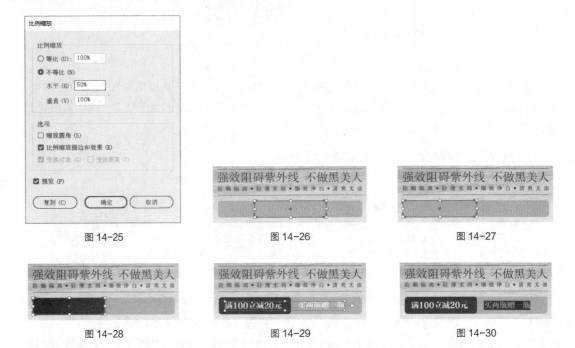

图 14-25　　　　　　　　　图 14-26　　　　　　　　　图 14-27

图 14-28　　　　　　　　　图 14-29　　　　　　　　　图 14-30

（17）选择"选择"工具 ▶，选取文字，在"字符"控制面板中，将"设置所选字符的字距调整"选项 🔠 设为 75，其他选项的设置如图 14-31 所示；按 Enter 键确定操作，效果如图 14-32 所示。

图 14-31

图 14-32

（18）美妆类 App 主页 Banner 制作完成，效果如图 14-33 所示。

图 14-33

任务 14.2 制作箱包类 App 主页 Banner

14.2.1 任务分析

扩展任务

制作箱包类 App
主页 Banner

晒潮流是为广大年轻消费者提供的服饰销售及售后服务平台。平台拥有来自全球不同地区、不同风格的服饰，而且为用户推荐极具特色的新品。"双十一"来临之际，需要为女包平台设计一款 Banner，要求展现产品特色的同时，突出优惠力度。

在设计制作过程中，通过使用动静结合、具有冲击感的背景，营造出活力、热闹的氛围；主体图片与环境和主题完美结合，让人一目了然；色彩的使用富有朝气，给人青春洋溢的印象；文字的使用醒目突出，达到宣传的目的。

本任务将使用"文字"工具、"字符"面板添加标题文字；使用"创建轮廓"命令、"直接选择"工具、"删除锚点"工具和"边角"选项编辑标题文字；使用"圆角矩形"工具、"文字"工具和填充工具绘制"GO"按钮。

14.2.2 任务效果

本任务的设计流程如图 14-34 所示。

置入 Banner 底图

添加并编辑标题文字

最终效果

图 14-34

14.2.3 任务制作

制作箱包类 App
主页 Banner

项目实践 1——制作电商类 App 主页 Banner

【实践知识要点】使用"文字"工具、"字符"面板、"倾斜"工具添加并编辑主题文字；使用"投影"命令为文字添加阴影效果；效果如图 14-35 所示。

【效果所在位置】云盘\Ch14\效果\制作电商类 App 主页 Banner.ai。

制作电商类 App
主页 Banner

图 14-35

项目实践 2——制作生活家具类网站 Banner

【实践知识要点】使用"文字"工具添加宣传性文字；使用"偏移路径"命令添加文字描边；使用"圆角矩形"工具、"投影"命令制作"查看详情"按钮；效果如图 14-36 所示。

【效果所在位置】云盘\Ch14\效果\制作生活家具类网站 Banner.ai。

制作生活家具类
网站 Banner

图 14-36

课后习题 1——制作时尚女鞋网页 Banner

【习题知识要点】使用"置入"命令添加背景图片；使用"文字"工具、"字符"面板添加宣传文字；使用"直线段"工具绘制装饰线条；使用"圆角矩形"工具、"贴在后面"命令、"混合"工具和"文字"工具制作"点击查看"按钮；效果如图 14-37 所示。

【效果所在位置】云盘\Ch14\效果\制作时尚女鞋网页 Banner.ai。

制作时尚女鞋
网页 Banner

图 14-37

课后习题 2——制作生活家电类 App 主页 Banner

【习题知识要点】使用"圆角矩形"工具、"文字"工具和填充工具添加产品品牌及相关功能；效果如图 14-38 所示。

【效果所在位置】云盘\Ch14\效果\制作生活家电类 App 主页 Banner.ai。

制作生活家电类
App 主页 Banner

图 14-38

项目 15
书籍设计

▌ 项目引入

精美的书籍装帧设计可以使读者享受到阅读的愉悦。书籍装帧整体设计所考虑的项目包括开本设计、封面设计、版本设计、使用材料等内容。本项目以多个类别的图书封面为例，讲解封面的设计方法和制作技巧。

▌ 项目目标

- ✔ 了解书籍设计的概念。
- ✔ 掌握书籍设计的原则和流程。

▌ 技能目标

- ✔ 掌握"少儿读物图书封面"的制作方法。
- ✔ 掌握"环球旅行图书封面"的制作方法。

▌ 素质目标

- ✔ 培养对书籍封面的设计创意能力。
- ✔ 培养对书籍封面的审美与鉴赏能力。

相关知识——书籍设计概述

书籍设计是指书籍的整体设计，是一门综合性的艺术和设计领域。它包含的内容很多，包括封面设计、内页排版、图片和插图、字体和样式、装帧、艺术和主题、品质和印刷等。成功的书籍设计不仅美观，还需要提供良好的读者体验和与内容一致的视觉风格。

1. 书籍设计的概念

书籍设计是指书籍的整体设计，是书籍从策划、设计、到成书的整体设计工作。书籍设计是从开本、封面、版面、字体、插画，到纸张、印刷、装订和材料等各部分和谐一致的视觉艺术设计，要使读者在阅读信息的同时获得美的享受，如图 15-1 所示。

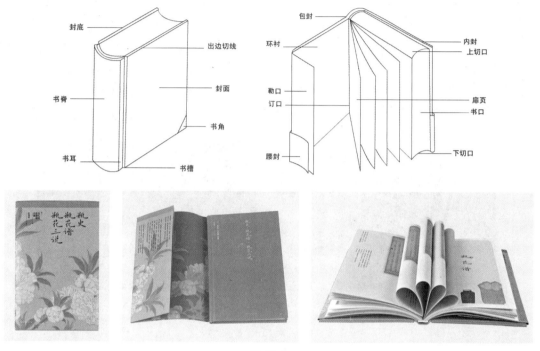

图 15-1

2. 书籍设计的原则

书籍设计的原则有实用与美观的结合、整体与局部的和谐、内容与形式的统一、艺术与技术的呈现，如图 15-2 所示。

图 15-2

3. 书籍设计的流程

书籍设计的流程包括设计调研与考察、资料收集与整理、创意构思与草图、设计方案与调整、作品确认与制作，如图 15-3 所示。

图 15-3

任务 15.1　制作少儿读物图书封面

15.1.1　任务分析

《点亮星空》是新思维美术教育出版社策划的一本儿童插画的书籍，书中的内容充满创造性和趣味性，能启发孩子的创意潜能和艺术性，使孩子在欣赏插画的同时产生兴趣。要求进行书籍的封面设计，用于图书的出版及发售，设计要符合儿童的喜好，给人充满活力和快乐的印象。

在设计制作过程中，使用蓝天白云的背景营造出安宁、平静的氛围，点明主题。淡彩的背景搭配亲子互动图片能够使封面看起来更加温暖。使用简洁、直观、富有特色的文字展示书籍名称，书籍的封面与封底相互呼应，将少儿读物这一主题突出表现；书籍的设计整体符合要求，能够吸引读者目光。

本任务将使用"矩形"工具、"网格"工具、"直线段"工具、"描边"面板和"星形"工具制作背景；使用"文字"工具、"矩形"工具、"路径查找器"面板和"直接选择"工具制作图书名称；使用"文字"工具、"字符"面板添加相关内容和出版信息；使用"椭圆"工具、"联集"按钮和"区域文字"工具添加区域文字。

15.1.2　任务效果

本任务的设计流程如图 15-4 所示。

制作封面

制作封底和书脊

最终效果

图 15-4

15.1.3　任务制作

1. 制作背景

（1）按 Ctrl+N 组合键，弹出"新建文档"对话框，设置文档的宽度为 310 mm，高度为 210 mm，取向为横向，出血为 3 mm，颜色模式为 CMYK 颜色，单击"创建"按钮，新建一个文档。

（2）按 Ctrl+R 组合键，显示标尺。选择"选择"工具，在左侧标尺上向右拖曳出一条垂直参考线，选择"窗口 > 变换"命令，弹出"变换"面板，将"X"轴选项设为 150 mm，如图 15-5 所示；按 Enter 键确定操作，效果如图 15-6 所示。

制作少儿读物
图书封面 1

（3）保持参考线的选取状态，在"变换"面板中，将"X"轴选项设为 160 mm，按 Alt+Enter 组合键确定操作，效果如图 15-7 所示。

图 15-5

图 15-6

图 15-7

（4）选择"矩形"工具，绘制一个与页面大小相等的矩形，如图 15-8 所示。设置填充色为蓝色（其 CMYK 的值分别为 85、51、5、0），填充图形，并设置描边色为无，效果如图 15-9 所示。

图 15-8

图 15-9

（5）选择"网格"工具，在矩形中适当的区域单击鼠标，为图形建立渐变网格对象，效果如图 15-10 所示。用相同的方法添加其他锚点，效果如图 15-11 所示。

图 15-10

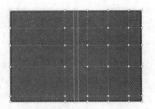

图 15-11

（6）选择"直接选择"工具 ▷，用框选的方法将需要的锚点同时选取，如图 15-12 所示。设置填充色为浅蓝色（其 CMYK 的值分别为 48、0、0、0），填充锚点，效果如图 15-13 所示。

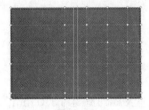

图 15-12

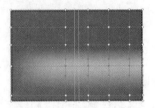

图 15-13

（7）使用"直接选择"工具 ▷，用框选的方法将需要的锚点同时选取，如图 15-14 所示。设置填充色为青色（其 CMYK 的值分别为 100、0、0、0），填充锚点，效果如图 15-15 所示。

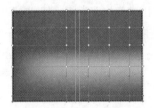

图 15-14

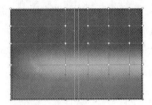

图 15-15

（8）选择"文件 > 置入"命令，弹出"置入"对话框，选择云盘中的"Ch15\素材\制作少儿读物图书封面\01"文件，单击"置入"按钮，在页面中单击置入图片，单击属性栏中的"嵌入"按钮，嵌入图片。选择"选择"工具 ▶，拖曳图片到适当的位置，并调整其大小，效果如图 15-16 所示。

（9）使用"选择"工具 ▶，按住 Alt+Shift 组合键的同时，水平向右拖曳图片到封底中适当的位置，复制图片，效果如图 15-17 所示。

图 15-16

图 15-17

（10）选择"矩形"工具 ▢，在适当的位置绘制一个矩形，设置填充色为黄色（其 CMYK 的值分别为 0、0、91、0），填充图形，并设置描边色为无，效果如图 15-18 所示。选择"直线段"工具 ╱，在封面中绘制一条斜线，并填充描边为白色，效果如图 15-19 所示。

图 15-18

图 15-19

（11）选择"窗口 > 描边"命令，弹出"描边"面板，勾选"虚线"复选框，数值被激活，其余各选项的设置如图 15-20 所示，虚线效果如图 15-21 所示。

图 15-20

图 15-21

（12）选择"星形"工具☆，在页面中单击鼠标左键，弹出"星形"对话框，选项的设置如图 15-22 所示，单击"确定"按钮，出现一个星形。选择"选择"工具▶，拖曳星形到适当的位置，填充图形为白色，并设置描边色为无，效果如图 15-23 所示。

图 15-22

图 15-23

（13）选择"选择"工具▶，按住 Shift 键的同时，单击下方虚线将其同时选取，按住 Alt 键的同时，向下拖曳星形和虚线到适当的位置，复制星形和虚线，效果如图 15-24 所示。选中并拖曳虚线右上角的控制手柄到适当的位置，调整斜线长度，效果如图 15-25 所示。

图 15-24

图 15-25

（14）用相同的方法复制星形和虚线到其他位置，并调整其大小，效果如图 15-26 所示。按

Ctrl+A 组合键，全选所有图形，按 Ctrl+2 组合键，锁定所选对象。

（15）按 Ctrl+O 组合键，打开云盘中的"Ch15\素材\制作少儿读物图书封面\02"文件，按 Ctrl+A 组合键，全选图形，按 Ctrl+C 组合键，复制图形。选择正在编辑的页面，按 Ctrl+V 组合键，将其粘贴到页面中，并拖曳复制的图形到适当的位置，效果如图 15-27 所示。

图 15-26

图 15-27

2. 制作封面

制作少儿读物
图书封面 2

（1）选择"文字"工具 T，在页面外输入需要的文字，选择"选择"工具 ▶，在属性栏中选择合适的字体并设置文字大小，效果如图 15-28 所示。选择"文字 > 创建轮廓"命令，将文字转换为轮廓，效果如图 15-29 所示。按 Shift+Ctrl+G 组合键，取消文字编组。

图 15-28

图 15-29

（2）双击"倾斜"工具 ，弹出"倾斜"对话框，选中"水平"单选项，其他选项的设置如图 15-30 所示；单击"确定"按钮，倾斜文字，效果如图 15-31 所示。

图 15-30

图 15-31

（3）选择"直接选择"工具 ，按住 Shift 键的同时，依次单击选取"点"文字下方需要的锚点，如图 15-32 所示。按 Delete 键，删除不需要的锚点，如图 15-33 所示。

（4）选择"矩形"工具 ，在适当的位置绘制一个矩形，如图 15-34 所示。选择"选择"工具 ▶，按住 Shift 键的同时，单击下方"点"文字将其同时选取，如图 15-35 所示。

（5）选择"窗口 > 路径查找器"命令，弹出"路径查找器"面板，单击"减去顶层"按钮 ，如图 15-36 所示；生成新的对象，效果如图 15-37 所示。

图 15-32　　　　图 15-33　　　　图 15-34　　　　图 15-35

图 15-36

图 15-37

（6）按 Shift+Ctrl+G 组合键，取消文字编组。选择"选择"工具▶，拖曳下方笔画到适当的位置，效果如图 15-38 所示。选择"删除锚点"工具✏，在右下角的锚点上单击鼠标左键，删除锚点，效果如图 15-39 所示。

（7）选择"直接选择"工具▷，选取左下角的锚点，并向左下方拖曳锚点到适当的位置，效果如图 15-40 所示。用相同的方法选中并向左拖曳需要的锚点到适当的位置，效果如图 15-41 所示。

图 15-38　　　　图 15-39　　　　图 15-40　　　　图 15-41

（8）使用"直接选择"工具▷，用框选的方法选取"点"文字下方需要的锚点，连续按↓方向键，调整选中的锚点到适当的位置，如图 15-42 所示。

（9）用框选的方法选取左侧的锚点，并向左拖曳锚点到适当的位置，效果如图 15-43 所示。选取左上角的锚点，并向右拖曳锚点到适当的位置，效果如图 15-44 所示。

图 15-42　　　　图 15-43　　　　图 15-44

（10）用相同的方法制作文字"亮""星"和"空"，效果如图 15-45 所示。

图 15-45

（11）选择"选择"工具▶，用框选的方法将"点亮星空"文字同时选取，拖曳文字到封面中适当的位置，并调整其大小，效果如图 15-46 所示。设置填充色为黄色（其 CMYK 的值分别为 0、0、91、0），填充文字，效果如图 15-47 所示。

图 15-46

图 15-47

（12）选择"文字"工具 T ，在适当的位置分别输入需要的文字，选择"选择"工具 ▶ ，在属性栏中分别选择合适的字体并设置文字大小，填充文字为白色，效果如图 15-48 所示。选择"文字"工具 T ，选取文字"著"，在属性栏中设置文字大小，效果如图 15-49 所示。

图 15-48

图 15-49

（13）选择"文字"工具 T ，在文字"萤"右侧单击鼠标左键，插入光标，如图 15-50 所示。选择"文字 > 字形"命令，弹出"字形"面板，设置字体并选择需要的字形，如图 15-51 所示，双击鼠标左键插入字形，效果如图 15-52 所示。用相同的方法在其他位置插入相同字形，效果如图 15-53 所示。

萤火虫书店

图 15-50

图 15-51

萤｜火虫书店

图 15-52

萤｜火｜虫｜书｜店

图 15-53

（14）选择"文字"工具 T ，在适当的位置分别输入需要的文字，选择"选择"工具 ▶ ，在属性栏中分别选择合适的字体并设置文字大小，效果如图 15-54 所示。

（15）选取上方需要的文字，按 Ctrl+T 组合键，弹出"字符"面板，将"设置行距"选项 ⒶA 设为 21 pt，其他选项的设置如图 15-55 所示；按 Enter 键确定操作，效果如图 15-56 所示。

（16）选择"文字"工具 T ，选取第一行文字，在属性栏中选择合适的字体并设置文字大小，效果如图 15-57 所示。选取第二行文字，在属性栏中设置文字大小，效果如图 15-58 所示。

图 15-54　　　　　　图 15-55 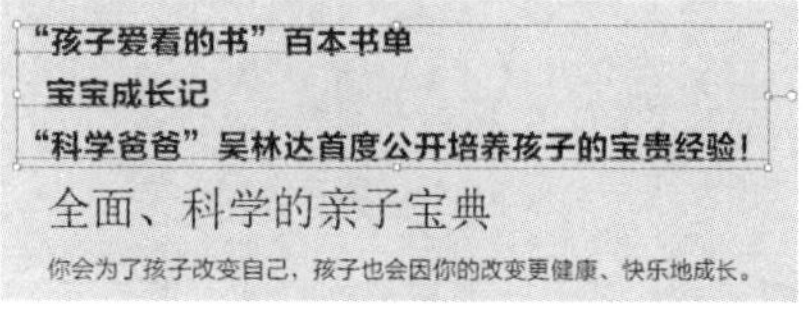　　　　　　　　图 15-56

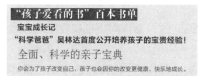

图 15-57 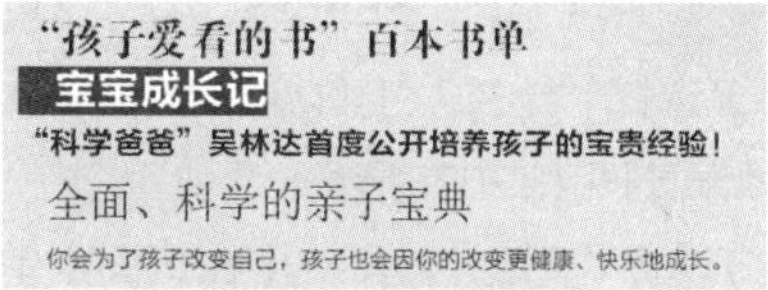　　　　　　　　　　图 15-58

（17）保持文字的选取状态。设置填充色为蓝色（其 CMYK 的值分别为 80、10、0、0），填充文字，效果如图 15-59 所示。选取文字"'科学爸爸'吴林达"，在属性栏中选择合适的字体，效果如图 15-60 所示。

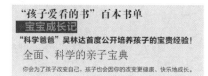

图 15-59 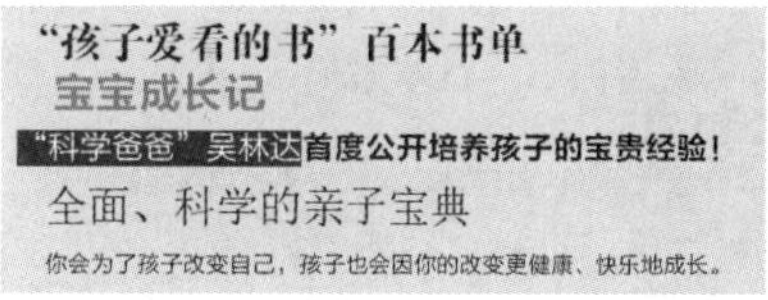　　　　　　　　　　图 15-60

（18）使用"文字"工具 T，选取文字"全面、科学"，在属性栏中选择合适的字体，效果如图 15-61 所示。设置填充色为蓝色（其 CMYK 的值分别为 80、10、0、0），填充文字，效果如图 15-62 所示。

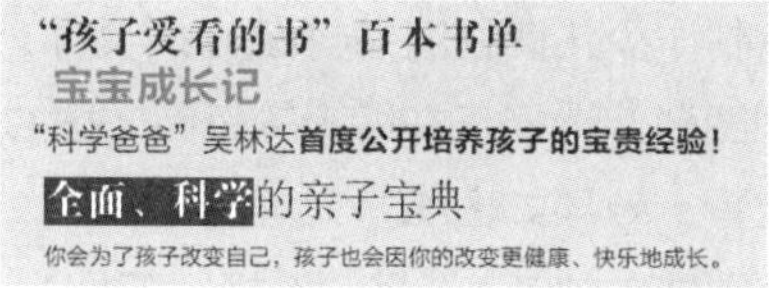

图 15-61 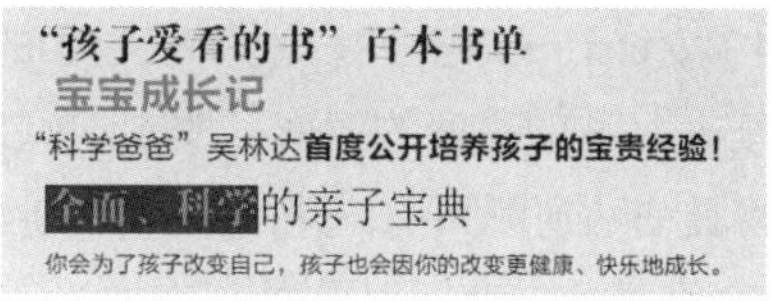　　　　　　　　　　图 15-62

（19）选择"直线段"工具 ，按住 Shift 键的同时，在适当的位置绘制一条直线，如图 15-63 所示。设置描边色为蓝色（其 CMYK 的值分别为 80、10、0、0），填充描边，效果如图 15-64 所示。

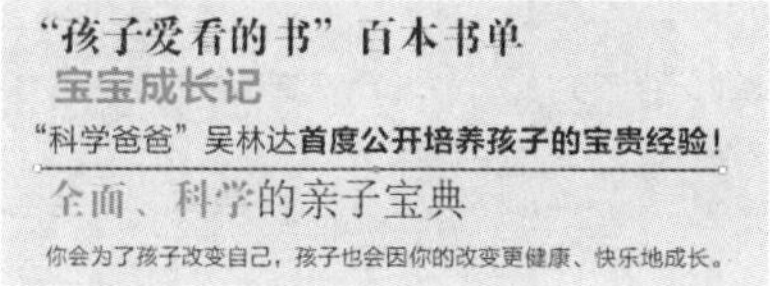

图 15-63 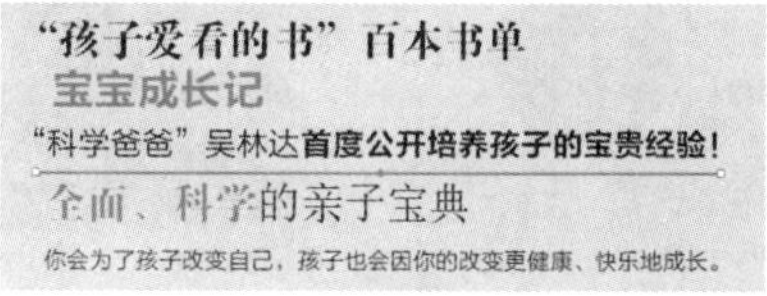　　　　　　　　　　图 15-64

（20）在"描边"面板中，勾选"虚线"复选框，数值被激活，其余各选项的设置如图 15-65 所示，虚线效果如图 15-66 所示。

图 15-65

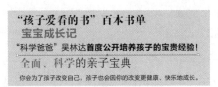

图 15-66

（21）选择"选择"工具 ▶，按住 Alt+Shift 组合键的同时，垂直向下拖曳复制的虚线到适当的位置，效果如图 15-67 所示。

（22）选择"星形"工具 ☆，在页面中单击鼠标左键，弹出"星形"对话框，选项的设置如图 15-68 所示，单击"确定"按钮，出现一个多角星形。选择"选择"工具 ▶，拖曳多角星形到适当的位置，填充图形为白色，并设置描边色为无，效果如图 15-69 所示。

图 15-67

图 15-68

图 15-69

（23）选择"椭圆"工具 ○，按住 Alt+Shift 组合键的同时，以多角星形的中点为圆心绘制一个圆形，设置填充色为蓝色（其 CMYK 的值分别为 90、10、0、0），填充图形，并设置描边色为无，效果如图 15-70 所示。

（24）按 Ctrl+O 组合键，打开云盘中的"Ch15\素材\制作少儿读物图书封面\03"文件，选择"选择"工具 ▶，选取需要的图形，按 Ctrl+C 组合键，复制图形。选择正在编辑的页面，按 Ctrl+V 组合键，将其粘贴到页面中，并拖曳复制的图形到适当的位置，效果如图 15-71 所示。

（25）选择"文字"工具 T，在适当的位置分别输入需要的文字，选择"选择"工具 ▶，在属性栏中分别选择合适的字体并设置文字大小，效果如图 15-72 所示。选取文字"送给……教育书"，填充文字为白色，效果如图 15-73 所示。

图 15-70

图 15-71

图 15-72

图 15-73

（26）在"字符"面板中，将"设置所选字符的字距调整"选项 $\square$ 设为-100，其他选项的设置如图 15-74 所示；按 Enter 键确定操作，效果如图 15-75 所示。选择"文字"工具 $\boxed{\text{T}}$，选取文字"温情教育书"，在属性栏中设置文字大小，效果如图 15-76 所示。

图 15-74

图 15-75

图 15-76

3. 制作封底和书脊

（1）选择"椭圆"工具 $\bigcirc$ ，在封底中分别绘制椭圆形，如图 15-77 所示。选择"选择"工具 $\blacktriangleright$ ，用框选的方法将所绘制的椭圆形同时选取，在"路径查找器"面板中，单击"联集"按钮 $\blacksquare$ ，如图 15-78 所示；生成新的对象，效果如图 15-79 所示。

制作少儿读物
图书封面 3

图 15-77

图 15-78

图 15-79

（2）保持图形的选取状态。设置填充色为黄色（其 CMYK 的值分别为 0、0、91、0），填充图形，并设置描边色为无，效果如图 15-80 所示。

（3）按 Ctrl+C 组合键，复制图形，按 Ctrl+F 组合键，将复制的图形粘贴在前面。按住 Alt+Shift 组合键的同时，拖曳右上角的控制手柄到适当的位置，等比例缩小图形，效果如图 15-81 所示。

图 15-80

图 15-81

（4）选择"区域文字"工具 $\boxed{\text{T}}$ ，在图形内部单击，出现一个带有选中文本的文本区域，如图 15-82 所示，重新输入需要的文字，在属性栏中选择合适的字体并设置文字大小，效果如图 15-83 所示。

（5）在"字符"面板中，将"设置行距"选项 $\boxed{}$ 设为 14.5 pt，其他选项的设置如图 15-84 所示；

按 Enter 键确定操作，效果如图 15-85 所示。

图 15-82

图 15-83

图 15-84

图 15-85

（6）选择"矩形"工具 ▢，在适当的位置绘制一个矩形，填充图形为白色，并设置描边色为无，效果如图 15-86 所示。选择"文字"工具 **T**，在适当的位置分别输入需要的文字，选择"选择"工具 ▶，在属性栏中分别选择合适的字体并设置文字大小，效果如图 15-87 所示。

图 15-86

图 15-87

（7）选择"选择"工具 ▶，在封面中选取需要的图形，如图 15-88 所示。按住 Alt 键的同时，用鼠标向左拖曳图形到书脊上，复制图形，并调整其大小，效果如图 15-89 所示。用相同的方法复制封面中其余需要的文字，并调整文字方向，效果如图 15-90 所示。少儿读物图书封面制作完成。

图 15-88   图 15-89

图 15-90

任务 15.2 制作环球旅行图书封面

15.2.1 任务分析

扩展任务

制作环球旅行
图书封面

本任务是为环球旅行书籍设计封面。现今随着交通的日益便捷，国际旅行已变得极为常见，旅行类书籍也得到越来越多读者的重视和喜爱，而一本旅行类书籍若想要在众多书籍中脱颖而出，书籍装帧至关重要。一般要求此类书籍封面设计得美观大方。

在设计制作过程中，整部书籍以白色为背景，脱离其他繁杂的装饰，突出主体；书籍的封面上使用各国景点图为底图，使书籍看起来更加专业、画面更加丰富；通过对书籍名称和其他介绍性文字的添加，突出表达书籍的主题。

本任务将使用参考线分割页面；使用"文字"工具、"字符"面板添加并编辑书名；使用"字形"命令插入字形符号；使用"直线段"工具、"椭圆"工具、"矩形"工具和"变换"面板绘制装饰图形；使用"直线段"工具、"混合"工具和"剪切蒙版"命令绘制线条；使用"文字"工具、"直排文字"工具和"字符"面板添加其他相关信息。

15.2.2 任务效果

本任务的设计流程如图 15-91 所示。

制作封面　　　　　　　　　制作封底和书脊　　　　　　　　　　　　最终效果

图 15-91

15.2.3 任务制作

制作环球旅行　　　　制作环球旅行
图书封面 1　　　　　图书封面 2

项目实践 1——制作花卉图书封面

【实践知识要点】使用"矩形"工具、"置入"命令、"剪切蒙版"命令制作封面底图；使用"矩形"工具、"添加锚点"工具、"直接选择"工具绘制装饰图形；使用"文字"工具、"字符"面板添加封面信息；使用"圆角矩形"工具、"文字"工具、"创建轮廓"命令和"路径查找器"面板制作出版社标志；效果如图 15-92 所示。

【效果所在位置】云盘\Ch15\效果\制作花卉图书封面.ai。

制作花卉图书
封面

图 15-92

项目实践 2——制作化妆美容图书封面

【实践知识要点】使用"矩形"工具、"椭圆"工具、"不透明度"选项、"置入"命令和"变换"命令制作封面背景；使用"文字"工具、"偏移路径"命令添加封面信息和介绍性文字；使用"直线段"工具绘制装饰线条；效果如图 15-93 所示。

【效果所在位置】云盘\Ch15\效果\制作化妆美容图书封面.ai。

制作化妆美容
图书封面

图 15-93

课后习题 1——制作菜谱图书封面

【习题知识要点】使用参考线分割页面；使用"置入"命令、"矩形"工具和"剪切蒙版"命令制作图片的剪切蒙版；使用"透明度"面板制作半透明效果；使用"文字"工具、"字符"面板和填充工具添加并编辑内容信息；使用"星形"工具、"椭圆"工具、"混合"工具制作装饰图形；使用"钢笔"工具、"路径文字"工具制作路径文字；效果如图 15-94 所示。

【效果所在位置】云盘\Ch15\效果\制作菜谱图书封面.ai。

制作菜谱图书 制作菜谱图书 制作菜谱图书
封面 1 封面 2 封面 3

图 15-94

课后习题 2——制作摄影图书封面

【习题知识要点】使用"矩形"工具、"置入"命令、"剪切蒙版"命令制作图片剪切效果；使用"文字"工具、"字符"面板添加封面信息；使用"矩形"工具、"变换"命令和"文字"工具制作出版社标识；效果如图 15-95 所示。

【效果所在位置】云盘\Ch15\效果\制作摄影图书封面.ai。

制作摄影图书
封面

图 15-95

项目16
包装设计

项目引入

包装代表着一个商品的品牌形象。好的包装设计可以让商品在同类产品中脱颖而出，吸引消费者的注意力并引发其购买行为。包装设计可以起到美化商品及传达商品信息的作用，更可以极大地提高商品的价值。本项目以多个类别的包装为例，讲解包装的设计方法和制作技巧。

项目目标

- ✔ 了解包装的概念。
- ✔ 掌握包装的分类和设计原则。

技能目标

- ✔ 掌握"苏打饼干包装"的制作方法。
- ✔ 掌握"巧克力豆包装"的制作方法。

素质目标

- ✔ 培养对包装的设计创意能力。
- ✔ 培养对包装的审美与鉴赏能力。

相关知识——包装设计概述

包装设计是产品包装的视觉和结构方面的规划和设计过程。好的包装设计除了要遵循设计的基本原则外，还要着重研究消费者的心理活动，只有这样，才能使该商品在同类商品中脱颖而出。

1. 包装的概念

包装，最主要的功能是保护商品，其次是美化商品和传递信息。图 16-1 所示为几种不同类别商品的包装。

图 16-1

2. 包装的分类

包装按商品种类分类，包括建材商品包装、农牧水产品商品包装、食品和饮料商品包装、轻工日用品商品包装、纺织品和服装商品包装、医药商品包装、电子商品包装等，如图 16-2 所示。

图 16-2

3. 包装的设计原则

包装设计应遵循一定的设计原则，包括实用经济的原则、商品信息精准传达的原则、人性化便利的原则、表现文化和艺术性的原则、绿色环保的原则，如图 16-3 所示。

图 16-3

任务 16.1 制作苏打饼干包装

16.1.1 任务分析

好乐奇是一家以干果、饼干、茶叶和速溶咖啡等食品的研发、分装及销售为主的，致力于为客户提供高品质、高性价比、高便利性产品的食品公司。现需要制作苏打饼干包装，在画面制作上要具有创意，符合公司的定位与要求。

在设计制作过程中，围绕主体物饼干进行创意。背景为渐变色，与产品色调相呼应，以小麦作为元素实现点缀效果。色彩选取金黄色、橙色和红色分别体现自然、健康和美味。构图和谐，具有美感。整体设计充满特色，契合主题。

本任务将使用"置入"命令添加产品图片；使用"投影"命令为产品图片添加阴影效果；使用"矩形"工具、"渐变"工具、"变换"面板、"镜像"工具、"添加锚点"工具和"直接选择"工具制作包装平面展开图；使用"文字"工具、"倾斜"工具和填充工具添加产品名称；使用"文字"工具、"字符"面板、"矩形"工具和"直线段"工具添加营养成分表和其他包装信息。

16.1.2　任务效果

本任务的设计流程如图 16-4 所示。

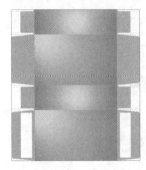　　

绘制包装平面展开图　　　　　制作产品正面和侧面　　　　　最终效果

图 16-4

16.1.3　任务制作

1. 绘制包装平面展开图

（1）按 Ctrl+N 组合键，弹出"新建文档"对话框，设置文档的宽度为 234 mm，高度为 268 mm，取向为纵向，颜色模式为 CMYK 颜色，单击"创建"按钮，新建一个文档。

制作苏打饼干
包装 1

（2）按 Ctrl+R 组合键，显示标尺。选择"选择"工具 ，在上方标尺上向下拖曳出一条水平参考线，选择"窗口 > 变换"命令，弹出"变换"面板，将"Y"轴选项设为 3 mm，如图 16-5 所示；按 Enter 键确定操作，如图 16-6 所示。使用相同的方法，分别在 41 mm、44 mm、134 mm、137 mm、175 mm、178 mm 处新建一条水平参考线，如图 16-7 所示。

图 16-5　　　　　　　　　图 16-6　　　　　　　　　图 16-7

（3）使用"选择"工具，在左侧标尺上向右拖曳出一条垂直参考线，选择"窗口 > 变换"命令，弹出"变换"面板，将"X"轴选项设为 17 mm，如图 16-8 所示；按 Enter 键确定操作，如图 16-9 所示。使用相同的方法，分别在 39 mm、42 mm、192 mm、195 mm、217 mm 处新建一条垂直参考线，如图 16-10 所示。

图 16-8 图 16-9 图 16-10

（4）选择"矩形"工具，在页面中绘制一个矩形，如图 16-11 所示。双击"渐变"工具，弹出"渐变"面板，选中"径向渐变"按钮，在色带上设置 3 个渐变滑块，分别将渐变滑块的位置设为 16、53、100，并设置 CMYK 的值分别为 16（0、12、58、0）、53（0、35、90、0）、100（0、60、88、0），其他选项的设置如图 16-12 所示；图形被填充为渐变色，效果如图 16-13 所示。

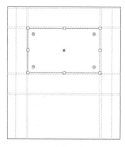

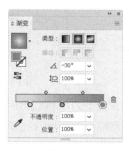

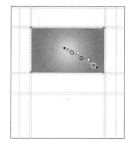

图 16-11 图 16-12 图 16-13

（5）选择"渐变"工具，将鼠标指针放置在渐变虚线环左侧的缩放点上，指针变为图标，如图 16-14 所示，单击并按住鼠标左键，拖曳缩放点到适当的位置，松开鼠标后，调整渐变虚线环的大小，效果如图 16-15 所示。

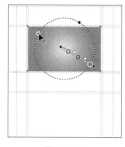

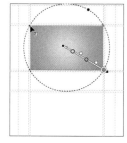

图 16-14 图 16-15

（6）使用"渐变"工具，将鼠标指针放置在渐变的起点处，指针变为图标，如图 16-16 所示，单击并按住鼠标左键，拖曳起点到适当的位置，松开鼠标后，调整渐变色，效果如图 16-17 所示。选择"选择"工具，设置描边色为无，效果如图 16-18 所示。

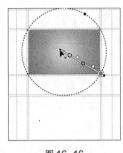

图 16-16

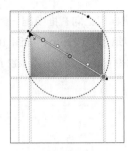

图 16-17

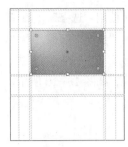

图 16-18

（7）选择"矩形"工具▣，在适当的位置绘制一个矩形，设置填充色为桔黄色（其 CMYK 的值分别为 0、35、90、0），填充图形，并设置描边色为无，效果如图 16-19 所示。

（8）选择"窗口 > 变换"命令，弹出"变换"面板，在"矩形属性："选项组中，将"圆角半径"选项设为 4 mm 和 0 mm，如图 16-20 所示，按 Enter 键确定操作，效果如图 16-21 所示。

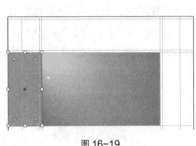

图 16-19

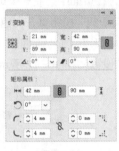

图 16-20

图 16-21

（9）选择"直接选择"工具▷，用框选的方法将圆角矩形左上角的锚点同时选取，如图 16-22 所示。按 Shift+↓组合键，水平向下移动锚点到适当的位置，如图 16-23 所示。用相同的方法调整左下角的锚点，效果如图 16-24 所示。

图 16-22

图 16-23

图 16-24

（10）选择"选择"工具▶，选取图形，双击"镜像"工具▷◁，弹出"镜像"对话框，选项的设置如图 16-25 所示；单击"复制"按钮，镜像并复制图形，效果如图 16-26 所示。

（11）选择"选择"工具▶，按住 Shift 键的同时，水平向右拖曳复制的图形到适当的位置，效果如图 16-27 所示。选择"矩形"工具▣，在适当的位置绘制一个矩形，如图 16-28 所示。

（12）选择"吸管"工具✍，将吸管图标✍放置在下方渐变矩形上，如图 16-29 所示，单击鼠标左键吸取属性，如图 16-30 所示。

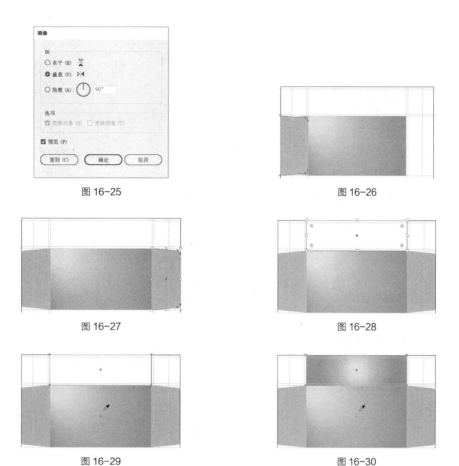

图 16-25 图 16-26

图 16-27 图 16-28

图 16-29 图 16-30

（13）选择"渐变"工具 ，将鼠标指针放置在渐变的终点处，指针变为 图标，如图 16-31 所示，单击并按住鼠标左键，拖曳终点到适当的位置，松开鼠标后，调整渐变色，效果如图 16-32 所示。

图 16-31 图 16-32

（14）选择"矩形"工具 ，在适当的位置绘制一个矩形，设置填充色为桔黄色（其 CMYK 的值分别为 0、35、90、0），填充图形，并设置描边色为无，效果如图 16-33 所示。

（15）在"变换"面板中，在"矩形属性："选项组中，将"圆角半径"选项设为 2 mm 和 0 mm，如图 16-34 所示，按 Enter 键确定操作，效果如图 16-35 所示。

（16）选择"添加锚点"工具 ，在适当的位置分别单击鼠标左键，添加两个锚点，如图 16-36 所示。选择"直接选择"工具 ，选中并向下拖曳右下角的锚点到适当的位置，如图 16-37 所示。用相同的方法调整右上角的锚点，效果如图 16-38 所示。

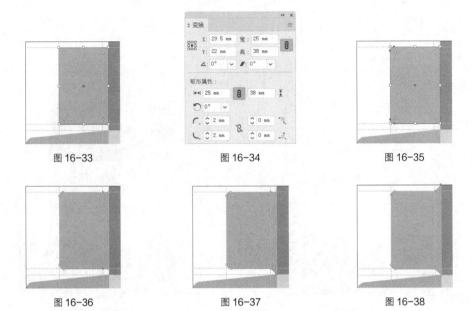

图 16-33　　　　　　　　图 16-34　　　　　　　　图 16-35

图 16-36　　　　　　　　图 16-37　　　　　　　　图 16-38

（17）选择"选择"工具 ▶，选取图形，双击"镜像"工具 ▷◁，弹出"镜像"对话框，选项的设置如图 16-39 所示；单击"复制"按钮，镜像并复制图形，效果如图 16-40 所示。

（18）选择"选择"工具 ▶，按住 Shift 键的同时，水平向右拖曳复制的图形到适当的位置，效果如图 16-41 所示。

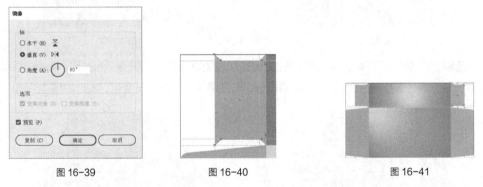

图 16-39　　　　　　　　图 16-40　　　　　　　　图 16-41

（19）用框选的方法将所绘制的图形同时选取，如图 16-42 所示。按住 Alt+Shift 组合键的同时，垂直向下拖曳图形到适当的位置，复制图形，效果如图 16-43 所示。

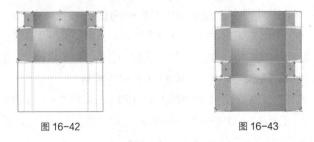

图 16-42　　　　　　　　图 16-43

（20）选择"矩形"工具 ▣，在适当的位置绘制一个矩形，填充图形为白色，并设置描边色为无，效果如图 16-44 所示。选择"选择"工具▶，按住 Alt+Shift 组合键的同时，水平向右拖曳矩形到适当的位置，复制矩形，效果如图 16-45 所示。

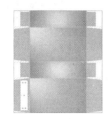

图 16-44   图 16-45

2. 制作产品正面和侧面

（1）选择"文件 > 置入"命令，弹出"置入"对话框，选择云盘中的"Ch16\素材\制作苏打饼干包装\01"文件，单击"置入"按钮，在页面中单击置入图片，单击属性栏中的"嵌入"按钮，嵌入图片。选择"选择"工具▶，拖曳图片到适当的位置，效果如图 16-46 所示。

制作苏打饼干
包装 2

（2）选择"文字"工具 T，在页面中输入需要的文字，选择"选择"工具▶，在属性栏中选择合适的字体并设置文字大小。设置填充色为红色（其 CMYK 的值分别为 17、99、100、0），填充文字，效果如图 16-47 所示。

图 16-46   图 16-47

（3）双击"倾斜"工具，弹出"倾斜"对话框，选中"垂直"单选项，其他选项的设置如图 16-48 所示；单击"确定"按钮，倾斜文字，效果如图 16-49 所示。

图 16-48   图 16-49

（4）选择"选择"工具▶，按 Ctrl+C 组合键，复制文字。按 Ctrl+B 组合键，将复制的文字粘贴在后面。分别按←键和↓键微调文字到适当的位置，填充文字为白色，效果如图 16-50 所示。用相同的方法再复制一组文字到适当的位置，并填充相应的颜色，效果如图 16-51 所示。

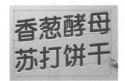
图 16-50

图 16-51

（5）选择"文字"工具 T，在适当的位置输入需要的文字，选择"选择"工具 ▶，在属性栏中选择合适的字体并设置文字大小，效果如图 16-52 所示。在属性栏中单击"居中对齐"按钮 ≡，并微调文字到适当的位置，效果如图 16-53 所示。

图 16-52

图 16-53

（6）保持文字的选取状态。设置填充色为暗绿色（其 CMYK 的值分别为 100、55、100、35），填充文字，效果如图 16-54 所示。选择"文字"工具 T，选取文字"美丽的一天"，设置填充色为暗红色（其 CMYK 的值分别为 55、86、100、38），填充文字，效果如图 16-55 所示。

图 16-54

图 16-55

（7）双击"倾斜"工具 ，弹出"倾斜"对话框，选中"垂直"单选项，其他选项的设置如图 16-56 所示；单击"确定"按钮，倾斜文字，效果如图 16-57 所示。

图 16-56

图 16-57

（8）选择"文字"工具 T，在适当的位置输入需要的文字，选择"选择"工具 ▶，在属性栏中选择合适的字体并设置文字大小，填充文字为白色，效果如图 16-58 所示。

（9）在属性栏中单击"右对齐"按钮 ≡，并微调文字到适当的位置，效果如图 16-59 所示。选择"文字"工具 T，选取文字"图片仅供参考"，在属性栏中设置文字大小，效果如图 16-60 所示。

图 16-58　　　　　　　　　　　图 16-59　　　　　　　　　　　图 16-60

（10）选择"矩形"工具 □，在适当的位置绘制一个矩形，如图 16-61 所示，填充描边为白色，并在属性栏中将"描边粗细"选项设置为 0.5 pt；按 Enter 键确定操作，效果如图 16-62 所示。

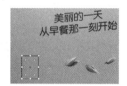

图 16-61　　　　　　　　　　　　　　　　图 16-62

（11）在"变换"面板的"矩形属性："选项组中，将"圆角半径"选项均设为 2.5 mm，如图 16-63 所示，按 Enter 键确定操作，效果如图 16-64 所示。

图 16-63　　　　　　　　　　　　　　　　图 16-64

（12）选择"对象 > 变换 > 缩放"命令，在弹出的"比例缩放"对话框中进行设置，如图 16-65 所示；单击"复制"按钮，缩小并复制圆角矩形，效果如图 16-66 所示。按 Shift+X 组合键，互换填色和描边，效果如图 16-67 所示。

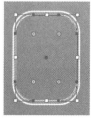
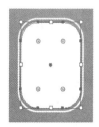

图 16-65　　　　　　　　　　图 16-66　　　　　　　　　　图 16-67

（13）选择"椭圆"工具 ，在适当的位置绘制一个椭圆形，如图 16-68 所示。选择"选择"工具 ，按住 Shift 键的同时，单击下方白色圆角矩形将其同时选取，如图 16-69 所示。

（14）选择"窗口 > 路径查找器"命令，弹出"路径查找器"面板，单击"减去顶层"按钮 ，如图 16-70 所示；生成新的对象，效果如图 16-71 所示。

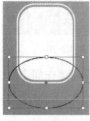
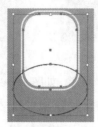

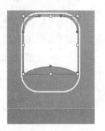

图 16-68　　　　　　图 16-69　　　　　　图 16-70　　　　　　图 16-71

（15）选择"文字"工具 ，在适当的位置分别输入需要的文字，选择"选择"工具 ，在属性栏中分别选择合适的字体并设置文字大小，单击"左对齐"按钮 ，微调文字到适当的位置，效果如图 16-72 所示。

（16）选取文字"每份 18.5 克"，填充文字为白色，效果如图 16-73 所示。选取文字"能量 383 千焦"，在属性栏中单击"居中对齐"按钮 ，并微调文字到适当的位置，效果如图 16-74 所示。

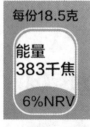

图 16-72　　　　　　　图 16-73　　　　　　　图 16-74

（17）保持文字的选取状态。设置填充色为橘黄色（其 CMYK 的值分别为 0、62、100、0），填充文字，效果如图 16-75 所示。按 Ctrl+T 组合键，弹出"字符"面板，将"水平缩放"选项 设为 87%，其他选项的设置如图 16-76 所示；按 Enter 键确定操作，效果如图 16-77 所示。

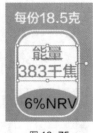

图 16-75　　　　　　　图 16-76　　　　　　　图 16-77

（18）选取文字"6%NRV"，填充文字为白色，在"字符"面板中，将"水平缩放"选项 设为 87%，其他选项的设置如图 16-78 所示；按 Enter 键确定操作，效果如图 16-79 所示。

（19）按 Ctrl+O 组合键，打开云盘中的"Ch16\素材\制作苏打饼干包装\02"文件，选择"选择"

工具 ，选取需要的图形，按 Ctrl+C 组合键，复制图形。选择正在编辑的页面，按 Ctrl+V 组合键，将其粘贴到页面中，并拖曳复制的图形到适当的位置，效果如图 16-80 所示。

（20）双击"旋转"工具 ，弹出"旋转"对话框，选项的设置如图 16-81 所示，单击"复制"按钮，旋转并复制图形，效果如图 16-82 所示。

图 16-78

图 16-79

图 16-80

图 16-81

图 16-82

（21）选择"选择"工具 ，向左拖曳复制的图形到左侧面适当的位置，效果如图 16-83 所示。双击"旋转"工具 ，弹出"旋转"对话框，选项的设置如图 16-84 所示，单击"复制"按钮，旋转并复制图形，效果如图 16-85 所示。

图 16-83

图 16-84

图 16-85

（22）选择"选择"工具 ，按住 Shift 键的同时，水平向右拖曳复制的图形到右侧面适当的位置，效果如图 16-86 所示。

图 16-86

（23）选择"钢笔"工具 ，在适当的位置绘制一个不规则图形，如图 16-87 所示。双击"渐变"

工具 ▦，弹出"渐变"面板，选中"线性渐变"按钮 ▦，在色带上设置两个渐变滑块，分别将渐变滑块的位置设为 0、100，并设置 CMYK 的值分别为 0（0、35、90、0）、100（17、99、100、0），其他选项的设置如图 16-88 所示，图形被填充为渐变色，并设置描边色为无，效果如图 16-89 所示。

图 16-87

图 16-88

图 16-89

（24）选择"钢笔"工具 ✎，在适当的位置绘制一条曲线，如图 16-90 所示。选择"路径文字"工具 ↙，单击"左对齐"按钮 ≡，在曲线路径上单击鼠标左键，出现一个带有选中文本的文本区域，如图 16-91 所示；输入需要的文字，选择"选择"工具 ▶，在属性栏中选择合适的字体并设置文字大小，填充义字为白色，效果如图 16-92 所示。

图 16-90

图 16-91

图 16-92

3. 制作包装顶面和底面

（1）选择"文件 > 置入"命令，弹出"置入"对话框，选择云盘中的"Ch16\素材\制作苏打饼干包装\03"文件，单击"置入"按钮，在页面中单击置入图片，单击属性栏中的"嵌入"按钮，嵌入图片。选择"选择"工具 ▶，拖曳图片到适当的位置，效果如图 16-93 所示。

制作苏打饼干
包装 3

（2）选择"效果 > 风格化 > 投影"命令，在弹出的"投影"对话框中进行设置，如图 16-94 所示；单击"确定"按钮，效果如图 16-95 所示。

图 16-93

图 16-94

图 16-95

（3）选择"选择"工具 ▶，按住 Shift 键的同时，在包装正面依次单击将需要的文字同时选取，按 Ctrl+G 组合键，将选中的文字编组，如图 16-96 所示。按住 Alt 键的同时，向下拖曳编组文字到适当的位置，复制文字，并调整其大小，效果如图 16-97 所示。

图 16-96 图 16-97

（4）选择"文字"工具 T，在适当的位置输入需要的文字，选择"选择"工具 ▶，在属性栏中选择合适的字体并设置文字大小，效果如图 16-98 所示。设置填充色为暗绿色（其 CMYK 的值分别为 100、55、100、35），填充文字，效果如图 16-99 所示。

图 16-98 图 16-99

（5）选择"文字"工具 T，在顶面输入需要的文字，选择"选择"工具 ▶，在属性栏中选择合适的字体并设置文字大小，填充文字为白色，效果如图 16-100 所示。

（6）在"字符"面板中，将"设置行距"选项 设为 8 pt，其他选项的设置如图 16-101 所示；按 Enter 键确定操作，效果如图 16-102 所示。

图 16-100 图 16-101 图 16-102

（7）用相同的方法分别输入其他白色文字，效果如图 16-103 所示。

图 16-103

（8）选择"矩形"工具▢，在适当的位置绘制一个矩形，填充描边为白色，并在属性栏中将"描边粗细"选项设置为 0.5 pt；按 Enter 键确定操作，效果如图 16-104 所示。

（9）选择"直线段"工具╱，按住 Shift 键的同时，在适当的位置绘制一条直线，填充描边为白色，并在属性栏中将"描边粗细"选项设置为 0.5 pt；按 Enter 键确定操作，效果如图 16-105 所示。

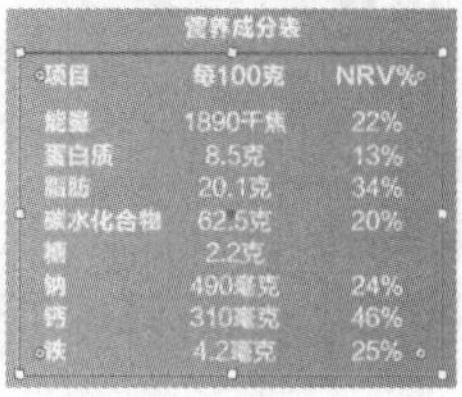

图 16-104

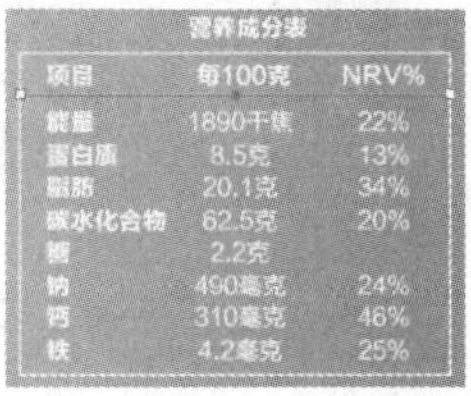

图 16-105

（10）选择"选择"工具▶，按住 Shift 键的同时，在包装正面依次单击将需要的图片和文字同时选取，如图 16-106 所示。按住 Alt+Shift 组合键的同时，垂直向下拖曳图片和文字到适当的位置，复制图片和文字，效果如图 16-107 所示。苏打饼干包装制作完成。

图 16-106

图 16-107

任务 16.2　制作巧克力豆包装

16.2.1　任务分析

扩展任务

制作巧克力豆
包装

本任务是为巧克力豆制作的包装设计，要求传达出巧克力豆健康美味、为消费者带来快乐的特点，设计要求画面丰富，能够快速吸引消费者的注意。

在设计制作过程中，包装整体美观，卡通的小熊形象能够带给人憨厚、可爱的感觉，巧妙地将小熊肚子的部位设置为透明样式，既能让人直观地看到巧克力豆的内容，又增添了画面的趣味性，符合巧克力豆的定位。

本任务将使用"钢笔"工具、"透明度"面板、"高斯模糊"命令和"直线段"工具制作包装底图；使用"椭圆"工具、"圆角矩形"工具、"缩放"命令、"镜像"工具和"路径查找器"面板绘制小熊；使用"钢笔"工具、"路径查找器"面板、"置入"命令和"剪切蒙版"命令绘制心形盒；

使用"文字"工具、"字符"面板、"外观"面板和填充工具制作产品名称。

16.2.2　任务效果

本任务的设计流程如图 16-108 所示。

绘制包装底图　　　　制作主体图形　　　　添加产品名称　　　　最终效果

图 16-108

16.2.3　任务制作

制作巧克力豆包装 1　　　　制作巧克力豆包装 2

项目实践 1——制作大米包装

【实践知识要点】使用"矩形"工具、"渐变"工具、"颜色"面板绘制包装底图；使用"文字"工具、"字符"面板添加产品名称；使用"直线段"工具、"钢笔"工具、"椭圆"工具、"圆角矩形"工具、"透明度"面板绘制装饰图形；使用"文字"工具、"字符"面板、"矩形网格"工具添加营养成分表和其他包装信息；使用"圆角矩形"工具、"置入"命令和"剪切蒙版"命令制作图片蒙版效果；效果如图 16-109 所示。

【效果所在位置】云盘\Ch16\效果\制作大米包装\大米包装立体展示图.ai。

图 16-109

制作大米包装 1

制作大米包装 2

项目实践 2——制作柠檬汁包装

【**实践知识要点**】使用"矩形"工具、"渐变"工具和"剪切蒙版"命令制作包装底图，使用"文字"工具、"字符"面板、"变形"命令、"直线段"工具、"整形"工具和填充工具添加产品名称和其他信息，使用"钢笔"工具、"剪切蒙版"命令和"后移一层"命令制作包装立体展示图；效果如图 16-110 所示。

【**效果所在位置**】云盘\Ch16\效果\制作柠檬汁包装.ai。

制作柠檬汁包装 1　制作柠檬汁包装 2　制作柠檬汁包装 3

图 16-110

课后习题 1——制作坚果食品包装

【**习题知识要点**】使用"矩形"工具、"钢笔"工具、填充工具和"透明度"面板制作包装底图；使用图形绘制工具、"剪切蒙版"命令、镜像工具和填充工具绘制卡通松鼠，使用"文字"工具、"字符"面板添加食品名称及其他信息；使用"置入"命令、"投影"命令、"剪切蒙版"命令和"混合模式"选项制作包装展示图；效果如图 16-111 所示。

【**效果所在位置**】云盘\Ch16\效果\制作坚果食品包装\坚果食品包装立体展示图.ai。

制作坚果食品
包装

图 16-111

课后习题 2——制作糖果手提袋

【习题知识要点】使用"椭圆"工具、"路径查找器"面板和"直接选择"工具制作糖果；使用"文字"工具添加文字信息；使用"倾斜"工具制作图形倾斜效果；效果如图 16-112 所示。

【效果所在位置】云盘\Ch16\效果\制作糖果手提袋.ai。

制作糖果手提袋

图 16-112